职业教育课程改革创新教材

智能制造专业群系列教材

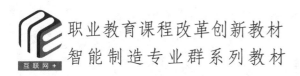

# 产品数字化设计

## （Creo 9.0）

陈晓勇　编著

科学出版社

北　京

# 内 容 简 介

本书以典型产品或图形的设计过程为主线，深入浅出地讲解了 Creo 9.0 软件的草绘、建模、装配、渲染、工程图创建等模块的典型应用。全书由七个工作领域、十八个工作任务组成。七个工作领域分别为 Creo 9.0 软件初识、草图的绘制、简单产品的三维建模、复杂产品的三维建模、组件的装配建模、模型的渲染和工程图的创建等。

本书采用工作任务形式组织内容，以典型产品或图形为载体，将软件的理论知识与实际的操作过程进行有机整合，构建了新型的知识体系，从而切实提高读者的软件应用技能。

本书可作为应用型本科、高职高专及成人院校机械类专业的 CAD/CAM 教材，也可供从事 CAD/CAM 技术研究和应用的工程技术人员参考使用。

**图书在版编目（CIP）数据**

产品数字化设计：Creo 9.0/陈晓勇编著. —北京：科学出版社，2024.1
职业教育课程改革创新教材 智能制造专业群系列教材
ISBN 978-7-03-077984-7

Ⅰ.①产⋯　Ⅱ.①陈⋯　Ⅲ.①产品设计-计算机辅助设计-应用软件-高等学校-教材　Ⅳ.①TB472-39

中国国家版本馆 CIP 数据核字（2024）第 004957 号

责任编辑：张振华 / 责任校对：马英菊
责任印制：吕春珉 / 封面设计：东方人华平面设计部

科 学 出 版 社 出版
北京东黄城根北街 16 号
邮政编码：100717
http://www.sciencep.com

北京中科印刷有限公司印刷
科学出版社发行　各地新华书店经销
\*

2024 年 1 月第 一 版　　开本：787×1092　1/16
2025 年 6 月第二次印刷　　印张：20
字数：470 000

定价：68.00 元

（如有印装质量问题，我社负责调换）
销售部电话 010-62136230　编辑部电话 010-62135120-2005

# 前　言

党的二十大报告深刻指出："推进新型工业化，加快建设制造强国、质量强国、航天强国、交通强国、网络强国、数字中国。"为了更好地适应国家新型工业化发展和教学改革的需要，编者根据二十大报告精神和《职业院校教材管理办法》《高等学校课程思政建设指导纲要》《"十四五"职业教育规划教材建设实施方案》等相关文件精神，在总结多年教学和实践经验的基础上编写了本书。

本书紧紧围绕"培养什么人、怎样培养人、为谁培养人"这一教育的根本问题，以落实"立德树人"为根本任务，以学生综合职业能力培养为中心，以培养卓越工程师、大国工匠、高技能人才为目标，紧密结合当前教学改革趋势，充分考虑职业院校的特点，注重"岗课赛证"融通，强调思政融入，充分发挥教材承载的思政育人功能。

与同类图书相比，本书主要具有以下几个方面的突出特点。

1）校企"双元"联合开发，行业特色鲜明。本书是在行业专家、企业专家和课程开发专家的指导下，由校企"双元"联合编写的。编者具有多年的教学或实践经验。在编写过程中，能紧扣该专业的培养目标，遵循教育教学规律和技术技能人才培养规律，将行业发展的新理论、新标准、新规范和技能大赛所要求的知识、能力和素养融入教材，符合当前企业对人才综合素质的要求。

2）项目引领，任务驱动，与实际工作岗位对接。本书基于"以学习者为中心"、"互联网+"和"工作过程化"的编写理念，以真实生产项目、典型工作任务、案例等为载体组织教学，能够满足项目学习、案例学习、模块化学习等不同教学方式要求。本书结合实际生产需求，精选典型工程实例，内容由简单到复杂，力求使读者系统掌握 Creo 9.0 软件的草绘、建模、装配、渲染和工程图创建等五大模块的关键技术与技巧，具有很强的实用性。

3）对接职业标准和大赛标准，体现"岗课赛证"融通。在编写过程中，紧密围绕"知识、技能、素养"三位一体的教学目标，注重对接 1+X 证书、职业资格证书和国家职业技能标准以及技能大赛要求，体现"书证"融通、"岗课赛证"融通。

4）融入思政元素，落实课程思政。为落实"立德树人"根本任务，充分发挥教材承载的思政教育功能，本书凝练思政要素，建立思政教育教学案例库，将精益化生产管理理念、安全意识、质量意识、职业素养、工匠精神的培养与教材的内容相结合，使学生在学习专业知识的同时，潜移默化地提升思想政治素养。

5）配套立体化的教学资源，便于实施信息化教学。本书穿插有丰富的二维码资源链接，读者通过手机等终端扫描后可观看相关操作视频。本书相关实例的源文件及素材（图片、动画、视频等）可通过 www.abook.cn 下载。

本书由杭州科技职业技术学院陈晓勇编著，南方泵业股份有限公司提供了大量工程案例与素材支持。

由于编者水平有限，书中难免有疏漏与不妥之处，恳请广大读者批评指正。

# 目　录

# Creo 9.0 软件初识

## ◎ 学习目标

> **知识目标**　1）了解 Creo 9.0 软件的基本特点。
> 2）熟悉 Creo 9.0 软件的工作界面。
> 3）掌握 Creo 9.0 软件的基本操作方法。
> 4）掌握产品模型的基本创建流程。

> **技能目标**　1）能解释 Creo 9.0 软件基本特点。
> 2）能解释 Creo 9.0 软件工作界面。
> 3）能介绍 Creo 9.0 软件基本操作方法。
> 4）会使用 Creo 9.0 软件创建产品模型。

> **素养目标**　1）树立正确的学习观，培养产品设计师的职业认同感。
> 2）坚定技能报国的信念，增强行业发展的责任感、使命感、紧迫感。

## ◎ 工作内容

> **工作领域**　Creo 9.0 软件初识。

> **工作任务**　底座模型的创建。

# 工作任务　底座模型的创建

## 任务目标

1）了解 Creo 9.0 软件的基本特点。

2）熟悉 Creo 9.0 软件的工作界面。

3）了解 Creo 9.0 软件的基本操作方法。

4）掌握产品模型的基本创建流程。

## 任务描述

在 Creo 9.0 软件中完成如图 1-1-1 所示底座模型的创建。

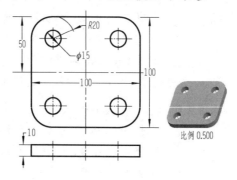

图 1-1-1　底座模型

## 任务分析

该底座模型外观为正方形，沿四周的圆弧角处分布有 4 个圆孔。创建时，需要先建立模型文件，然后使用拉伸命令创建主体，再倒圆角、创建基准轴并打孔，最后利用镜像命令完成其余 3 个孔的创建。如表 1-1-1 所示为底座模型的创建思路。

表 1-1-1　底座模型的创建思路

| 步骤名称 | 示意图 | 步骤名称 | 示意图 |
| --- | --- | --- | --- |
| 1）拉伸主体 |  | 3）创建基准轴线和孔 |  |
| 2）倒圆角 |  | 4）镜像孔 |  |

知识准备

## 一、Creo 9.0 软件简介

Creo 是美国 PTC 公司整合了 Pro/ENGINEER、CoCreate 和 ProductView 三大软件并重新分发的新型 CAD（computer aided design，计算机辅助设计）软件包。其根本目的在于解决 CAD 系统难用及多 CAD 系统数据共用等问题。Creo 1.0 发布于 2011 年 6 月，Creo 3.0 发布于 2014 年 3 月，Creo 6.0 发布于 2019 年 3 月，Creo 9.0 发布于 2022 年 6 月。

作为 PTC 闪电计划中的一员，Creo 软件具备互操作性、开放性、易用性等三大特点。其特点体现在以下几方面。

1）解决机械 CAD 领域中未解决的重大问题，包括基本的易用性、互操作性和装配管理。

2）采用全新的方法实现解决方案（建立在 PTC 的特有技术和资源上）。

3）提供一组可伸缩、可互操作、开放且易于使用的机械设计应用程序。

4）为设计过程中的每一名参与者适时提供合适的解决方案。

## 二、Creo 9.0 软件的操作界面

双击桌面上的 Creo 9.0 软件的快捷方式图标或选择【开始】→【所有程序（程序）】→【PTC】→【Creo Parametric 9.0.0.0】选项，即可启动并进入 Creo 9.0 软件环境，如图 1-1-2 所示为软件的初始界面。初始界面主要由快速访问工具栏、标题栏、菜单栏、工具栏、导航区、图形区、消息区（命令提示区）、查找区及智能选取区等组成。初始界面的导航区只包含两个选项卡，即【文件夹浏览器】和【收藏夹】。

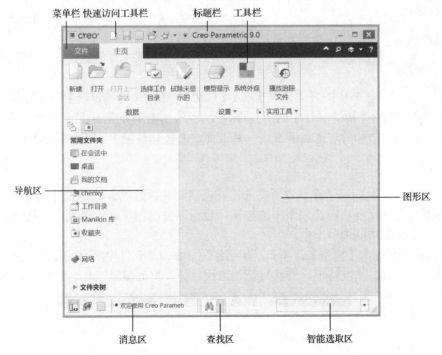

图 1-1-2　Creo 9.0 软件的初始界面

当新建或打开产品时，工作界面如图 1-1-3 所示。界面内容变得更为复杂，增加了视图控制工具栏，且导航区增加了【导航树】选项卡。

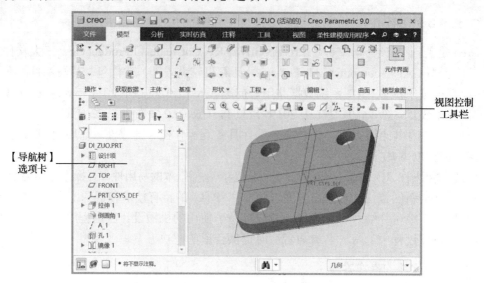

图 1-1-3　Creo 9.0 软件的工作界面

1. 快速访问工具栏

快速访问工具栏中包含新建、保存、修改模型和设置 Creo 环境的一些命令。快速访问工具栏为快速执行命令提供了极大的方便，用户可以根据具体情况定制快速访问工具栏。

2. 标题栏

标题栏显示了当前的软件版本及活动的模型文件名称。

3. 导航区

导航区包含 3 个选项卡：【导航树】（或【层树】）、【文件夹浏览器】和【收藏夹】。【导航树】选项卡中列出了活动文件中的所有零件及特征，并以树的形式显示模型结构。【层树】是一种有效组织模型和管理诸如基准线、基准面、特征和装配中的零件等要素的手段。

4. 工具栏

工具栏中包含了 Creo 9.0 软件所有的工具按钮，并以选项卡的形式进行分类。用户可以根据需要自己定义各功能选项卡中的按钮，也可以自己创建新的选项卡，将常用的命令按钮放在自定义的功能选项卡中。

如图 1-1-4 所示为【模型】选项卡，其中包含 Creo 9.0 软件中所有的零件建模工具，主要有实体建模工具、基准特征、形状特征、工程特征、特征编辑工具、曲面工具等。

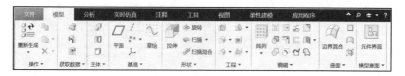

图 1-1-4　【模型】选项卡

5. 视图控制工具栏

如图 1-1-5 所示为视图控制工具栏，其上集成了部分【视图】选项卡中常用的命令按钮。

图 1-1-5　视图控制工具栏

6. 消息区

在用户操作软件的过程中，消息区会实时地显示与当前操作相关的提示信息等，以引导用户的操作。消息分"提示""信息""警告""出错""危险"等 5 类，分别以不同的图标显示。

7. 智能选取区

智能选取区也称过滤器，用于快速选取某种所需要的要素（如几何、基准等）。

### 三、Creo 9.0 软件的基本操作

1. 文件的基本操作

在 Creo 9.0 软件中，【文件】下拉列表中包括【新建】、【打开】、【保存】、【关闭】等文件管理工具选项，系统选项设置工具也在其中。

（1）【新建】选项

单击工具栏中的【新建】按钮（或选择【文件】→【新建】选项），即可打开如图 1-1-6 所示的【新建】对话框。在 Creo 9.0 软件中可以创建【草绘】、【零件】、【装配】和【绘图】等 4 种常见类型的文件，其相应的文件扩展名分别为.sec、.prt、.asm 和.drw。

在【新建】对话框中选择创建的文件类型并输入文件名称后，单击【确定】按钮，系统将打开如图 1-1-7 所示的【新文件选项】对话框。选择合适的模板后，单击【确定】按钮即可进入具体的创建环境。需要注意的是，默认模板是英制模板，而我国采用国际标准单位制（ISO 单位），因此应选择长度单位为 mm 的模板，如 mmns_part_solid_abs（实体零件）。

图 1-1-6　【新建】对话框

图 1-1-7　【新文件选项】对话框

在【新文件选项】对话框中单击【确定】按钮，系统将打开如图 1-1-8 所示界面。

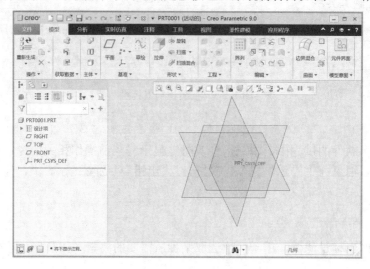

图 1-1-8　模型创建界面

（2）【打开】选项

单击工具栏中的【打开】按钮（或选择【文件】→【打开】选项），即可打开如图 1-1-9 所示的【文件打开】对话框，从中选择想要打开的文件，然后单击【打开】按钮即可打开所选文件。单击右下方的【预览】按钮，可以预览该文件的模型效果。需要注意的是，有些格式的文件是无法预览的。

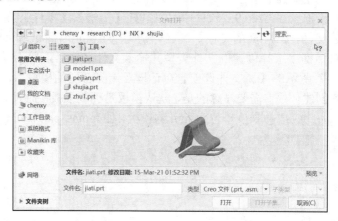

图 1-1-9　【文件打开】对话框

（3）【保存】选项

在 Creo 9.0 软件中保存文件的命令有两种，即【保存】和【另存为】，它们均可以通过工具栏中的按钮或【文件】下拉列表中的相应选项来实现。

1）【保存】选项。该选项用于保存当前编辑的文件。选择该选项后，打开【保存对象】对话框，可以选择文件的保存路径来保存文件。

2）【另存为】选项。该选项用于保存活动对象的副本，副本的文件名不能与源文件名相同。选择【另存为】选项，系统将弹出如图 1-1-10 所示的级联菜单，其中有 3 个选项，即【保存副本】、【保存备份】和【镜像零件】。

图 1-1-10 【另存为】级联菜单

选择【保存副本】选项，打开如图 1-1-11 所示的【保存副本】对话框，指定好保存目录并输入新的文件名称后，单击【确定】按钮即可完成副本的保存。

图 1-1-11 【保存副本】对话框

（4）【管理文件】选项

选择【管理文件】选项，系统将弹出如图 1-1-12 所示的级联菜单，其中有 5 个选项，即【重命名】、【删除旧版本】、【删除所有版本】、【声明】和【实例加速器】。

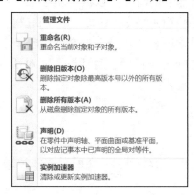

图 1-1-12 【管理文件】级联菜单

其级联菜单中的前 3 个选项说明如下。

1）【重命名】选项：选择【重命名】选项，在打开的如图 1-1-13 所示的【重命名】对话框中可以改变当前工作模型的名称，重命名后模型的属性不会改变。

2）【删除旧版本】选项：系统将保留该文件的最新版本，删除所有旧版本图形。

3）【删除所有版本】选项：将彻底删除该模型文件的所有版本。

（5）【管理会话】

选择【管理会话】选项，系统将弹出 1-1-14 所示的级联菜单，其中有 10 个选项，即【拭除当前】、【拭除未显示的】、【拭除未用的模型表示】、【设计探索会话】、【更新索引】、【播放追踪文件】、【服务器管理】、【选择工作目录】、【对象列表】和【打开链接的浏览器】。

图 1-1-13　【重命名】对话框　　　　　　　图 1-1-14　【管理会话】级联菜单

拭除是指清除掉内存中暂不使用的文件数据，选择该类选项可以提高软件的运行速度。

1）【播放追踪文件】选项：Creo 9.0 软件采用轨迹文件 trail.txt 来记录用户的整个操作过程，包括所有的菜单选择、对话框选择、选取和键盘输入等。轨迹文件的产生是自动的，用户是不能阻止系统生成的，需要的时候可以读入轨迹文件并回放整个操作过程。

2）【选择工作目录】选项：在创建或开启某一个项目文件前应对该项目设置工作目录。设置目录后可以轻松地操作及管理相关目录上的文件。选择【文件】→【管理会话】→【选择工作目录】选项，打开【选择工作目录】对话框。在对话框中指定工作目录并单击【确定】按钮即可完成工作目录的设置操作。

2. 鼠标的基本操作

（1）三键鼠标

使用三键鼠标可以在软件中完成如表 1-1-2 所示的多种操作。

表 1-1-2　三键鼠标的基本操作

| 鼠标功能键 | 操作 | 效果说明 |
|---|---|---|
| 左键 | 单击 | 选取对象 |
| | 双击 | 在草绘环境下编辑尺寸或标注直径尺寸 |
| 中键（滚轮） | 滚动 | 缩放对象 |
| | 按下并移动鼠标 | 翻转对象 |
| | 按下 | 结束或完成操作 |
| 右键 | 单击 | 弹出快捷菜单或辅助选择对象 |

（2）快捷键

除可以从菜单、工具栏中调用命令外，还可以利用快捷键的方式来调用命令。相应选项后的 Ctrl+D、Ctrl+G 等就是该选项的快捷方式。合理使用快捷方式能极大地提高软件操作速度。如表 1-1-3 所示为常用的快捷键。

表 1-1-3　常用的快捷键

| 快捷键 | 效果说明 |
|---|---|
| Ctrl+中键并移动鼠标 | 缩放对象 |
| Shift+中键 | 平移对象 |
| Ctrl+D | 恢复三维默认视角 |
| Ctrl+G | 再生对象 |

## 四、产品建模的一般过程

三维模型是物体的三维多边形表示，是指具有长、宽（或直径、半径等）和高的三维几何体。

### 1. 建模过程

使用 Creo 9.0 软件创建三维模型的一般过程如下。

1）选取或定义一个用于定位的三维坐标系或 3 个垂直的空间平面。

2）选定一个面作为二维平面几何图形的绘制平面。

3）在草绘面上创建形成三维模型所需的截面或轨迹线等二维平面几何图形。

4）形成三维立体模型。

### 2. 创建三维模型的方法

在 Creo 9.0 软件中，一般采用以下方法创建三维模型。

1）搭积木法。这是大部分机械产品三维模型的创建方法。这种方法是先创建一个反映产品主体形状的基础特征，然后在这个基础特征上逐步添加其他的特征，直至完成全部特征的创建。

2）曲面实体化法。利用曲面造型较自由的特点先创建产品的曲面特征，然后将其实体化成实体模型。

3）装配体环境法。先创建装配体文件，然后在装配体中逐步创建每一个零件。此法可以充分利用自上而下的装配设计思想，高效率地完成产品设计。

🔧 **任务实施**

## 一、设置工作目录并新建文件

1）将工作目录设置至 Croe9.0\work\original\ch1\ch1.1。

2）单击工具栏中的【新建】按钮，在打开的【新建】对话框中选中【类型】选项组中的【零件】单选按钮，并选中【子类型】选项组中的【实体】单选按钮；取消选中【使用默认模板】复选框以取消使用默认模板，在【名称】文本框中输入文件名 Di_zuo。然后单击【确定】按钮，打开【新文件选项】对话框，选择【mmns_part_solid_abs】模板，单击【确定】按钮，进入零件的创建环境。

视频：底座

## 二、拉伸主体

1）在【模型】选项卡的【形状】选项组中单击【拉伸】下拉按钮。

2）在弹出的【拉伸】选项卡中单击【实体类型】按钮（默认选项）。

3）在【拉伸】选项卡中单击【放置】按钮，然后在弹出的【放置】选项卡中单击【定义】按钮，打开【草绘】对话框。

4）选取 TOP 基准平面为草绘平面，使用系统中默认的方向为草绘视图方向。选取 RIGHT 基准平面为参考平面，方向为【右】，然后单击对话框中的【草绘】按钮，进入草绘环境。

5）在【草绘】选项卡的【设置】选项组中单击【草绘视图】按钮，使草绘平面与屏幕平行。在草绘环境下绘制如图 1-1-15 所示的截面草图，完成后单击【关闭】选项组中的【确定】按钮退出草绘环境。

6）在【拉伸】选项卡中单击【从草绘平面以指定的深度值拉伸】按钮，再在文本框中输入深度值 10。

7）在【拉伸】选项卡中单击【预览】按钮，观察所创建的特征效果。

8）在【拉伸】选项卡中单击【确定】按钮，完成如图 1-1-16 所示的主体模型的创建。

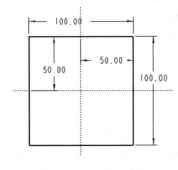

图 1-1-15　截面草图

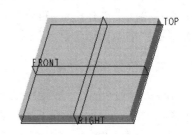

图 1-1-16　主体模型

## 三、创建倒圆角特征

1）在【模型】选项卡的【工程】选项组中单击【倒圆角】按钮。

2）在弹出的【倒圆角】选项卡的文本框中输入圆角半径 20。再在图 1-1-16 中的模型上选取要倒圆角的 4 条边线，此时的模型如图 1-1-17 所示。

3）单击【倒圆角】选项卡中的【预览】按钮，观察所创建的特征效果。

4）单击【倒圆角】选项卡中的【确定】按钮，完成如图 1-1-18 所示的倒圆角特征的创建。

图 1-1-17　选取倒圆角边线

图 1-1-18　倒圆角特征

## 四、创建基准轴

1）在【模型】选项卡的【基准】选项组中单击【轴】按钮，打开如图 1-1-19 所示的【基准轴】对话框，选择【放置】选项卡（系统默认选项卡）。

2）在图 1-1-18 中的模型上选取刚创建的右下方圆角。此时的【确定】按钮加亮显示。单击【确定】按钮，系统完成如图 1-1-20 所示的基准轴 A1 的创建。

图 1-1-19　【基准轴】对话框

图 1-1-20　基准轴 A1 的创建

## 五、创建孔

1）在【模型】选项卡的【工程】选项组中单击【孔】按钮，弹出如图 1-1-21 所示的【孔】选项卡，系统提示"选取曲面、轴或点来放置孔"。

图 1-1-21　【孔】选项卡

2）单击选取模型的上表面为放置平面，此时在模型上将出现如图 1-1-22 所示的圆孔轮廓及 5 个控制小圆块或方块。

3）按住 Ctrl 键并单击选取基准轴 A1。此时，【孔】选项卡下方的【放置】选项卡的状态如图 1-1-23 所示，模型则如图 1-1-24 所示。

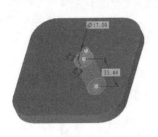

图 1-1-22  孔的创建          图 1-1-23  【放置】选项卡          图 1-1-24  同轴孔的创建

4）在【孔】选项卡中单击【穿透】按钮并在【直径】文本框中输入数值 15，然后单击选项卡中的【预览】按钮，观察所创建的孔特征效果。

5）单击【孔】选项卡中的【确定】按钮，完成如图 1-1-25 所示的孔特征的创建。

图 1-1-25  孔特征

## 六、镜像孔

1）单击选取刚创建的圆孔特征，然后在【模型】选项卡的【编辑】选项组中单击【镜像】按钮，弹出如图 1-1-26 所示的【镜像】选项卡。此时系统提示"选择一个平面或目的基准平面作为镜像平面"。

图 1-1-26  【镜像】选项卡

2）选取 FRONT 基准平面作为镜像平面，然后单击【镜像】选项卡中的【确定】按钮，完成如图 1-1-27 所示的镜像孔特征。

3）单击选取图 1-1-27 中的两个圆孔特征，然后在【模型】选项卡的【编辑】选项组中单击【镜像】按钮，弹出【镜像】选项卡。

4）选取 RIGHT 基准平面作为镜像平面，然后单击【镜像】选项卡中的【确定】按钮，完成如图 1-1-28 所示的底座模型的创建。

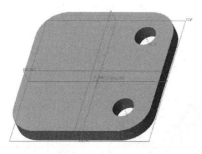

图 1-1-27 镜像孔特征

图 1-1-28 底座模型

5）单击快速访问工具栏中的【保存】按钮，打开【保存对象】对话框，使用默认名称并单击【确定】按钮完成文件的保存。

## 任务评价

本任务的任务评价表如表 1-1-4 所示。

表 1-1-4 任务评价表

| 序号 | 评价内容 | 评价标准 | 评价结果（是/否） |
|---|---|---|---|
| 1 | 知识与技能 | 能解释 Creo 9.0 软件的基本特点 | □是　□否 |
| | | 能解释 Creo 9.0 软件的工作界面 | □是　□否 |
| | | 能熟练使用 Creo 9.0 软件 | □是　□否 |
| | | 掌握零件模型的基本创建流程 | □是　□否 |
| 2 | 职业素养 | 具有产品设计师的职业认同感 | □是　□否 |
| | | 具有行业发展的责任感、使命感、紧迫感 | □是　□否 |
| 3 | 总评 | "是"与"否"在本次评价中所占的百分比 | "是"占__%<br>"否"占__% |

## 任务巩固

在 Creo 9.0 软件的零件模块中完成如图 1-1-29～图 1-1-31 所示零件模型的创建。

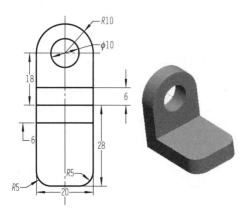

图 1-1-29 零件模型 1

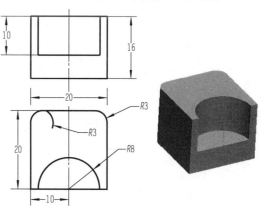

图 1-1-30 零件模型 2

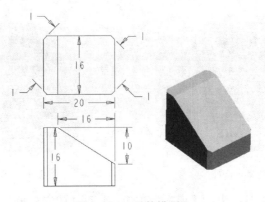

图 1-1-31　零件模型 3

工作领域二

# 草图的绘制

## ◎ 学习目标

> **知识目标**　1）了解 Creo 9.0 软件的草绘工作界面。

2）掌握基本图元绘制、草图编辑及尺寸标、几何约束的添加及修改、样条曲线的创建及编辑、文本的创建及编辑、复杂图形的绘制及编辑方法。

3）掌握选项板的使用方法。

> **技能目标**　1）能解释 Creo 9.0 软件的草绘界面。

2）能绘制基本图元、草图及复杂图形。

3）能标注草图尺寸，添加及修改几何约束。

4）能创建及编辑样条曲线、文本。

5）会使用选项板。

> **素养目标**　1）养成严谨细致、认真负责的工作态度。

2）树立质量意识、效率意识，精益求精，讲求实效。

## ◎ 工作内容

> **工作领域**　草图的绘制。

> **工作任务**　1）泵盖图形的草绘。

2）样板图形的草绘。

# 工作任务 一 泵盖图形的草绘

### 任务目标

1）了解 Creo 9.0 软件的草绘工作界面。

2）掌握基本图元的绘制方法。

3）掌握草图编辑的方法。

4）初步掌握草图尺寸标注的方法。

5）初步掌握几何约束的添加及修改方法。

### 任务描述

在 Creo 9.0 软件的草绘模块中完成如图 2-1-1 所示泵盖图形的绘制。

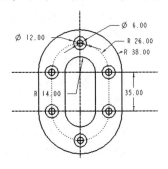

图 2-1-1　泵盖图形

### 任务分析

该泵盖图形主要由直线、圆、圆弧等基本图元构成，图元之间存在着相等、相切等约束关系。一般来说，草图绘制包含 4 个基本步骤，即绘制图形、添加尺寸、添加约束和编辑图形。实际绘制时常将这 4 个步骤穿插进行，以便随时调整图形形状，提高绘制效率。如表 2-1-1 所示为泵盖图形的绘制思路。

表 2-1-1　泵盖图形的绘制思路

| 步骤名称 | 示意图 | 步骤名称 | 示意图 |
|---|---|---|---|
| 1）绘制中心线和构造线 | | 3）绘制 6 个同心圆 | |
| 2）绘制内部轮廓 | | 4）绘制外轮廓并进行编辑 | |

**知识准备**

在 Creo 9.0 软件中，所有三维图形都是由二维图形经过适当变化得到的。因此，二维草图的绘制是软件最基本的操作技能。

## 一、进入草绘环境

单击工具栏中的【新建】按钮，在打开的【新建】对话框中选中【草绘】单选按钮，并在【名称】文本框中输入草图名，再单击【确定】按钮，即可进入如图 2-1-2 所示的草绘环境。

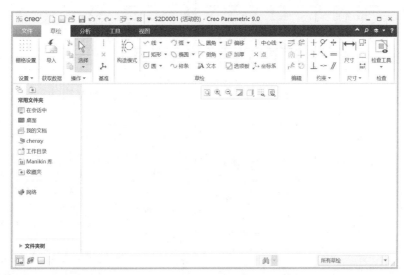

图 2-1-2　草绘环境

## 二、草图的绘制

进入草绘环境后，屏幕上方的【草绘】选项卡中会出现如图 2-1-3 所示的各种工具按钮。这些工具按钮分别属于以下选项组：【设置】、【获取数据】、【操作】、【基准】、【草绘】、【编辑】、【约束】、【尺寸】、【检查】等。

图 2-1-3　【草绘】选项卡

直接单击【草绘】选项卡中的相关工具按钮即可绘制相应的图元。各按钮的具体使用方法如表 2-1-2 所示。

表 2-1-2　基本图元的绘制方法

| 序号 | 图元 | | 图标 | 绘制方法 |
|---|---|---|---|---|
| 1 | 线 | 线链 | 线链 | 使用鼠标左键点选两个点 |
| 2 | | 直线相切 | 直线相切 | 使用鼠标左键点选两个图元（圆弧、圆、椭圆） |
| 3 | 中心线 | 中心线 | 中心线 | 使用鼠标左键点选两个点 |
| 4 | | 中心线相切 | 中心线相切 | 使用鼠标左键点选两个图元（圆弧、圆、椭圆） |
| 5 | 矩形 | 拐角矩形 | 拐角矩形 | 使用鼠标左键点选两个点 |
| 6 | | 斜矩形 | 斜矩形 | 使用鼠标左键选 3 个点 |
| 7 | | 中心矩形 | 中心矩形 | 使用鼠标左键点选两个点 |
| 8 | | 平行四边形 | 平行四边形 | 使用鼠标左键选 3 个点 |
| 9 | 圆 | 圆心和点 | 圆心和点 | 使用鼠标左键先定圆心，再移动鼠标指针定出圆周上的点 |
| 10 | | 同心圆 | 同心 | 使用鼠标左键点选现有圆或圆弧以确定圆心，再移动鼠标指针定出圆周上的点。按鼠标滚轮终止绘制 |
| 11 | | 3 点圆 | 3点 | 使用鼠标左键点选 3 个圆周上的点 |
| 12 | | 公切圆 | 3 相切 | 使用鼠标左键点选 3 个图元（直线、圆、圆弧） |
| 13 | 椭圆 | 轴端点椭圆 | 轴端点椭圆 | 使用鼠标左键点选主轴的两个端点，再移动鼠标指针定出次要轴上的一个端点 |
| 14 | | 中心和轴椭圆 | 中心和轴椭圆 | 使用鼠标左键点选中心点，移动鼠标指针选出主要轴上的一个端点，再移动鼠标指针选取椭圆上的一点 |
| 15 | 弧 | 3 点圆弧 | 3点/相切端 | 使用鼠标左键点选圆弧的起点及终点，再移动鼠标指针定出圆弧上的点 |
| 16 | | 圆心和端点 | 圆心和端点 | 使用鼠标左键点选圆弧的圆心，再移动鼠标指针定出圆弧的起点和终点 |
| 17 | | 公切圆弧 | 3 相切 | 使用鼠标左键点选 3 个图元（直线、圆、圆弧） |
| 18 | | 同心圆弧 | 同心 | 使用鼠标左键点选现有圆或圆弧以确定圆心，再移动鼠标指针定出圆弧上的点 |
| 19 | | 圆锥弧 | 圆锥 | 使用鼠标左键点选圆弧的起点及终点，再移动光标定出圆锥弧上的点 |
| 20 | 圆角 | 圆形圆角 | 圆形 | 使用鼠标左键点选两个图元（直线、圆弧、圆） |
| 21 | | 圆形修剪 | 圆形修剪 | 使用鼠标左键点选两个图元（直线、圆弧、圆） |
| 22 | | 椭圆形圆角 | 椭圆形 | 使用鼠标左键点选两个图元（直线、圆弧、圆） |
| 23 | | 椭圆形修剪 | 椭圆形修剪 | 使用鼠标左键点选两个图元（直线、圆弧、圆） |
| 24 | 倒角 | 倒角 | 倒角 | 使用鼠标左键点选两个图元（直线、圆、圆弧） |
| 25 | | 倒角修剪 | 倒角修剪 | 使用鼠标左键点选两个图元（直线、圆、圆弧） |
| 26 | 样条曲线 | | 样条 | 使用鼠标左键选数个点 |
| 27 | 点 | | 点 | 使用鼠标左键点选位置 |
| 28 | 坐标系 | | 坐标系 | 使用鼠标左键点选位置 |

注：① 单击一级图元按钮后面的黑色三角形，在弹出的下拉列表中即可选择相应的二级图元按钮。

② 使用【基准】选项组中的【中心线】按钮创建的是几何中心线，而使用【草绘】选项组中的【中心线】按钮创建的是构造中心线。后者一般作为草图绘制时的辅助中心线使用，而前者可作为特征创建时的辅助中心线使用，两者可通用。几何点和构造点、几何坐标系和构造坐标系之间亦有相类似的关系。

③ 单击【草绘】选项组中的【构造模式】按钮可切换为构造模式，此时所绘制的几何图形均为构造图形（虚线）。

绘制草图时，应先在【草绘】选项卡的某一选项组中单击一个具体按钮，然后可通过在屏幕图形区中单击选择位置来创建图元。在绘制图元的过程中，当移动鼠标指针时，系统会自动确定可添加的约束并以相应的符号将其显示。草绘图元后，用户还可以通过【约束】选项组中的工具按钮来继续添加约束。

在绘制草图的过程中，系统会自动标注几何尺寸，这样产生的尺寸称为"弱"尺寸，系统可以自动地删除或改变它们。用户可以把有用的"弱"尺寸转换为"强"尺寸，从而避免其被随机删除。

### 三、草图的编辑

基本的二维图形绘制完成后，需要对其进行适当修改以得到符合要求的图形，这时就需要使用系统提供的图形编辑功能了。

1. 尺寸的修改

（1）单个尺寸的修改

单击【草绘】选项卡【操作】选项组中的【依次】按钮（空心箭头符号），再双击需要修改的尺寸值，系统将弹出如图 2-1-4 所示的文本框。在文本框中输入新的尺寸值后，按 Enter 键或单击鼠标中键即可完成尺寸的修改。

（2）多个尺寸的修改

先框选多个需要修改的尺寸（或按住 Ctrl 键，依次选取多个尺寸），然后单击工具栏中的【修改】按钮，打开如图 2-1-5 所示的【修改尺寸】对话框，选中的尺寸将出现在尺寸列表框中。在列表框中逐个修改尺寸，完成后单击【确定】按钮。需要注意的是，修改时应取消选中【重新生成】复选框，防止图形随时变化。

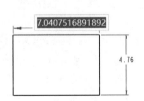

图 2-1-4　单个尺寸的修改

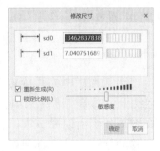

图 2-1-5　多个尺寸的修改

2. 删除段

单击【编辑】选项组中的【删除段】按钮，再单击需要删除的图元即可动态修剪截面图元。如果待删除的图元段较多，则可以拖动鼠标指针，画出轨迹线，凡是与轨迹线相交的线条都会被修剪，如图 2-1-6 所示。

图 2-1-6　删除段

**3．设置拐角**

单击【编辑】选项组中的【拐角】按钮，选取要形成拐角的两个图元即可自动修剪或延伸两条线段，如图 2-1-7 所示。

**4．分割图元**

单击【编辑】选项组中的【分割】按钮，再在几何图元上单击要分割的位置即可分割图元。如图 2-1-8 所示，圆弧被分割成了 3 段，图中出现了 3 个小黑点。

**5．删除**

首先激活【操作】选项组中的【依次】按钮，然后选择需要删除的几何图形，再直接按键盘上的 Delete 键即可删除所选图形。也可以先右击需要删除的几何图形，然后在弹出的快捷菜单中选择【删除】选项将其删除。

**6．镜像图形**

使用【镜像】命令可以大大提高具有对称属性图形的绘制效率。需要注意的是，只有当草绘图形中存在着中心线时，才能够执行【镜像】命令。【镜像】命令的操作步骤如下：①选择要镜像的原始图形；②单击【镜像】按钮，系统提示"选取作为镜像基准的中心线"；③单击选取中心线，系统自动完成镜像操作，如图 2-1-9 所示。

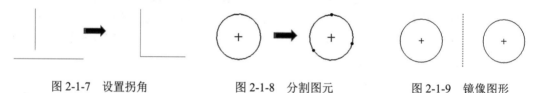

图 2-1-7　设置拐角　　　　　图 2-1-8　分割图元　　　　　图 2-1-9　镜像图形

**7．旋转调整大小**

可直接使用工具栏中的【旋转调整大小】按钮来实现图元的缩放与旋转。操作步骤如下：①选取图元；②单击【旋转调整大小】按钮，弹出如图 2-1-10 所示的【旋转调整大小】选项卡并在图形外围出现操纵框，在操纵框的右上角、中心和右下角处分别出现旋转标记、缩放标记和移动标记；③拉动操纵标记或在文本框中输入数值进行调整；④单击选项卡中的【确定】按钮，完成如图 2-1-11 所示的图形调整，此时的调整数值如图 2-1-11 所示。

图 2-1-10　【旋转调整大小】选项卡

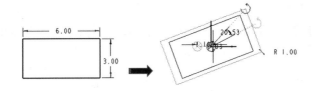

图 2-1-11　旋转调整大小

### 8. 使用鼠标拖动改变草绘图形

直接在图形区使用鼠标拖动草图对象，也可以改变草图对象的大小和空间位置。可以直接拖动的图元有直线、圆、圆弧和样条曲线等。这种方法操作比较简便，但不够准确。

## 四、尺寸的标注

绘制草图时，系统自动标注的尺寸为弱尺寸。弱尺寸的增加和删除都是自动的。通过单击【法向】按钮标注的尺寸称为强尺寸。在标注强尺寸时，系统自动删除多余的弱尺寸和约束，以保证二维草图的完全约束。用户可以把有用的弱尺寸转换为强尺寸。

标注尺寸的一般过程如下：先单击【尺寸】选项组中的【尺寸】按钮；再使用鼠标左键选择标注对象；最后使用鼠标中键确定尺寸标注的位置，生成尺寸标注。需要注意的是，选取两个图元时应同时按住 Ctrl 键。

### 1. 线性尺寸标注

（1）标注线段长度

单击【尺寸】按钮，然后单击要标注的线段，再单击鼠标中键确定尺寸放置的位置，如图 2-1-12 所示。

（2）标注点到直线的距离

单击【尺寸】按钮，然后按住 Ctrl 键的同时单击要标注的点和线段，再单击鼠标中键确定尺寸放置的位置，如图 2-1-13 所示。

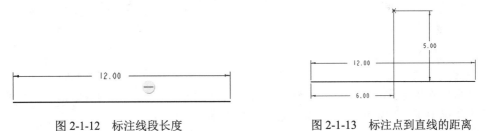

图 2-1-12　标注线段长度　　　　　　　图 2-1-13　标注点到直线的距离

（3）标注两条平行线之间的距离

单击【尺寸】按钮，然后按住 Ctrl 键的同时单击要标注的两平行线段，再单击鼠标中键确定尺寸放置的位置，如图 2-1-14 所示。

（4）标注两点之间的距离

单击【尺寸】按钮，然后按住 Ctrl 键的同时单击要标注的两个点，再单击鼠标中键确定尺寸放置的位置，如图 2-1-15 所示。

（5）标注圆弧到圆弧的距离

单击【尺寸】按钮，然后按住 Ctrl 键的同时单击要标注的两个圆弧，再单击鼠标中键确定尺寸放置的位置，如图 2-1-16 所示。

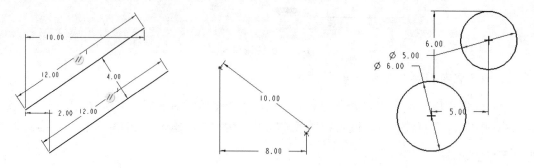

图 2-1-14　标注平行线间的距离　　图 2-1-15　标注点到点的距离　　图 2-1-16　标注圆弧到圆弧的距离

**2．半径或直径标注**

（1）标注半径

半径为圆心到圆弧或圆的圆周的距离。其标注方法如下：单击【尺寸】按钮，然后单击要标注的圆弧或圆，再单击鼠标中键确定尺寸放置的位置，如图 2-1-17 所示。

（2）标注直径

直径的标注方法如下：单击【尺寸】按钮，然后双击要标注的圆弧或圆，再单击鼠标中键确定尺寸放置的位置，如图 2-1-18 所示。

图 2-1-17　标注半径　　　　　　　　　　图 2-1-18　标注直径

（3）标注对称尺寸

对称尺寸的标注方法如下：单击【尺寸】按钮，然后按住 Ctrl 键的同时单击要标注的图元，再依次单击旋转中心的中心线和要标注尺寸的图元，最后移动鼠标指针至合适位置并单击鼠标中键来确定放置的位置，如图 2-1-19 所示。

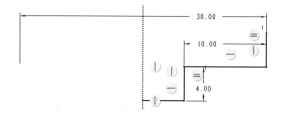

图 2-1-19　标注对称尺寸

3．角度标注

标注两相交直线的夹角或圆弧角度。

（1）标注线段角

标注两线段之间夹角的方法如下：单击【尺寸】按钮，然后按住 Ctrl 键的同时单击组成角的两条线段，再单击鼠标中键确定尺寸的放置位置。根据尺寸放置位置的不同，可以标注内角度或外角度，如图 2-1-20 所示。

（2）标注圆弧角度

标注圆弧角的方法如下：单击【尺寸】按钮，然后按住 Ctrl 键的同时单击圆弧两端点和圆弧上的任意一点，再单击鼠标中键确定尺寸放置的位置，即可标注出圆弧角，如图 2-1-21 所示。

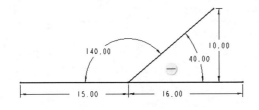

图 2-1-20　标注线段角

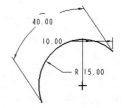

图 2-1-21　标注圆弧角度

## 五、约束的添加

基本图元创建完成后，Creo 9.0 软件会自动设置几何约束条件。几何约束不仅可以替代图形中的某些尺寸标注，起到净化图面的效果，还能更好地体现设计意图。

1．约束的显示

在【视图】选项卡中单击【显示约束】按钮，即可控制约束符号的显示，再次单击该按钮即可关闭约束符号的显示。也可以在图形区域正上方的视图控制工具栏中单击【草绘器显示过滤器】按钮，再在弹出的下拉列表中选择【显示约束】选项即可控制约束符号的显示与关闭。

2．约束符号的显示与含义

1）当前约束，显示为蓝色。

2）鼠标指针所在的约束，显示为淡绿色。

3）选中的约束，显示为绿色。

3．各种约束的名称与符号

系统在【约束】选项组中为设计者提供了如图 2-1-22 所示的 9 种常用约束工具。各种约束工具的含义如表 2-1-3 所示。

┼ 竖直　9′ 相切　┼┼ 对称
┼ 水平　↘ 中点　═ 相等
⊥ 垂直　⊷ 重合　∥ 平行

图 2-1-22　【约束】选项组中的约束工具

表 2-1-3　约束工具的含义

| 序号 | 按钮名称 | 按钮图标 | 约束的含义 | 显示符号 |
|------|----------|----------|------------|----------|
| 1 | 竖直约束 | ┼ 竖直 | 使直线竖直或两点位于同一竖直线上 | ─ |
| 2 | 水平约束 | ┼ 水平 | 使直线水平或两点位于同一水平线上 | ‖ |
| 3 | 垂直约束 | ⊥ 垂直 | 使两个选定图元处于垂直（正交）状态 | ⊥ |
| 4 | 相切约束 | 9′ 相切 | 使两个选定图元处于相切状态 | 9 |
| 5 | 居中约束 | ↘ 中点 | 使选定点处于选定直线的中央 | ⊷ |
| 6 | 重合约束 | ⊷ 重合 | 将两选定图元重合 | ─ |
| 7 | 对称约束 | ┼┼ 对称 | 使两个选定顶点关于指定中心线对称布置 | ┼─ |
| 8 | 相等约束 | ═ 相等 | 创建相等长度、相等半径或相等曲率 | ═ |
| 9 | 平行约束 | ∥ 平行 | 使两直线平行 | ∥ |

### 4. 创建约束

以创建平行约束为例，创建约束的基本步骤如下。

1）单击【草绘】选项卡【约束】选项组中的【平行约束】按钮。

2）系统提示"选择两个或多个线图元使它们平行"，分别选取直线 1 和 2。

3）系统按创建的平行约束更新截面，并显示约束符号。最终结果如图 2-1-23 所示。

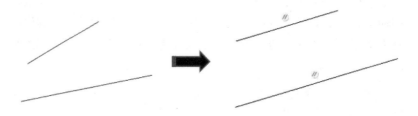

图 2-1-23　创建平行约束

### 5. 删除约束

1）单击要删除的约束符号，选中后，约束符号的颜色变为绿色。

2）右击，在弹出的快捷菜单中选择【删除】选项，系统自动删除所选择的约束。

**注意**：删除约束后，系统会自动增加一个约束或尺寸来使二维草图保持全约束状态。

### 任务实施

**一、创建草图文件**

1）将工作目录设置至 Creo9.0\work\original\ch2\ch2.1。

2）单击工具栏中的【新建】按钮，打开【新建】对话框。

视频：泵盖

3）在该对话框中选中【草绘】单选按钮，在【名称】文本框中输入草图名称 beng_gai；然后单击【确定】按钮进入草绘环境。

**二、绘制图形**

1. 绘制中心线和构造线

1）在【草绘】选项组中单击【中心线】按钮，然后在图形区域单击绘制两条水平中心线和一条垂直中心线。

2）双击系统自动显示的两条水平中心线之间的尺寸，在弹出的文本框中输入新的尺寸值 35，然后单击鼠标中键完成尺寸的修改。此时的图形如图 2-1-24 所示。

3）单击【草绘】选项组中的【圆心和点】按钮，再单击上方水平中心线和垂直中心线的交点并绘制圆。双击尺寸，在弹出的尺寸文本框中输入新的直径尺寸 52。同理，以下方水平中心线和垂直中心线的交点为圆心绘制直径为 52 的圆。完成后的图形如图 2-1-25 所示。

4）单击【直线】按钮，然后分别单击上方水平中心线和圆的左侧交点及下方水平中心线和圆的左侧交点，绘制左侧两圆的外公切线。同理，绘制右侧两圆的外公切线。

5）单击【草绘】选项卡【编辑】选项组中的【删除段】按钮，然后对图形进行修剪，修剪后的图形如图 2-1-26 所示。此时，系统着色显示封闭图元（【着色封闭环】按钮必须被按下）。

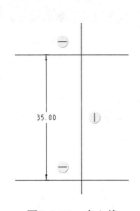

图 2-1-24 中心线

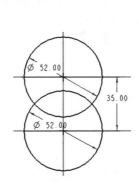

图 2-1-25 构造圆

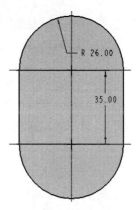

图 2-1-26 修剪后的图形

6）按住 Ctrl 键的同时，单击选取如图 2-1-26 所示刚创建的封闭图形。然后右击，在弹出的快捷菜单中选择【属性】选项，打开如图 2-1-27 所示的【线型】对话框。

7）在【线型】对话框中单击【线型】文本框右侧的下拉按钮，在弹出的下拉列表中选择【控制线】选项，然后单击下方的【应用】按钮，再单击【关闭】按钮，修改后的图形如图 2-1-28 所示。

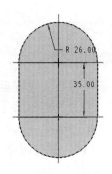

图 2-1-27　【线型】对话框　　　　　　　图 2-1-28　绘制中心线和构造线

**2. 绘制内部轮廓**

1）单击【草绘】选项组中的【圆心和点】按钮，再单击上方水平中心线和垂直中心线的交点并绘制圆。双击尺寸，在弹出的尺寸文本框中输入新的直径尺寸 28。同理，以下方水平中心线和垂直中心线的交点为圆心绘制直径为 28 的圆。

2）单击【线链】按钮，然后分别单击上方水平中心线和圆的左侧交点及下方水平中心线和圆的左侧交点，绘制左侧两圆的外公切线。同理，绘制右侧两圆的外公切线。

3）单击【草绘】选项卡【编辑】选项组中的【删除段】按钮，然后对图形进行修剪，修剪后的图形如图 2-1-29 所示。

**3. 绘制 6 个同心圆**

1）单击【草绘】选项组中的【圆心和点】按钮，再单击上方的垂直中心线和圆弧的交点并绘制圆。双击尺寸，在弹出的尺寸文本框中输入新的直径尺寸 6。

2）单击【草绘】选项组中的【圆心和点】下拉按钮，在弹出的下拉列表中选择【同心圆】选项。然后选取刚画好的直径为 6 的圆，移动鼠标指针绘制一同心园。双击尺寸，在弹出的尺寸文本框中输入新的直径尺寸 12。

3）同理，利用系统的自动约束功能在图形的左侧和下方分别绘制 3 个直径为 6 和 12 的同心圆。完成后的图形如图 2-1-30 所示。

4）单击选取要镜像的左侧两个同心圆，然后单击【镜像】按钮，系统提示"选取一条中心线"。单击选取垂直中心线，系统自动完成如图 2-1-31 所示的镜像操作。

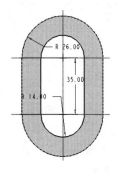
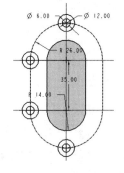
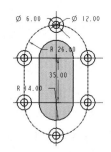

图 2-1-29　绘制内部轮廓　　　　图 2-1-30　绘制同心圆　　　　图 2-1-31　绘制 6 个同心圆

4. 绘制外轮廓并编辑图形

1）单击【草绘】选项组中的【圆心和点】按钮，再单击上方水平中心线和垂直中心线的交点并绘制圆。双击尺寸，在弹出的尺寸文本框中输入新的直径尺寸 76。同理，以下方水平中心线和垂直中心线的交点为圆心绘制直径为 76 的圆。

2）单击【线链】按钮，然后分别单击上方水平中心线和圆的左侧交点及下方水平中心线和圆的左侧交点，绘制左侧两圆的外公切线。同理，绘制右侧两圆的外公切线。

3）单击【草绘】选项卡【编辑】选项组中的【删除段】按钮，然后对图形进行修剪，修剪后的图形如图 2-1-32 所示。

4）参考图 2-1-1 所示的泵盖图形，对图 2-1-32 进行适当的编辑，完成后的图形如图 2-1-33 所示（为保持图形整洁，未打开【显示约束】开关）。

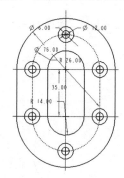

图 2-1-32　绘制外轮廓

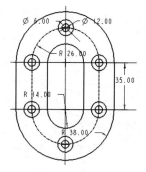

图 2-1-33　泵盖

## 三、保存文件

单击快速访问工具栏中的【保存】按钮，打开【保存对象】对话框，使用默认名称并单击【确定】按钮完成文件的保存。

### 任务评价

本任务的任务评价表如表 2-1-4 所示。

表 2-1-4　任务评价表

| 序号 | 评价内容 | 评价标准 | 评价结果（是/否） |
|---|---|---|---|
| 1 | 知识与技能 | 能解释 Creo 9.0 软件的草绘工作界面 | □是　□否 |
| | | 能熟练绘制基本图元 | □是　□否 |
| | | 能熟练编辑草图 | □是　□否 |
| | | 能标注草图尺寸 | □是　□否 |
| | | 能添加或修改几何约束 | □是　□否 |
| 2 | 职业素养 | 具有严谨细致、认真负责的工作态度 | □是　□否 |
| | | 具有质量意识、效率意识 | □是　□否 |
| 3 | 总评 | "是"与"否"在本次评价中所占的百分比 | "是"占__%<br>"否"占__% |

### 任务巩固

在 Creo 9.0 软件的草绘模块中完成如图 2-1-34～图 2-1-37 所示二维图形的绘制。

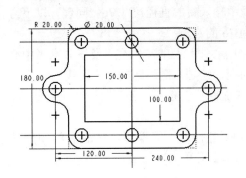

图 2-1-34　二维图形 1　　　　　　图 2-1-35　二维图形 2

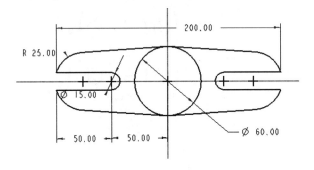
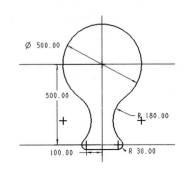

图 2-1-36　二维图形 3　　　　　　图 2-1-37　二维图形 4

## 工作任务 二　样板图形的草绘

### 任务目标

1）掌握样条曲线的创建及编辑方法。

2）掌握文本的创建及编辑方法。

3）掌握选项板的使用方法。

4）掌握草图几何约束的设定技巧。

5）掌握复杂图形的绘制及编辑方法。

### 任务描述

在 Creo 9.0 软件的草绘模块中完成如图 2-2-1 所示样板图形的绘制。

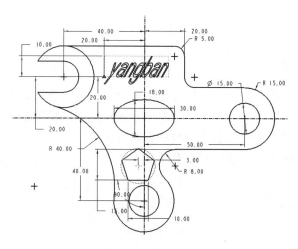

图 2-2-1    样板图形

 任务分析

该样板图形由直线、圆、椭圆、圆弧和五边形等基本图元及文本 "yangban" 组成，在图形绘制中需要用到【水平】、【垂直】、【相切】、【相等】和【重合】等约束命令及【直线】、【圆】、【椭圆】、【圆弧】、【文本】、【选项板】等多个草绘命令。图形的外围为由直线、圆和圆弧封闭而成的曲线。图形中间分布有两个圆、一个椭圆、一个五角形和文本 "yangban" 等。椭圆的长短轴为整个图形的尺寸基准。绘制时仍需按绘制图形、添加尺寸、添加约束和编辑图形等 4 个步骤进行。绘制中，应随时调整图形的形状，以提高绘制效率。如表 2-2-1 所示为样板图形的绘制思路。

表 2-2-1    样板图形的绘制思路

| 步骤名称 | 示意图 | 步骤名称 | 示意图 |
|---|---|---|---|
| 1）绘制中心线和椭圆 | | 4）绘制外切圆弧 | |
| 2）绘制 3 个同心圆 | | 5）绘制五边形和文本 | |
| 3）绘制水平线、竖直线并倒圆角 | | | |

**知识准备**

## 一、草绘器选项的设置

选择【文件】→【选项】选项，打开【Creo Parametric 选项】对话框。选择该对话框中的【草绘器】选项，即可进入如图 2-2-2 所示的草绘器选项设置界面。该界面包含【对象显示设置】、【草绘器约束假设】、【精度和敏感度】、【尺寸】、【草绘器栅格】、【草绘器启动】、【图元线型和颜色】、【草绘器参考】、【草绘器诊断】等选项组。

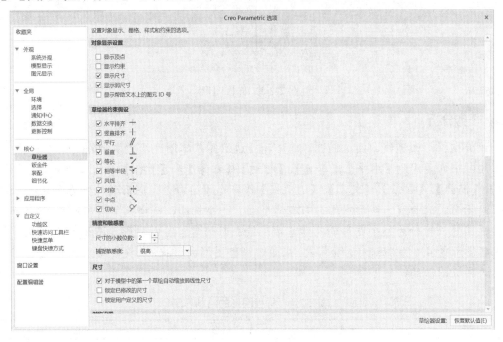

图 2-2-2　草绘器选项设置界面

1）【对象显示设置】：设置是否显示草图中的顶点、约束、尺寸及弱尺寸。

2）【草绘器约束假设】：设置绘图时自动捕捉的几何约束。

3）【精度和敏感度】：设置尺寸的小数位数及求解精度。

4）【尺寸】：设置是否需要锁定已修改的尺寸和用户定义的尺寸。

5）【草绘器栅格】：设置栅格参数。

6）【草绘器启动】：设置在建模环境中绘制草图时是否使草绘平面与屏幕平行。

7）【图元线型和颜色】：设置导入截面图元时是否保持原始线型及颜色。

8）【草绘器参考】：设置是否通过选定背景几何来自动创建参考。

9）【草绘器诊断】：设置草图诊断选项。

## 二、草绘器显示过滤器

单击视图控制工具栏中的【草绘器显示过滤器】按钮，弹出如图 2-2-3 所示的【草绘器显示过滤器】下拉列表。

图 2-2-3　【草绘器显示过滤器】下拉列表

1）【尺寸显示】：切换尺寸的显示与隐藏。

2）【约束显示】：切换约束的显示与隐藏。

3）【栅格显示】：切换栅格的显示与隐藏。

4）【顶点显示】：切换截面顶点的显示与隐藏。

5）【锁定显示】：锁定相关项目的显示。

### 三、绘制文本

绘制文本的操作步骤如下。

1）单击【草绘】选项组中的【文本】按钮，系统将在信息区提示"选择行的起点，确定文本高度和方向"。

2）在绘图区单击分别选取两点，系统会生成一条构造线并打开如图 2-2-4 所示的【文本】对话框。该构造线的长度决定文本的高度，该构造线的角度决定文本的方向。

3）在【文本】文本框中输入所需要的文字。如果是特殊符号，则需要单击对话框中的【文本符号】按钮 ，并在打开的如图 2-2-5 所示的【文本符号】对话框中选择需要的符号。

图 2-2-4　【文本】对话框　　　　　图 2-2-5　【文本符号】对话框

4）设定字体格式。通过设置【字体】、【长宽比】和【倾斜角】等选项可以控制文本的外形，如选择"font3d"字体等。

5）单击【确定】按钮，系统将自动生成文本。双击生成的文本可重新对文本进行编辑。

此外，在【文本】对话框中选中【沿曲线放置】复选框，可使绘制的文本沿着曲线放置，单击对话框中的 按钮则可以调整文字沿曲线放置的方向。最后调整【字体】、【长宽比】和【倾斜角】等选项可以使文字符合曲线位置。

### 四、选项板的使用

选项板相当于一个预定义形状的图形库，用户可以将选项板中所存储的草绘图形方便地调用到当前的草绘图形中，也可以将自定义图形保存到选项板中备用。

单击【选项板】按钮，打开如图 2-2-6 所示的【草绘器选项板】对话框。该对话框主要由【多边形】、【轮廓】、【形状】和【星形】等选项卡组成。每个选项卡中都包含着多个截面形状。

图 2-2-6　【草绘器选项板】对话框

【多边形】选项卡：包括常规多边形，如五边形、六边形、十边形等。

【轮廓】选项卡：包括常规的 C 形、I 形、L 形、T 形等形状轮廓。

【形状】选项卡：包括其他的常见形状，如弧形跑道、十字形、椭圆形等。

【星形】选项卡：包括常规的星形形状，如三角星形、四角星形、五角星形等。

调用选项板中预定义图形的基本步骤如下。

1）单击【选项板】按钮，打开如图 2-2-6 所示的【草绘器选项板】对话框。

2）在对话框中选择需要的选项卡，如【多边形】选项卡。

3）在列表框中选择需要的图形，如选择【七边形】选项，此时在预览区中会出现与选定形状相应的截面。

4）按住鼠标左键不放，将鼠标指针移到图形区中，然后释放鼠标左键，选定的图形就自动出现在图形区并弹出【导入截面】选项卡，如图 2-2-7 和图 2-2-8 所示。

**注意**：选中图形后，双击所选择的选项，再把鼠标指针移动到图形区合适的位置，单击，选定的图形也会自动出现在图形区中。

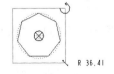

图 2-2-7　七边形

图 2-2-8　【导入截面】选项卡

5）分别拖动图 2-2-7 中的 3 个操纵标记或在图 2-2-8 中的【导入截面】选项卡的几个文本框中输入具体数值，即可改变图形的位置、角度及比例等。然后单击【确定】按钮，即可完成如图 2-2-9 所示的七边形图形的调用。

图 2-2-9　七边形图形的调用

### 五、样条曲线的绘制与编辑

#### 1. 样条曲线的绘制

样条曲线是指通过任意多个中间点的平滑曲线。其绘制步骤如下。

1）在【草绘】选项组中单击【样条】按钮。

2）在图形区单击一系列点，即可看到一样条曲线附着在鼠标指针上。

3）单击鼠标中键，完成样条曲线的绘制。

#### 2. 样条曲线的编辑

样条曲线的编辑包括增加插入点、创建控制多边形、显示曲线曲率、创建关联坐标系和修改坐标值等。

双击需要编辑的样条曲线，弹出如图 2-2-10 所示的【样条】选项卡。

图 2-2-10　【样条】选项卡

编辑方法有以下几种。

1）单击【点】按钮，弹出如图 2-2-11 所示的【点】选项卡。单击样条曲线上的相应点，即可显示并修改该点的坐标值。

2）单击【拟合】按钮，弹出如图 2-2-12 所示的【拟合】选项卡。可以对样条曲线的拟合情况进行设置。

图 2-2-11　【点】选项卡　　　　　　图 2-2-12　【拟合】选项卡

3）单击【文件】按钮，弹出如图 2-2-13 所示的【文件】选项卡。选取相关联的坐标系，即可形成相对于此坐标系的该样条曲线上所有点的坐标数据文件。

4）单击【编辑类型】选项组中的【控制点】按钮，即可创建控制多边形，如图 2-2-14 所示。通过移动控制点可改变样条曲线的形状。

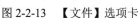

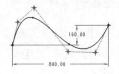

图 2-2-13　【文件】选项卡　　　　　　　　　　图 2-2-14　创建控制多边形

5）单击【编辑类型】选项组中的【插值点】或【控制点】按钮，可显示内插点或控制点。移动控制点可改变样条曲线的形状。

6）单击【显示工具】按钮，可显示如图 2-2-15 所示的样条曲线的曲率分析图，同时选项卡上会出现如图 2-2-16 所示的曲率调整界面，通过滚动【缩放】滚轮可调整曲率线的长度，通过滚动【密度】滚轮可调整曲率线的数量。

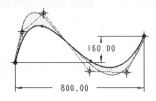

图 2-2-15　曲率分析图

图 2-2-16　曲率调整界面

7）添加点。在样条曲线上需要增加点的位置右击，在弹出的快捷菜单中选择【添加点】选项。

8）删除点。右击样条曲线上需要删除的点，在弹出的快捷菜单中选择【删除点】选项。

## 六、约束失败的解决方法

绘制草图时，若加入的尺寸或约束条件过多，则会打开如图 2-2-17 所示的【解决草绘】对话框。利用该对话框，用户可以删除多余的尺寸或约束。该对话框中的各按钮含义说明如下。

【撤销】：单击此按钮，可撤销刚刚导致截面尺寸或约束冲突的那一步操作。

【删除】：从列表框中选择某个多余的尺寸或约束，再单击此按钮即可将其删除。

【尺寸>参考】：选取一个多余的尺寸，将其转换为一个参考尺寸。

【解释】：选择一个约束，获取约束说明，草绘器将加亮与该约束有关的图元。

图 2-2-17　【解决草绘】对话框

注：软件界面中"撤消"的正确写法为"撤销"。

## 七、草绘操作技巧

### 1. 自动捕捉约束的使用

在绘制过程中，随着鼠标指针的移动，系统会自动捕捉多种约束，合理使用这些自动捕捉功能将大大提高绘制效率。

### 2. 锁定尺寸命令的使用

在草图绘制过程中，随着图形的变化，许多尺寸也会自动变化，这无疑增加了图形绘制的难度。因此，需要将重要的尺寸进行锁定，使其不会被系统自动删除或修改。操作方法是，选定需要锁定的尺寸后右击，在弹出的快捷菜单中选择【锁定】选项。这种功能在创建和修改复杂的草绘截面时非常有用。

 **任务实施**

## 一、创建草图文件

1）将工作目录设置至 Creo9.0\work\original\ch2\ch2.2。

2）单击工具栏中的【新建】按钮，打开【新建】对话框。

视频：样板

3）在该对话框中选中【草绘】单选按钮，在【名称】文本框中输入草图名称 yang_ban；然后单击【确定】按钮进入草绘环境。

## 二、绘制图形

### 1. 绘制中心线和椭圆

1）在【草绘】选项组中单击【中心线】按钮，然后在图形区域单击绘制一条水平中心线和一条垂直中心线。

2）在【草绘】选项组中单击【椭圆】下拉按钮，在弹出的下拉列表中选择【中心和轴椭圆】选项，再单击中心线的交点并绘制椭圆。双击尺寸，在弹出的尺寸文本框中分别输入新的尺寸 30、18，完成后的图形如图 2-2-18 所示。

### 2. 绘制 3 个同心圆

1）在【草绘】选项组中单击【圆】下拉按钮，在弹出的下拉列表中选择【圆心和点】

选项，分别绘制左上、右、下 3 个圆。将 3 个圆的直径均改为 15。修改 3 个圆的位置尺寸分别为 50、40、40 和 20。完成后的图形如图 2-2-19 所示。

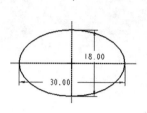

图 2-2-18　中心线和椭圆

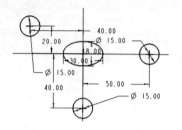

图 2-2-19　3 个圆

2）在【草绘】选项组中单击【圆】下拉按钮，在弹出的下拉列表中选择【同心】选项，分别在刚绘制好的 3 个圆上绘制 3 个同心圆。将这 3 个圆的直径均改为 30。此时的图形如图 2-2-20 所示。

**3. 绘制水平线及倒圆角**

1）单击【直线】按钮，绘制 5 条需要与圆相切的水平直线，长度位置均无特殊要求。

2）在【约束】选项组中单击【相切】按钮，再分别单击相应的直线和圆，使所绘制的 5 条直线分别与所对应的圆相切。完成后的图形如图 2-2-21 所示。

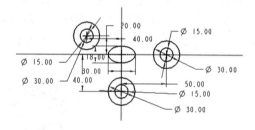

图 2-2-20　3 个同心圆

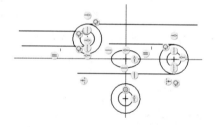

图 2-2-21　5 条水平直线

3）在【编辑】选项组中单击【删除段】按钮，删除多余的线条。

4）单击【直线】按钮，在图形右上方绘制竖直线并与两水平直线相交。修改竖直线的定位尺寸为 20，然后单击【删除段】按钮，删除多余的线条。

5）在【草绘】选项组中单击【圆角】下拉按钮，在弹出的下拉列表中选择【圆形】选项，在两个直角处创建圆角，修改圆角半径为 5。此时的图形如图 2-2-22 所示。

**4. 绘制外切圆及外切圆弧**

1）在【草绘】选项组中单击【圆】下拉按钮，在弹出的下拉列表中选择【圆心和点】选项，在图形右下方适当位置绘制 $\phi$16 圆。

2）在【约束】选项组中单击【相切】按钮，然后分别单击水平直线和 $\phi$16 圆，再分别单击 $\phi$16 圆和 $\phi$30 圆，使 $\phi$16 圆同时和水平直线及 $\phi$30 圆相切。

3）同理，在左下方绘制与两个 $\phi$30 圆相切的 R40 圆弧。然后单击【删除段】按钮，删除多余的线条并重新标注圆弧半径。完成后的图形如图 2-2-23 所示。

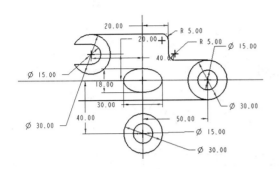

图 2-2-22　水平线及倒圆角

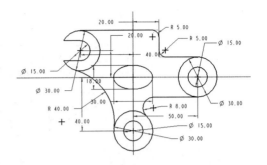

图 2-2-23　外切圆及外切圆弧

5. 绘制五边形

1）单击【选项板】按钮，打开【草绘器选项板】对话框。

2）在对话框中选择【多边形】选项卡。

3）在列表框中选择【五边形】选项，此时在预览区中会出现与选定形状相应的截面。

4）按住鼠标左键不放，将鼠标指针移到图形区中，然后释放鼠标左键，选定的图形出现在图形区并弹出【导入截面】选项卡。

5）在【导入截面】选项卡的最后一个文本框中输入数值 10，然后单击【确定】按钮。

6）修改正五边形的定位尺寸为 3、15。完成后的图形如图 2-2-24 所示。

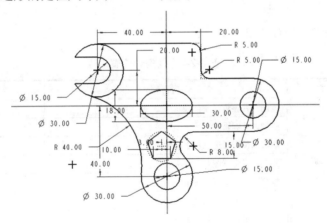

图 2-2-24　五边形的绘制

6. 绘制文本

1）单击【草绘】选项组中的【文本】按钮，系统将在信息区提示"选择行的起点，确定文本高度和方向"。

2）在绘图区单击分别选取两点，系统会生成一条构造线并打开【文本】对话框。

3）在【文本】对话框中输入文字"yangban"，并单击【确定】按钮完成文本的绘制。

4）修改文本的水平坐标尺寸为 20、垂直坐标尺寸为 20、高度尺寸为 10。完成后的图形如图 2-2-25 所示。

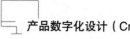

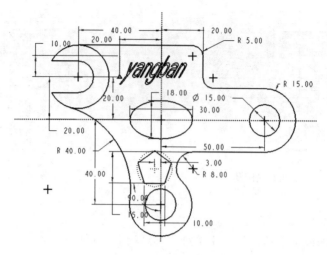

图 2-2-25　样板图形

## 三、保存文件

单击工具栏中的【保存】按钮，打开【保存对象】对话框，使用默认名称并单击【确定】按钮完成文件的保存。

 任务评价

本任务的任务评价表如表 2-2-2 所示。

表 2-2-2　任务评价表

| 序号 | 评价内容 | 评价标准 | 评价结果（是/否） |
|------|----------|----------|-------------------|
| 1 | 知识与技能 | 能创建并编辑样条曲线 | □是　□否 |
| | | 能创建并编辑文本 | □是　□否 |
| | | 能熟练使用【选项板】按钮 | □是　□否 |
| | | 能熟练设定草图几何约束 | □是　□否 |
| | | 能绘制并编辑复杂图形 | □是　□否 |
| 2 | 职业素养 | 具有严谨细致、认真负责的工作态度 | □是　□否 |
| | | 具有质量意识、效率意识 | □是　□否 |
| 3 | 总评 | "是"与"否"在本次评价中所占的百分比 | "是"占__% "否"占__% |

📖 任务巩固

在 Creo 9.0 软件的草绘模块中完成如图 2-2-26 和图 2-2-27 所示图形的绘制。

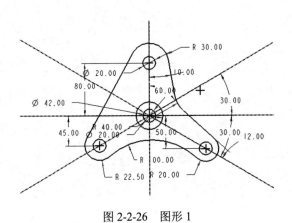

图 2-2-26　图形 1

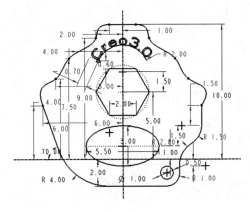

图 2-2-27　图形 2

# 工作领域三
## 简单产品的三维建模

### ◎ 学习目标

> **知识目标**　1）了解特征、导航树、层等的含义。
2）掌握拉伸、倒圆角、倒角等特征的创建、编辑与复制的方法。
3）熟悉【投影】、【偏移】和【加厚】等草绘命令。
4）掌握模型显示及模型外观的设置方法。

> **技能目标**　1）能解释特征的含义和【模型】选项卡中的内容。
2）会创建和编辑拉伸、倒圆角、倒角等特征。
3）会使用【投影】、【偏移】和【加厚】等命令。

> **素养目标**　1）在绘图细节中培养专注的工作态度。
2）树立规则意识，规范操作。

### ◎ 工作内容

> **工作领域**　简单产品的三维建模。

> **工作任务**　1）机座模型的建模。
2）端盖模型的建模。
3）按键模型的建模。
4）电器底座模型的建模。
5）轮罩模型的建模。

# 工作任务 一　机座模型的建模

## 任务目标

1）了解特征的含义和【模型】选项卡中的内容。
2）掌握拉伸特征的创建方法。
3）掌握倒圆角特征的创建方法。
4）掌握倒角特征的创建方法。
5）了解【偏移】和【加厚】等草绘命令的使用方法。

## 任务描述

在 Creo 9.0 零件模块中完成如图 3-1-1 所示机座模型的创建。

图 3-1-1　机座模型

## 任务分析

该机座模型由 3 部分结构组成，分别是底部的长方形底座、顶部的圆柱体和中间的支撑板等。此外，模型上还分布有两个沉头孔、通孔、通槽、圆角和倒角等工程特征。在创建过程中需要综合运用【拉伸】、【倒角】和【倒圆角】等特征操作方法。如表 3-1-1 所示为机座模型的创建思路。

表 3-1-1　机座模型的创建思路

| 步骤名称 | 应用功能 | 示意图 | 步骤名称 | 应用功能 | 示意图 |
|---|---|---|---|---|---|
| 1）创建底座 | 【拉伸】命令 | | 4）创建通槽 | 【拉伸】命令 | |
| 2）创建圆柱 | 【拉伸】命令 | | 5）创建沉头孔、倒角、倒圆角 | 【拉伸】命令、【倒角】命令、【倒圆角】命令 | |
| 3）创建支撑板 | 【拉伸】命令 | | | | |

## 📀 知识准备

## 一、特征概述

Creo 9.0 软件是一款参数化、基于特征的实体建模软件，它利用每次独立创建一个模型的方式来创建整体模型。它在构建模型实体的同时，还具有反映模型信息、调整特征之间的关系等功能。可见，所有模型的设计都是从构建特征开始的，特征是组成实体模型的基本单元。

**1. 特征的概念**

自 20 世纪 80 年代以来，基于特征的设计方法已被广泛接受。最初的特征定义仅包含了几何意义，即主要是它的形状特征。但实质上特征应该包含更多、更广泛的含义和信息。由于特征源于设计、分析和制造等生产过程的不同阶段，所以对特征的认识也不尽相同，至今尚无统一的特征定义。当前较为通用的定义是：特征就是任何已被接受的某一个对象的几何、功能元素和属性，通过它们可以很好地理解该对象的功能、行为和操作。

**2. 特征的分类**

在 Creo 9.0 软件中，特征不仅包括拉伸、旋转等形状特征，还包括抽壳、拔模、倒圆角等工程特征，同时还包括作为辅助几何元素的基准特征，具有扭曲、折弯、雕刻等功能的高级造型特征。因此，在 Creo 9.0 软件中，特征是一个广义的概念范畴，它对于实体建模起着决定性的作用。

根据特征的生成方式及应用特点，可以将其分为实体特征和虚拟特征两大类。

（1）实体特征

此类特征具有实际的体积和质量，是形成模型的主体，它可以通过增加材料或去除材料的方法获得。依据成形的方法，它又可以分为形状特征和工程特征，前者如拉伸、旋转、混合等，后者如抽壳、拔模、倒角等。

（2）虚拟特征

此类特征是零件建模过程中所需要的参考，相当于几何学中的辅助点、线或面。它主要由基准特征和曲面特征组成。基准特征包括基准平面、基准轴、基准点、基准坐标系和基准曲线等。曲面特征主要用于实体模型构建的参考。

## 二、【模型】选项卡

新建【零件】文件后即可进入 Creo 9.0 软件的零件设计环境，在软件界面上方会显示如图 3-1-2 所示的【模型】选项卡。该选项卡中包含 Creo 9.0 软件中所有的零件建模工具，特征命令的选取方法一般是单击其中的命令按钮。

图 3-1-2　【模型】选项卡

【模型】选项卡中包含【操作】、【获取数据】、【主体】、【基准】、【形状】、【工程】、【编辑】、【曲面】、【模型意图】等选项组。

1）【操作】选项组，用于针对某个特征的操作，如修改编辑特征，再生特征，复制、粘贴、删除特征等。

2）【获取数据】选项组，用于复制当前模型中的几何，使用用户自定义的特征，或从其他外部数据文件中调用特征与几何。

3）【主体】选项组，用于对主体进行新建、分割、布尔运算（合并、相交、切除）等操作。

4）【基准】选项组，主要用于创建各种基准特征。基准特征在建模、装配和其他工程模块中起着重要的辅助作用。

5）【形状】选项组，用于创建各种实体或曲面。所有的形状特征都必须以二维截面草图为基础进行创建。

6）【工程】选项组，用于创建工程特征。工程特征一般建立在现有的实体特征之上，如对某个实体的边添加"倒圆角"。当模型中没有任何实体时，该部分中的所有命令为灰色，表明它们此时不可使用。

7）【编辑】选项组，用于对现有的实体特征、基准特征、曲面及其他几何进行编辑，也可以创建自由形状的实体。

8）【曲面】选项组，用于创建各种高级曲面，如边界混合曲面、造型曲面、自由式曲面等。

9）【模型意图】选项组，主要用于表达模型设计意图、参数化设计、创建零件族表、管理发布几何和编辑设计程序等。

## 三、拉伸特征的创建

拉伸特征是指将草绘截面沿着草绘平面方向拉伸指定的长度。使用【拉伸】命令可以创建实体、薄壁和曲面，也可以使用【拉伸】方式添加或移除材料。

### 1. 拉伸特征的创建流程

1）单击工具栏中的【拉伸】按钮，弹出如图 3-1-3 所示的【拉伸】选项卡。

图 3-1-3　【拉伸】选项卡

2）单击选项卡下方的【放置】按钮，在展开的如图 3-1-4 所示的【放置】选项卡中单击【定义】按钮，打开如图 3-1-5 所示的【草绘】对话框。也可以直接右击绘图区，在弹出的如图 3-1-6 所示的快捷菜单中选择【定义内部草绘】选项，从而打开【草绘】对话框。

图 3-1-4　【放置】选项卡　　　　图 3-1-5　【草绘】对话框　　　　图 3-1-6　快捷菜单

3）在工作窗口中分别选择合适的草绘平面和参考平面后，单击【草绘】按钮进入草绘环境。

4）在【设置】选项组中单击【草绘视图】按钮，使草绘平面与屏幕平行。在草绘环境下绘制草绘图形，完成后单击【确定】按钮退出草绘环境。

5）在【拉伸】选项卡中进行适当的设置，如选择拉伸方式、输入拉伸值等。完成后单击【预览】按钮观察效果，最后单击【确定】按钮。

2.【拉伸】选项卡介绍

拉伸特征的主要操作命令都集中在【拉伸】选项卡中，具体的含义介绍如下。

1）【实体】：以实体的方式创建拉伸特征。

2）【曲面】：以曲面的方式创建拉伸特征。

3）【从草绘平面以指定的深度值拉伸】：按选定的拉伸深度类型进行拉伸。单击其下拉按钮，在弹出的下拉列表中可以选择 3 种拉伸深度类型，分别是【可变】、【对称】、【到参考】。各选项的含义如下。

① 【可变】：盲孔或定值。从草绘平面以指定的深度值来创建拉伸特征。

② 【对称】：从草绘平面两侧以对称的深度值来创建拉伸特征。

③ 【到参考】：将截面拉伸至选定的点、曲线、平面或曲面。

4）文本框：用于设置拉伸值。

5）【改变方向】：更改拉伸深度方向。在工作窗口空白处右击，在弹出的快捷菜单中选择【反向深度方向】选项也可以改变拉伸方向。

6）【移除材料】：去除材料或修剪实体。

7）【加厚草绘】：创建薄壁实体。在工作窗口空白处右击，在弹出的快捷菜单中选择【加厚草绘】选项也可以创建薄壁实体。

8）【放置】：选择此选项，可展开如图 3-1-4 所示的【放置】选项卡。单击其中的【定义】按钮，可打开【草绘】对话框。

9）【选项】：选择此选项，可展开如图 3-1-7 所示的【选项】选项卡。可以选择【侧 1】和【侧 2】的拉伸类型及设置拉伸值。创建拉伸曲面时可以选中【封闭端】复选框，以将曲面两端未闭合区域封闭起来。实体拉伸时，【封闭端】复选框不可用。选中【添加锥度】复选框，下方的文本框即变为可用，输入具体数值后可以添加锥度。

10）【属性】：选择此选项，可展开如图 3-1-8 所示的【属性】选项卡。可以修改【名称】文本框中的默认名称。

图 3-1-7　【选项】选项卡　　　　　　　　　图 3-1-8　【属性】选项卡

### 3. 草绘平面、参考平面和草绘方向

在进入草绘界面之前，系统总会打开如图 3-1-5 所示的【草绘】对话框，要求用户选取草绘平面、草绘方向、参考和方向。

1）草绘平面：即二维草绘的绘制平面。有 3 类平面可用作草绘平面，即系统提供的 3 个基准平面（TOP、FRONT、RIGHT）、现有模型的某个平面和用户创建的辅助平面。

2）草绘方向：草绘平面有正面（朝向实体外侧）和负面（朝向实体内侧）之分，与此相对应，草绘方向也有正负之分。草绘方向用来确定二维草绘图在草绘平面的正面还是负面。可通过单击【反向】按钮来切换草绘方向。

3）参考：参考为一个与草绘平面相垂直的面，即参考平面。二维草绘时，可使草绘平面与屏幕平行，通过给定参考决定草绘平面的放置方位。

4）方向：即参考方向。参考平面与草绘平面相互垂直，它们之间根据观察方向的不同可有 4 种方向供选择，即即上、下、左和右。如图 3-1-9 所示为【草绘】对话框的选择实例，如图 3-1-10 所示为【草绘】设定的结果。

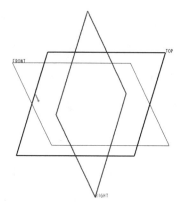

图 3-1-9　【草绘】对话框的设定　　　　　　图 3-1-10　【草绘】设定的结果

### 四、倒圆角特征

**1. 倒圆角特征简介**

倒圆角是工程设计中不可缺少的一个环节。将零件的实体边线圆角化，可提高产品的加工工艺性和使用过程中的安全性并美化了外观。Creo 9.0 软件中的倒圆角工具内容丰富、功能强大，包含倒圆角和自动倒圆角两类。

（1）倒圆角

在【工程】选项中单击【倒圆角】下拉按钮，在弹出的下拉列表中选择【倒圆角】选项，弹出如图 3-1-11 所示的【倒圆角】选项卡。选项卡的下方包含【集】、【过渡】、【段】、【选项】和【属性】等按钮。单击这些按钮后即可弹出相应的选项卡，从而完成倒圆角的详细设置。

图 3-1-11 【倒圆角】选项卡

单击【集】按钮，弹出如图 3-1-12 所示的【集】选项卡。利用该选项卡可完成以下 4 种类型圆角的创建。

1）【等半径圆角】：具有单一半径参数，所创建的圆角尺寸均匀一致。

2）【可变半径圆角】：具有多种半径参数，所创建的圆角尺寸按指定要求变化。

3）【由曲线驱动的倒圆角】：圆角的半径由曲线驱动，尺寸的变化更加丰富。

4）【完全倒圆角】：使用倒圆角特征替换选定曲面，圆角尺寸与该曲面自动适应。

图 3-1-12 【集】选项卡

此外，在【集】选项卡中单击【圆形】下拉按钮，在弹出的下拉列表中可以根据设计的需要选用不同的圆角截面形状。

1）【圆形】：圆角的截面为标准圆形。

2）【圆锥】：圆角的截面为圆锥形曲线，可以通过设置控制圆锥锐角的圆锥参数来进一步调整圆角的截面形状。

3）【C2 连续】：圆角的截面为 C2 连续曲线，其形状可由形状系数 C2 和参数 D 的数值确定。

4）【D1×D2 圆锥】：圆角的截面为锥形曲线，通过指定参数 D1 和 D2 来创建非对称的锥形圆角。

5）【D1×D2C2】：圆角的截面为复杂曲线，其形状可由形状系数 C2 和参数 D1、D2 的数值确定。

（2）自动倒圆角

在【工程】选项组中单击【倒圆角】下拉按钮，在弹出的下拉列表中选择【自动倒圆角】选项，弹出如图 3-1-13 所示的【自动倒圆角】选项卡。选项卡的下方包含【范围】、【排除】、【选项】和【属性】等按钮。单击这些按钮后即可弹出相应的选项卡，从而完成自动倒圆角的详细设置。

图 3-1-13　【自动倒圆角】选项卡

**2. 倒圆角特征的创建**

（1）等半径圆角特征的创建

1）将工作目录设置至 Creo9.0\work\original\ch3\ch3.1，打开如图 3-1-14 所示的模型文件 dao_ yuan_jiao.prt。

2）在【工程】选项组中单击【倒圆角】下拉按钮，在弹出的下拉列表中选择【倒圆角】选项，弹出如图 3-1-11 所示的【倒圆角】选项卡，并在信息区提示"选取一条边或边链，或选取一个曲面以创建倒圆角集"。

视频：等半径圆角特征

3）选取圆角放置参考。在如图 3-1-14 所示的模型上选取要倒圆角的边线，被选中的边线加亮显示。此时的模型如图 3-1-15 所示。

4）在【倒圆角】选项卡的文本框中输入圆角半径 6，然后单击【确定】按钮或按下鼠标中键完成圆角特征的创建。如图 3-1-16 所示为完成后的等半径圆角特征。

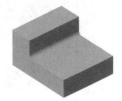

图 3-1-14　dao_ yuan_jiao 模型　　　图 3-1-15　选取边线 1　　　图 3-1-16　等半径圆角特征

**注意**：选取多条边的技巧如下，①按住 Ctrl 键+鼠标点选；②点选一条边，然后按住

Shift 键并点选这条边所在的面，即可选中这个环形链。

5）选择【文件】→【另存为】→【保存副本】选项，打开【保存副本】对话框，在【文件名】文本框中输入 dao_ yuan_ jiao_deng，然后单击【确定】按钮完成文件的保存。

视频：可变半径圆角特征

（2）可变半径圆角特征的创建

1）将工作目录设置至 Creo9.0\work\original\ch3\ch3.1，打开如图 3-1-14 所示的模型文件 dao_ yuan_ jiao.prt。

2）在【工程】选项组中单击【倒圆角】下拉按钮，在弹出的下拉列表中选择【倒圆角】选项，弹出【倒圆角】选项卡并在信息区提示"选取一条边或边链，或选取一个曲面以创建倒圆角集"。

3）在如图 3-1-14 所示的模型上选取要倒圆角的边线，被选中的边线加亮显示。此时的模型如图 3-1-17 所示。

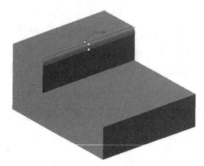

图 3-1-17　选取边线 2

4）在选项卡上单击【集】按钮，弹出【集】选项卡。

5）在【集】选项卡下方的圆角半径参数栏单击选中【半径】文本框，然后右击，在弹出的快捷菜单中选择【添加半径】选项。系统会复制此半径值并将半径值放置到倒圆角段的端点上。也可以在选取的边线上右击，在弹出的快捷菜单中选择【成为变量】选项。重复上述动作即可添加需要的半径点数量。

6）编辑点的位置及半径大小。单击线条上的白圆点并移动可改变变量点的位置，单击白色的方形框并移动可改变半径的大小。在相应的文本框中输入数值也可以改变半径值。设置好的模型如图 3-1-18 所示。

7）单击【确定】按钮，完成如图 3-1-19 所示的可变半径圆角特征的创建。

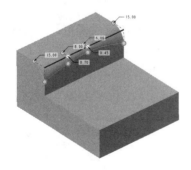

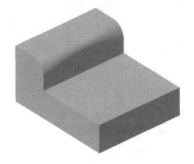

图 3-1-18　设置点和半径　　　　　　　　图 3-1-19　可变半径圆角特征

8）选择【文件】→【另存为】→【保存副本】选项，打开【保存副本】对话框。在【文件名】文本框中输入 dao_yuan_jiao_bian，然后单击【确定】按钮完成文件的保存。

（3）由曲线驱动的圆角特征的创建

视频：曲线驱动倒圆角

1）将工作目录设置至 Creo9.0\work\original\ch3\ch3.1，打开如图 3-1-14 所示的模型文件 dao_yuan_jiao.prt。

2）在【基准】选项组中单击【草绘】按钮，弹出【草绘】选项卡，选择模型的上表面为草绘平面，绘制如图 3-1-20 所示的基准曲线。

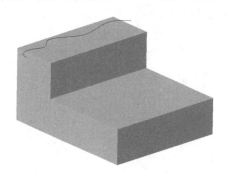

图 3-1-20　绘制基准曲线

3）在【工程】选项组中单击【倒圆角】下拉按钮，在弹出的下拉列表中选择【倒圆角】选项，弹出【倒圆角】选项卡，并在信息区提示"选取一条边或边链，或选取一个曲面以创建倒圆角集"。

4）在如图 3-1-14 所示的模型上选取要倒圆角的边线，被选中的边线加亮显示。此时的模型如图 3-1-21 所示。

5）在【倒圆角】选项卡中单击【集】按钮，弹出【集】选项卡。单击选项卡中的【通过曲线】按钮，选取刚创建的基准曲线，预览所创建的圆角效果。

6）单击【确定】按钮，完成倒圆角特征的创建。如图 3-1-22 所示为创建的倒圆角特征。

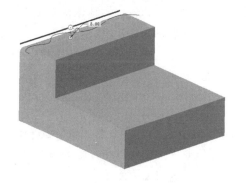

图 3-1-21　选取边线 3

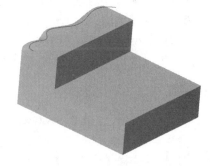

图 3-1-22　曲线驱动的圆角特征

7）选择【文件】→【另存为】→【保存副本】选项，打开【保存副本】对话框，在【文件名】文本框中输入 dao_yuan_jiao_qu，然后单击【确定】按钮完成文件的保存。

（4）完全倒圆角特征的创建

1）将工作目录设置至 Creo9.0\work\original\ch3\ch3.1，打开如图 3-1-14 所示的模型文

件 dao_yuan_jiao.prt。

2）在【工程】选项组中单击【倒圆角】下拉按钮，在弹出的下拉列表中选择【倒圆角】选项，弹出【倒圆角】选项卡，并在信息区提示"选取一条边或边链，或选取一个曲面以创建倒圆角集"。

3）选取圆角放置参考。按住 Ctrl 键的同时选取如图 3-1-23 所示的两条边线作为创建倒圆角的参考。此时被选中的边线加亮显示。

4）在【倒圆角】选项卡中单击【集】按钮，弹出【集】选项卡。单击选项卡中的【完全倒圆角】按钮，预览所创建的圆角效果。

5）单击【确定】按钮，完成如图 3-1-24 所示的完全倒圆角特征的创建。

6）选择【文件】→【另存为】→【保存副本】选项，打开【保存副本】对话框，在【文件名】文本框中输入 dao_yuan_jiao_wan，然后单击【确定】按钮完成文件的保存。

图 3-1-23　选取倒圆角的参考

图 3-1-24　完全倒圆角特征

## 五、倒角特征

倒角也是一类应用比较广泛的工艺特征。它是指在零件模型的边角棱线上建立平滑过渡平面的特征。

在 Creo 9.0 软件中可以创建边倒角和拐角倒角两类倒角，其各自的具体含义如下。边倒角是指在零件模型的边线上进行的倒角，边倒角特征需要设置其两边定位的方式、倒角的尺寸、倒角的位置及特征参考等。拐角倒角是指在零件模型的拐角处（3 条边的交会处）进行倒角，拐角倒角需要设置倒角的位置和倒角的尺寸。

### 1. 倒角特征的创建过程

1）将工作目录设置至 Creo9.0\work\original\ch3\ch3.1，打开模型文件 dao_jiao.prt。

2）在【工程】选项组中单击【倒角】下拉按钮，在弹出的下拉列表中选择【边倒角】选项，弹出如图 3-1-25 所示的【边倒角】选项卡，并在信息区提示"选择一条边或一个边链以创建倒角集"。

3）在模型上选取要倒角的边。

4）确定倒角的尺寸标注方式，并在图形上修改倒角的数值，此时的模型如图 3-1-26 所示。

5）预览倒角效果后，单击【确定】按钮，完成如图 3-1-27 所示的倒角特征。

图 3-1-25　【边倒角】选项卡

图 3-1-26　确定倒角数值

图 3-1-27　倒角特征的创建

6）选择【文件】→【另存为】→【保存副本】选项，打开【保存副本】对话框，在【文件名】文本框中输入 dao_jiao_dao，然后单击【确定】按钮完成文件的保存。

2. 边倒角

选取倒角放置参考后，将在与该边相邻的两个面间创建倒角特征。系统为用户提供了如下 4 种边倒角的创建方法。

1）【D×D】：在每个曲面上距离参考边距离均为 D 处创建倒角，用户只需确定参考边和 D 值即可。

2）【D1×D2】：在一个曲面距离参考边距离为 D1，另一个边距离参考边为 D2 处创建倒角，用户需要分别确定参考边和 D1、D2 的数值。

3）【角度×D】：在一个曲面距离参考边为 D，同时与另一个参考曲面之间的夹角成指定角度创建倒角，用户需要指定参考边、D 值和夹角的数值。

4）【45×D】：创建一个倒角，它与两个曲面都成 45°角，且与各曲面上的边距离为 D，用户需要指定参考边和 D 值。

3. 拐角倒角

拐角倒角的大小是以每条棱边上开始倒角处距顶点的距离来确定的。拐角倒角的创建步骤如下。

视频：拐角倒角

1）将工作目录设置至 Creo9.0\work\original\ch3\ch3.1，打开模型文件 dao_jiao_guai.prt。

2）在【工程】选项组中单击【倒角】下拉按钮，在弹出的下拉列表中选择【拐角倒角】选项，弹出如图 3-1-28 所示的【拐角倒角】选项卡，并在信息区提示"选择要进行倒角的顶点"。

图 3-1-28　【拐角倒角】选项卡

3）单击模型上的一个顶点，系统将加亮显示为如图 3-1-29 所示。

4）在选项卡中的 3 个文本框中输入倒角的尺寸。最后在【拐角倒角】选项卡中单击【确定】按钮，完成如图 3-1-30 所示的拐角倒角的创建。

图 3-1-29　选取顶点

图 3-1-30　创建的拐角倒角特征

5）选择【文件】→【另存为】→【保存副本】选项，打开【保存副本】对话框，在【文件名】文本框中输入 dao_jiao_guai，然后单击【确定】按钮完成文件的保存。

## 六、【偏移】和【加厚】等草绘命令的使用

这组草绘命令只能在草绘环境中使用，目的是抓取模型上现有的线条后进行适当的编辑。

### 1.【偏移】命令

单击【偏移】按钮，弹出如图 3-1-31 所示的【选择项】选项卡并在信息区提示"选择要偏移的图元或边"。选取需要偏移的线条后，弹出"于箭头方向输入偏移[-退出-]"文本框。在文本框中输入具体的偏移值后，单击【确定】按钮，即可得到如图 3-1-32 所示的偏移线条。

图 3-1-31　【选择项】选项卡

图 3-1-32　偏移线条

### 2.【加厚】命令

执行该命令后将抓取现有三维零件上的线条后进行偏移且加厚，偏移量及加厚量由输

入值决定。单击【加厚】按钮，打开如图 3-1-33 所示的【类型】对话框，并在信息区提示"选择要偏移的图元或边"。该对话框的下方多了【端封闭】选项组，其中有 3 个子选项，即【开放】、【平整】及【圆形】。

在图 3-1-33 所示的【类型】对话框中选取相应的选项，再选取需要偏移的线条后，弹出如图 3-1-34 所示的"输入厚度[-退出-]"文本框。在文本框中输入具体的厚度值后，单击【确定】按钮，弹出"于箭头方向输入偏移[-退出-]"文本框。在文本框中输入具体的偏移值后再单击【确定】按钮，即可获得如图 3-1-35 所示的加厚线条。

图 3-1-33　【类型】对话框　　　图 3-1-34　"输入厚度[-退出-]"文本框　　　图 3-1-35　加厚线条

在图 3-1-33 所示的【类型】对话框中选中【开放】单选按钮，再设置加厚值为 10，偏移值为 50。保持其他条件不变，然后在【类型】对话框中分别选择【单一】、【链】、【环】选项，将分别得到如图 3-1-36～图 3-1-38 所示的 3 种加厚线条。

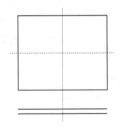
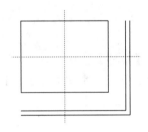
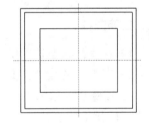

图 3-1-36　加厚线条为【单一】
　　　　　时的效果

图 3-1-37　加厚线条为【链】
　　　　　时的效果

图 3-1-38　加厚线条为【环】
　　　　　时的效果

## 🔧 任务实施

### 一、设置工作目录并新建文件

1）将工作目录设置至 Creo9.0\work\ original\ch3\ch3.1。

2）单击工具栏中的【新建】按钮，在打开的【新建】对话框中选中【类型】选项组中的【零件】单选按钮，并选中【子类型】选项组中的【实体】单选按钮；取消选中【使用默认模板】复选框以取消使用默认模板，在【名称】文本框中输入文件名 ji_zuo。然后单击【确定】按钮，打开【新文件选项】对话框，选择【mmns_part_solid_abs】模板，单击【确定】按钮，进入零件的创建环境。

视频：机座

## 二、拉伸底座

1）在【形状】选项组中单击【拉伸】按钮。

2）在弹出的【拉伸】选项卡中单击【实体类型】按钮（默认选项）。

3）在【拉伸】选项卡中单击【放置】按钮，然后在弹出的【放置】选项卡中单击【定义】按钮，打开【草绘】对话框。

4）选取 TOP 基准平面为草绘平面，使用系统中默认的方向为草绘视图方向。选取 RIGHT 基准平面为参考平面，方向为【右】。单击对话框中的【草绘】按钮，进入草绘环境。

5）在【草绘】选项卡的【设置】选项组中单击【草绘视图】按钮，使草绘平面与屏幕平行。在草绘环境下绘制如图 3-1-39 所示的截面草图，完成后单击【关闭】选项组中的【确定】按钮退出草绘环境。

6）在【拉伸】选项卡中单击【从草绘平面以指定的深度值拉伸】按钮，再在文本框中输入深度值 10。

7）在【拉伸】选项卡中单击【预览】按钮，观察所创建的特征效果。

8）在【拉伸】选项卡中单击【确定】按钮，完成拉伸特征的创建。如图 3-1-40 所示为完成的拉伸特征。

图 3-1-39　截面草图 1

图 3-1-40　拉伸特征 1

## 三、拉伸圆柱

1）在【形状】选项组中单击【拉伸】按钮。

2）在弹出的【拉伸】选项卡中单击【实体类型】按钮（默认选项）。

3）在弹出的选项卡中单击【位置】按钮，然后在弹出的【放置】选项卡中单击【定义】按钮，打开【草绘】对话框。

4）选取如图 3-1-41 所示的模型的后表面为草绘平面，右侧面为参考平面，方向为【左】。然后单击对话框中的【草绘】按钮，进入草绘环境。

5）在【草绘】选项卡的【设置】选项组中单击【草绘视图】按钮，使草绘平面与屏幕平行。在草绘环境下绘制如图 3-1-42 所示的截面草图，完成后单击【关闭】选项组中的【确定】按钮退出草绘环境。

6）在【拉伸】选项卡中单击【选项】按钮，弹出【选项】选项卡。在【侧 1】下拉列表中选择【可变】选项，再在其文本框中输入深度值 6。然后在【侧 2】下拉列表中也选择【可变】选项，再在其文本框中输入深度值 24。

7）在【拉伸】选项卡中单击【预览】按钮，观察所创建的特征效果。

8）在【拉伸】选项卡中单击【确定】按钮，完成拉伸特征的创建。如图 3-1-43 所示为完成的圆柱特征。

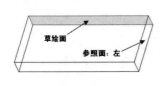

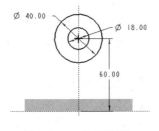

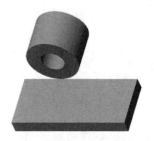

图 3-1-41　草绘设置　　　　图 3-1-42　截面草图 2　　　　图 3-1-43　圆柱特征

### 四、拉伸支撑板 1

1）单击工具栏中的【拉伸】按钮，在弹出的【拉伸】选项卡中单击【实体类型】按钮（默认选项）。

2）在图形区右击，在弹出的快捷菜单中选择【定义内部草绘】选项，打开【草绘】对话框。

3）选取与上步操作一样的草绘设置后，单击对话框中的【草绘】按钮，进入草绘环境。

4）在【设置】选项组中单击【草绘视图】按钮，使草绘平面与屏幕平行。在草绘环境下绘制如图 3-1-44 所示的截面草图，完成后单击【确定】按钮退出草绘环境。

5）在【拉伸】选项卡中单击【从草绘平面以指定的深度值拉伸】按钮，再在文本框中输入深度值 8。

6）在【拉伸】选项卡中单击【预览】按钮，观察所创建的特征效果。

7）在【拉伸】选项卡中单击【确定】按钮，完成拉伸特征的创建。如图 3-1-45 所示为完成的拉伸特征。

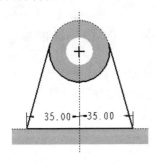

图 3-1-44　截面草图 3　　　　　　　　图 3-1-45　拉伸特征 2

### 五、拉伸支撑板 2

1）单击工具栏中的【拉伸】按钮。

2）在弹出的【拉伸】选项卡中单击【实体类型】按钮（默认选项）。

3）在【拉伸】选项卡中单击【放置】按钮，然后在弹出的【放置】选项卡中单击【定义】按钮，打开【草绘】对话框。

4）选取 RIGHT 基准平面为草绘平面，使用系统中默认的方向为草绘视图方向。选取 TOP 基准平面为参考平面，方向为【上】。单击对话框中的【草绘】按钮，进入草绘环境。

5）在【设置】选项组中单击【草绘视图】按钮，使草绘平面与屏幕平行。在草绘环境下绘制如图 3-1-46 所示的截面草图，完成后单击【确定】按钮退出草绘环境。

6）在【拉伸】选项卡中单击【从草绘平面以指定的深度值拉伸】按钮，再在文本框中输入深度值8。

7）在【拉伸】选项卡中单击【预览】按钮，观察所创建的特征效果。

8）在【拉伸】选项卡中单击【确定】按钮，完成拉伸特征的创建。如图 3-1-47 所示为完成的底座模型。

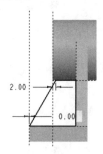

图 3-1-46　截面草图 4

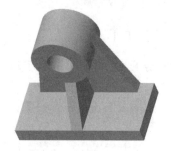

图 3-1-47　完成的底座模型

## 六、拉伸切剪通槽

1）单击工具栏中的【拉伸】按钮。

2）在弹出的【拉伸】选项卡中单击【实体类型】按钮（默认选项）和【移除材料】按钮。

3）在【拉伸】选项卡中单击【放置】按钮，然后在弹出的【放置】选项卡中单击【定义】按钮，打开【草绘】对话框。

4）选取与拉伸圆柱一样的草绘设置，然后单击对话框中的【草绘】按钮，进入草绘环境。

5）在【设置】选项组中单击【草绘视图】按钮，使草绘平面与屏幕平行。在草绘环境下绘制如图 3-1-48 所示的截面草图，完成后单击【确定】按钮退出草绘环境。

6）在【拉伸】选项卡中单击【拉伸与所有曲面相交】按钮，然后单击【预览】按钮，观察所创建的特征效果。

7）在【拉伸】选项卡中单击【确定】按钮，完成如图 3-1-49 所示的切剪特征的创建。

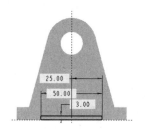

图 3-1-48　截面草图 5

图 3-1-49　创建的切剪特征

## 七、创建倒圆角特征

1）在【工程】选项组中单击【倒圆角】下拉按钮，在弹出的下拉列表中选择【倒圆角】选项，弹出【倒圆角】选项卡，并在信息区提示"选取一条边或边链，或选取一个曲面以创建倒圆角集"。

2）在弹出的【倒圆角】选项卡中的文本框中输入圆角半径 10，再在如图 3-1-49 所示的模型上选取要倒圆角的两条边线，此时的模型如图 3-1-50 所示。

3）在【倒圆角】选项卡中单击【预览】按钮，观察所创建的特征效果。

4）在【倒圆角】选项卡中单击【确定】按钮，完成如图 3-1-51 所示的倒圆角特征的创建。

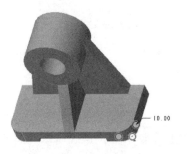

图 3-1-50　选取倒圆角边线　　　　　　图 3-1-51　创建的倒圆角特征

## 八、拉伸切剪沉头孔

1）单击工具栏中的【拉伸】按钮。

2）在弹出的【拉伸】选项卡中单击【实体类型】按钮（默认选项）和【移除材料】按钮。

3）在弹出的选项卡中单击【放置】按钮，然后在弹出的【放置】选项卡中单击【定义】按钮，打开【草绘】对话框。

4）选取底座上表面为草绘平面，使用系统中默认的方向为草绘视图方向。选取 RIGHT 基准平面为参考平面，方向为【右】。单击对话框中的【草绘】按钮，进入草绘环境。

5）在【设置】选项组中单击【草绘视图】按钮，使草绘平面与屏幕平行。在草绘环境下绘制如图 3-1-52 所示的截面草图，完成后单击【确定】按钮退出草绘环境。

图 3-1-52　截面草图 6

6）在【拉伸】选项卡中单击【拉伸与所有曲面相交】按钮，然后单击【预览】按钮，观察所创建的特征效果。

7）在【拉伸】选项卡中单击【确定】按钮，完成两个通孔特征的创建。

8）重复步骤 1）～步骤 4），然后在草绘环境下绘制如图 3-1-53 所示的截面草图，完成后单击【确定】按钮退出草绘环境。

9）在【拉伸】选项卡中单击【从草绘平面以指定的深度值拉伸】按钮，再在文本框中输入深度值 3。

10）在【拉伸】选项卡中单击【预览】按钮，观察所创建的特征效果。最后，单击【确定】按钮，完成如图 3-1-54 所示的沉头孔特征的创建。

图 3-1-53　截面草图 7　　　　　　　　　图 3-1-54　创建的沉头孔特征

## 九、创建倒角特征

1）单击【倒角】按钮，弹出【边倒角】选项卡。

2）在【D】文本框中输入倒角数值 2，再在模型上选取如图 3-1-55 所示的要倒角的两条边线。

3）在【边倒角】选项卡中单击【集】按钮，弹出【集】选项卡。然后单击文本框中的【新建集】选项，再选取如图 3-1-56 所示的 4 条圆弧边。

4）在【集】选项卡中的【D】文本框中输入倒角数值 1.5。

5）预览倒角效果后，单击【确定】按钮完成倒角特征的创建。如图 3-1-57 所示为最终完成的机座模型。

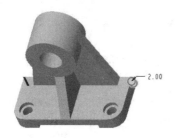

图 3-1-55　选取倒角边 1　　　　图 3-1-56　选取倒角边 2　　　　图 3-1-57　机座模型

6）单击工具栏中的【保存】按钮，打开【保存对象】对话框，使用默认名称并单击【确定】按钮完成文件的保存。

## 💻 任务评价

本任务的任务评价表如表 3-1-2 所示。

表 3-1-2　任务评价表

| 序号 | 评价内容 | 评价标准 | 评价结果（是/否） |
|---|---|---|---|
| 1 | 知识与技能 | 能解释特征的含义和【模型】选项卡中的内容 | □是　□否 |
| | | 能创建拉伸特征 | □是　□否 |
| | | 能创建倒圆角特征 | □是　□否 |
| | | 能创建倒角特征 | □是　□否 |
| | | 会使用【投影】、【偏移】和【加厚】等命令 | □是　□否 |
| 2 | 职业素养 | 具有专注的工作态度 | □是　□否 |
| | | 具有规则意识 | □是　□否 |
| 3 | 总评 | "是"与"否"在本次评价中所占的百分比 | "是"占__%<br>"否"占__% |

## 任务巩固

在 Creo 9.0 软件的零件模块中完成如图 3-1-58～图 3-1-60 所示零件模型的创建。

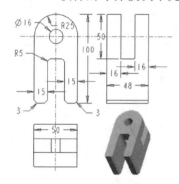

图 3-1-58　零件模型 1

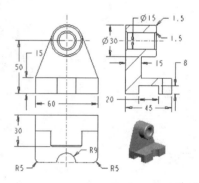

图 3-1-59　零件模型 2

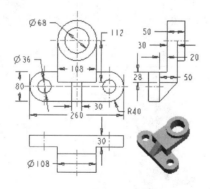

图 3-1-60　零件模型 3

# 工作任务 二 端盖模型的建模

### 任务目标

1）掌握旋转特征的创建方法。
2）掌握孔特征的创建方法。
3）了解导航树、层等的含义及使用方法。
4）掌握模型显示的相关命令。
5）了解模型外观的设置方法。

### 任务描述

在 Creo 9.0 软件的零件模块中完成如图 3-2-1 所示端盖模型的创建。

图 3-2-1　端盖模型

### 任务分析

该端盖模型由底座和上盖两大部分组成。圆形底座上有 4 个半圆形凸起及 4 个沉头孔，而上盖顶部则分布有一个标准螺纹孔和两个直通孔。在创建过程中需要综合运用旋转、拉伸、孔和倒圆角等特征的创建方法。如表 3-2-1 所示为端盖模型的创建思路。

表 3-2-1　端盖模型的创建思路

| 步骤名称 | 应用功能 | 示意图 | 步骤名称 | 应用功能 | 示意图 |
|---|---|---|---|---|---|
| 1）创建基本体 | 【旋转】命令 |  | 4）创建环槽 | 【旋转】命令 |  |
| 2）创建凸台 | 【拉伸】命令 |  | 5）倒圆角 | 【倒圆角】命令 |  |
| 3）创建沉头孔 | 【拉伸】命令、【孔】命令 |  | 6）创建孔并设置外观 | 【孔】命令 |  |

![知识准备]

# 知识准备

## 一、旋转特征

旋转特征是草绘截面绕中心线旋转而形成的特征。使用【旋转】命令可以创建实体、薄壁和曲面，也可以添加或移除材料。

**1. 旋转特征的创建过程**

1）在【模型】选项卡的【形状】选项组中单击【旋转】按钮，弹出如图 3-2-2 所示的【旋转】选项卡。

图 3-2-2　【旋转】选项卡

2）单击选项卡下方的【放置】按钮，在展开的如图 3-2-3 所示的【放置】选项卡中单击【定义】按钮，打开如图 3-2-4 所示的【草绘】对话框。也可以直接右击绘图区，在弹出的如图 3-2-5 所示的快捷菜单中选择【定义内部草绘】选项，从而打开【草绘】对话框。

图 3-2-3　【放置】选项卡　　　　图 3-2-4　【草绘】对话框　　　　图 3-2-5　快捷菜单

3）在工作窗口中分别选择合适的草绘平面和参考平面后，单击【草绘】按钮进入草绘环境。

4）在【设置】选项组中单击【草绘视图】按钮，使草绘平面与屏幕平行。然后，在草绘环境下绘制中心线和图形，完成后单击【确定】按钮退出草绘环境。

5）在【旋转】选项卡中进行适当的设置，如选择旋转方式、输入旋转角度等。完成后单击【预览】按钮观察效果，最后单击【确定】按钮。如图 3-2-6 所示为创建的旋转特征。

图 3-2-6　创建的旋转特征

**注意**：旋转轴与截面图形应处于同一平面内；当草绘图形中有两条以上的中心线时，系统自动选取第一条中心线为旋转轴；草绘图形应位于旋转中心轴的单侧，且不能自相交。

2.【旋转】选项卡介绍

与【拉伸】选项卡类似，旋转特征的主要操作命令集中在【旋转】选项卡中，其中相关选项的含义介绍如下。

1）【实体】：以实体的方式创建旋转特征。

2）【曲面】：以曲面的方式创建旋转特征。

3）【从草绘平面以指定的角度值进行旋转】：单击该下拉按钮，在弹出的下拉列表中可选择 3 种旋转方式，各选项的含义如下。

①　【可变】：从草绘平面以指定的角度值来创建旋转特征。

②　【对称】：从草绘平面两侧以对称的角度值来创建旋转特征。

③　【到参考】：将截面旋转至选定的点、曲线、平面或曲面。

4）文本框：用于设置旋转角度值。

5）【更改旋转方向】：在工作窗口的空白处右击，在弹出的快捷菜单中选择【反向角度方向】选项也可以改变旋转方向。

6）【移除材料】：去除材料或修剪实体。

7）【加厚草绘】：创建薄壁实体。在工作窗口的空白处右击，在弹出的快捷菜单中选择【加厚草绘】选项也可以创建薄壁实体。

8）【放置】：单击此按钮，可展开如图 3-2-3 所示的【放置】选项卡。单击其中的【定义】按钮，可打开【草绘】对话框。完成草绘后，单击【轴】下方的文本框可以激活旋转轴收集器以选择内部旋转轴。

9）【选项】：单击此按钮，可展开如图 3-2-7 所示的【选项】选项卡。可以选择【侧 1】和【侧 2】的旋转方式及旋转角度值。创建旋转曲面时可以选中【封闭端】复选框，以将曲面两端未闭合的区域封闭起来。实体旋转时，【封闭端】复选框不可用。

10）【属性】：单击此按钮，可展开如图 3-2-8 所示的【属性】选项卡，可以修改【名称】文本框中的默认名称。

图 3-2-7　【选项】选项卡

图 3-2-8　【属性】选项卡

## 二、孔特征

孔特征是产品设计中使用最多的特征之一。在 Creo 9.0 软件中可以利用【孔】工具创建简单孔、草绘孔和标准孔三类。在创建孔特征时，一方面需要确定孔的直径和深度、孔的样式（如沉头孔、矩形孔等）等定形条件；另一方面还需要确定孔在实体上的位置，主要是其轴线位置。

### 1. 孔特征的创建过程

选取一个平面作为钻孔平面，定出圆孔中心轴的位置，再指定圆孔的直径与深度，即可创建出一个圆孔。其详细操作步骤如下。

视频：孔特征

1）将工作目录设置至 Creo9.0\work\original\ch3\ch3.2，打开模型文件 kong_zuan.prt。

2）在【工程】选项组中单击【孔】按钮，弹出如图 3-2-9 所示的【孔】选项卡，并在信息区提示"选取曲面、轴或点来放置孔"。

图 3-2-9　【孔】选项卡 1

3）单击选取现有零件的一个平面为放置平面，此时在模型上将出现圆孔轮廓及 5 个控制小方块，如图 3-2-10 所示。

4）将两个控制方块移动到零件的边或平面上，以确定圆孔的位置。

5）在图形上修改圆孔的尺寸，包括孔的定位尺寸、直径及深度，此时的模型如图 3-2-11 所示。

6）单击【确定】按钮☑，完成如图 3-2-12 所示的孔特征的创建。

7）选择【文件】→【另存为】→【保存副本】选项，打开【保存副本】对话框，在【文件名】文本框中输入 kong_zuan1，然后单击【确定】按钮完成文件的保存。

图 3-2-10　5 个控制小方块

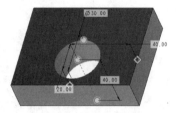

3-2-11　修改孔的尺寸

3-2-12　创建的孔特征

2.【孔】选项卡介绍

1)【简单】：创建简单孔，即圆形直孔。此时，单击下方的【形状】按钮，弹出如图 3-2-13 所示的简单螺纹孔的【形状】选项卡。

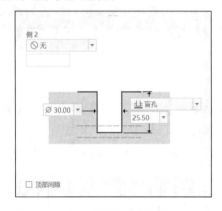

图 3-2-13　简单螺纹孔的【形状】选项卡

2)【标准】：创建标准孔，即具有基本形状的螺孔。单击此按钮后，弹出如图 3-2-14 所示的【孔】选项卡。该选项卡中各按钮和选项的含义如下。

图 3-2-14　【孔】选项卡 2

① 【攻丝】：对标准孔进行攻丝加工，即在螺纹孔中显示内螺纹，否则将创建一个间隙孔，没有内螺纹。

② 【锥形】：创建锥孔。单击【锥形】按钮，即可创建锥孔。

③ 【螺纹类型】：包括 3 种螺纹类型，即 ISO、UNC 和 UNF。其中，ISO 为我国通用的标准螺纹，UNC 为粗牙螺纹，UNF 为细牙螺纹。

④ 【螺钉尺寸】：可选择或输入与螺纹孔配合的螺钉大小。

⑤ 【深度】：螺孔深度类型。除了不允许设置孔的双侧深度，其余的与创建直孔时的用法一样。

⑥【形状】：单击此按钮，弹出如图3-2-15所示的标准螺纹孔的【形状】选项卡，可对具体参数进行设置。

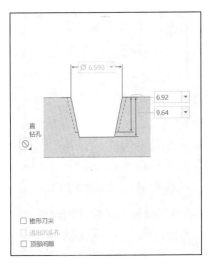

图 3-2-15　标准螺纹孔的【形状】选项卡

3）【平整】：使用预定义的矩形作为钻孔轮廓。单击此按钮后，再单击【形状】按钮，即可对矩形孔的具体参数进行设置。

4）【钻孔】：使用标准孔轮廓作为钻孔轮廓。单击此按钮后，系统将在选项卡右侧出现【沉孔】、【沉头孔】等按钮，以对标准孔进行具体的设置。

5）【草绘】：使用草绘定义钻孔轮廓。单击此按钮后，将在选项卡右侧出现【打开】、【草绘】按钮。单击【打开】按钮，可打开已有的草绘轮廓，而单击【草绘】按钮可激活草绘器以创建剖面。草绘孔具有比较复杂的截面结构，创建时需通过草绘方法绘制出孔的截面来确定孔的形状和尺寸，然后选取恰当的定位参考来正确放置孔特征。

6）【直径】：设定孔的直径值。可在文本框中直接输入数值，也可从最近使用的数值中选取或拖动控制滑块调整数值。

7）【从放置参考以指定的深度值钻孔】：按选定的钻孔方式进行钻孔。单击该下拉按钮，在弹出的下拉列表中可以选择6种钻孔方式，各选项的含义如下。

①【盲孔】：从放置参考以指定的深度值来创建孔特征。

②【对称】：以指定深度值的一半，在放置参考的每一侧进行钻孔。

③【到下一个】：在钻孔方向上，孔特征到达第一个曲面时终止。

④【穿透】：孔特征与所有曲面相交。

⑤【穿至】：钻孔至与选定的曲面或平面相交。

⑥【到参考】：钻孔至选定的点、曲线、平面或曲面。

8）【放置】：单击该按钮，弹出如图3-2-16所示的【放置】选项卡。在该选项卡中，单击【放置】选项下的文本框可激活该命令并可在模型上选取孔的放置平面，单击【反向】按钮可改变孔的创建方向。单击【类型】下拉按钮，在弹出的下拉列表中可以选择6种孔的放置类型，即【线性】、【径向】、【直径】、【同轴】、【点上】、【草绘】，下面介绍前3种旋转类型。

图 3-2-16　【放置】选项卡

①　【线性】：参考两边或两平面放置孔（标注两线性尺寸）。如果选择此放置类型，则必须选择（可按住 Ctrl 键连续选择）两个参考边或平面并输入距参考的距离。也可以直接拖动控制滑块至所选取的边或平面并输入距参考的距离。

②　【径向】：绕一中心轴及参考一个面放置孔（需要输入半径距离）。如果选择此放置类型，则必须选择中心轴及角度参考的平面。

③　【直径】：绕一中心轴及参考一个面放置孔（需要输入直径距离）。如果选择此放置类型，则必须选择中心轴及角度参考的平面。

### 三、导航树的操作

1. 导航树概述

默认情况下，如图 3-2-17 所示的导航树会显示在主窗口的左侧。如果未显示，则可在【导航】选项卡中单击【导航树】按钮。如果显示的是【层树】，可单击【导航】选项卡中的【模型树设置】下拉按钮，在弹出的下拉列表中选择【导航树】选项进行切换。

导航树以树的形式显示当前活动模型中的所有特征或零件。在树的顶部显示根对象，并将从属对象置于其下。在零件模型中，导航树列表的顶部是零件名称，零件名称下方是每个特征的名称；在装配体模型中，导航树列表的顶部是总装配，总装配下是各子装配和零件，每个子装配下方则是该子装配中的每个零件的名称，每个零件名的下方是零件的各特征的名称。导航树只列出当前活动的零件或装配模型的特征级与零件级对象，不列出组成特征的截面几何要素（如边、曲面、曲线等）。如果打开了多个软件窗口，则导航树内容只反映当前活动文件。

2. 导航树的作用与操作

（1）控制导航树中项目的显示

在导航树操作界面中，单击【树过滤器】按钮，打开如图 3-2-18 所示的【树过滤器】对话框，通过该对话框可控制模型中的各类项目是否在导航树中显示。

图 3-2-17　导航树

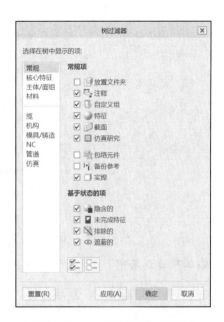

图 3-2-18　【树过滤器】对话框

（2）在导航树中选取对象

可以从导航树中选取要编辑的特征或零件对象。当要选取的特征或零件在图形区的模型中不可见时，此方法尤为有用。当要选取的特征和零件在模型中禁用选取时，仍可在导航树中进行选取操作。

（3）在导航树中使用快捷命令

右击导航树中的特征或零件名，弹出一个快捷菜单，从中可选择相对于选定对象的特定操作命令。

## 四、层的操作

Creo 9.0 软件提供了一种有效组织模型和管理诸如基准线、基准面、特征和装配中的零件等要素的手段，这就是层。通过层，可以对同一个层中所有共同的要素进行显示、隐藏和选择等操作。用户可以通过以下方法访问层树。

方法 1：在导航区的导航树上方单击【层树】按钮。

方法 2：在【视图】选项卡中单击【层树】按钮。

用户需要熟悉 3 个重要的按钮，即【树过滤器】、【层树】和【模型树设置】按钮。

### 1．创建新层

1）在层的操作界面中，选择【层操作】→【新建层】选项，打开如图 3-2-19 所示的【层属性】对话框。

2）在【名称】文本框中输入新层的名称（也可以接受默认名）。

3）在【层标识】文本框中输入层标识号。层标识的作用是当将文件输出为不同格式（如IGES）时，可以利用其标识识别一个层。一般情况下可以不输入标识。

4）单击【确定】按钮完成新层的创建。

图 3-2-19　【层属性】对话框

**2. 添加项目到层中**

层中的内容，如基准线、基准面等，称为层的项目。向一个层中添加项目的操作方法如下。

1）在层树中，选择一个想向其中添加项目的层，然后右击，弹出如图 3-2-20 所示的快捷菜单。

2）选择【层属性】选项，打开如图 3-2-21 所示的【层属性】对话框。

3）确认对话框中的【包括】按钮已被按下，然后将鼠标指针移至图形区的模型上，当鼠标指针接触到基准面、基准轴、坐标系和伸出项特征等项目时，相应的项目变成天蓝色，此时单击。相应的项目就会添加到该层中，如图 3-2-22 所示。

图 3-2-20　层的快捷菜单　　　图 3-2-21　【层属性】对话框　　　图 3-2-22　添加项目

4）如果要将项目从层中排除，则可单击对话框中的【排除】按钮，再选取项目列表中的相应项目。

5）如果要完全删除所选项目，则单击【移除】按钮即可。

6）单击【确定】按钮，关闭【层属性】对话框。

## 五、【视图】选项卡

如图 3-2-23 所示为【视图】选项卡，该选项卡用于控制模型视图和管理文件窗口。该选项卡中包含【可见性】、【外观】、【方向】、【模型显示】、【显示】和【窗口】6 个选项组，其中集中了常用的视图控制命令（按钮）。

图 3-2-23　【视图】选项卡

6 个选项组的基本功能如下。

【可见性】：用于进入 Creo 中的层并对层的可见性进行管理。

【外观】：用于管理模型外观及设置合适的场景。

【方向】：用于调整模型在图形区中的显示，以控制模型的显示方位。

【模型显示】：用于设置模型的外观、显示样式及对各种视图进行管理。

【显示】：用于控制基准特征和注释的显示与隐藏。

【窗口】：用于激活、关闭和切换文件窗口。

1．模型的显示

在 Creo 9.0 软件中，为了看清楚所画物体，操作者必须随时视需要来切换模型的各种显示方式。在【视图】选项卡中单击【模型显示】选项组中的【显示样式】按钮，再在弹出的如图 3-2-24 所示的下拉列表中选择相应的显示样式，即可切换模型的显示方式。共有【带反射着色】、【带边着色】、【着色】、【消隐】、【隐藏线】、【线框】6 种显示方式。

1）【带反射着色】：实时快速地显示模型的外观。必须预先定义模型投射到壁上的反射和阴影及模型的外观反射。该选项适用于设计中的预先观察，其效果会比着色直观一些，但比真实渲染粗糙一些。

2）【带边着色】：模型表面为灰色，部分表面有阴影感，高亮显示所有边线。

3）【着色】：模型表面为灰色，部分表面有阴影感，所有边线均不可见。

4）【消隐】：模型以线框形式显示，可见的边线显示为深颜色的实线，不可见的边线被隐藏起来。

5）【隐藏线】：模型以线框形式显示，可见的边线显示为深颜色的实线，不可见的边线显示为虚线（在软件中显示为灰色的实线）。

6）【线框】：模型以线框形式显示，模型所有的边线显示为深颜色的实线。

注意：【视图】选项卡中部分常用的按钮可以在如图 3-2-25 所示的视图控制工具栏中快速选用。

| | | |
|---|---|---|
| 带反射着色 | Ctrl+1 | |
| 带边着色 | Ctrl+2 | |
| 着色 | Ctrl+3 | |
| 消隐 | Ctrl+4 | |
| 隐藏线 | Ctrl+5 | |
| 线框 | Ctrl+6 | |

图 3-2-24　【显示样式】下拉列表　　　　　　　　图 3-2-25　视图控制工具栏

## 2. 模型的定向

利用模型的定向功能可以将绘图区中的模型定向在所需的方位以便查看。在【视图】选项卡中单击【方向】选项组中的【已保存方向】下拉按钮（或单击视图控制工具栏中的【已保存方向】按钮），在弹出的如图 3-2-26 所示的下拉列表中选择【重定向】选项，打开如图 3-2-27 所示的【视图】对话框。在【视图名称】文本框中输入视图名称，然后单击【保存】按钮即可保存当前的视图。

图 3-2-26　【已保存方向】下拉列表 1　　　　　　图 3-2-27　【视图】对话框 1

如果要删除某个视图，可单击【已保存方向】前的+号，然后在弹出的下拉列表中选择该视图名称，再单击【删除】按钮即可。如果要显示某个视图，可在弹出的下拉列表中选择该视图名称，然后单击【确定】按钮即可。

在图 3-2-27 所示的【视图】对话框中单击【类型】下拉按钮，在弹出的下拉列表中可以选择 3 种定向方式，即【按参考定向】、【动态定向】和【首选项】。

（1）按参考定向

这种定向方法最为常用，其定向原理是，在模型上选取两个正交的参考平面，然后定义两个参考平面的放置方位。常用的参考放置方位有以下 6 种。

1）【前】：使所选取的参考平面与屏幕平行，方向朝向屏幕前方，即面对操作者。

2）【后】：使所选取的参考平面与屏幕平行，方向朝向屏幕后方，即背对操作者。

3）【上】：使所选取的参考平面与屏幕垂直，方向朝向显示器的上方，即位于显示器上部。

4）【下】：使所选取的参考平面与屏幕垂直，方向朝向显示器的下方，即位于显示器下部。

5)【左】：使所选取的参考平面与屏幕垂直，方向朝左。

6)【右】：使所选取的参考平面与屏幕垂直，方向朝右。

当将模型视图调整到某种状态后，可在【视图名称】下拉列表中选择保存的文件名或在【视图名称】文本框中直接输入文件名而保存视图。如图 3-2-28 所示为创建的按参考定向视图。

图 3-2-28　创建的按参考定向视图

（2）动态定向

在【视图】对话框的【类型】下拉列表中选择【动态定向】选项，打开如图 3-2-29 所示的【视图】对话框，移动对话框中的滑块，可以方便地对模型进行移动、旋转与缩放。

（3）首选项

在【视图】对话框的【类型】下拉列表中选择【首选项】选项，打开如图 3-2-30 所示的【视图】对话框。在该对话框中，可以选择模型的旋转中心和模型默认的方向。模型的方向可以是斜轴测、等轴测或由用户自定义。

图 3-2-29　【视图】对话框 2

图 3-2-30　【视图】对话框 3

### 3. 模型的缩放、旋转和移动

使用鼠标可以控制图形区中模型的显示状态。

1)滚动鼠标滚轮，可以缩放模型。向前滚，模型缩小；向后滚，模型变大。

2）按住鼠标中键，移动鼠标指针，即可旋转模型。

3）先按住 Shift 键，然后按住鼠标中键，移动鼠标指针即可移动模型。

4. 模型的外观设置

在实际的三维产品设计中，仅将模型显示为线框状态和着色状态是无法准确表达产品的颜色、光泽和质感等外观特点的。要表达产品的这些外观特点，需要对模型进行必要的外观设置。

在【外观】选项组中单击【外观】按钮，打开如图 3-2-31 所示的【外观】对话框。在该对话框中可以从【我的外观】、【模型】和【库】3 个来源中选取颜色缩略图。

（1）设置模型外观的操作过程

1）在【外观】选项组单击【外观】按钮，打开如图 3-2-31 所示的【外观】对话框。

2）在【外观】对话框中选择准备添加的颜色缩略图，此时鼠标指针将变为画笔的形状并打开【选择】对话框。

3）按住 Ctrl 键，然后连续单击需要更改颜色的表面，再单击【选择】对话框中的【确定】按钮。此时，模型立即被赋予所选中的外观。如图 3-2-32 所示为完成外观设置的模型。

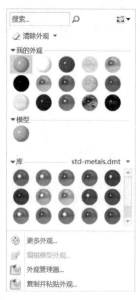

图 3-2-31　【外观】对话框　　　　　　图 3-2-32　完成外观设置的模型

说明：要更改模型的外观，可以首先单击【外观】按钮，然后选择要应用外观的对象，也可以首先使用选取过滤器设置选取类型，选择对象，然后单击【外观】按钮修改对象外观。

（2）编辑外观颜色

在如图 3-2-31 所示的对话框的下方有【更多外观】、【编辑模型外观】和【外观管理器】等选项。分别选择这 3 个选项，将打开如图 3-2-33 所示的【外观编辑器】对话框、如图 3-2-34 所示的【模型外观编辑器】对话框和如图 3-2-35 所示的【外观管理器】对话框。使用这些对话框可以对现有的外观颜色进行编辑，也可以将自己设定的颜色样本保存为文件，以便以后使用。

图 3-2-33　【外观编辑器】对话框

图 3-2-34　【模型外观编辑器】对话框

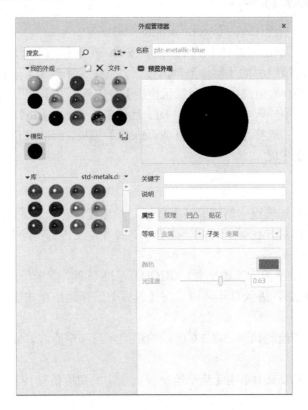

图 3-2-35　【外观管理器】对话框

5. 模型视图的保存

当将模型视图调整到某种状态后，可以将这种视图状态保存起来，方便以后直接调用。在【视图】选项卡中单击【已保存方向】下拉按钮，弹出如图 3-2-36 所示的【已保存方向】下拉列表。

注意：单击视图控制工具栏中的【已保存方向】下拉按钮，在弹出的如图 3-2-36 所示的【已保存方向】下拉列表中选择某个视图可快速设置视图。如图 3-2-37 所示为 111 的模型视图。

图 3-2-36　【已保存方向】下拉列表 2　　　图 3-2-37　111 的模型视图

 **任务实施**

## 一、设置工作目录并新建文件

1）将工作目录设置至 Creo9.0\work\ original\ch3\ch3.2。

2）单击工具栏中的【新建】按钮，在打开的【新建】对话框中选中【类型】选项组中的【零件】单选按钮，选中【子类型】选项组中的【实体】单选按钮；取消选中【使用默认模板】复选框以取消使用默认模板，在【名称】文本框中输入文件名 duan_ gai。然后单击【确定】按钮，打开【新文件选项】对话框，选择【mmns_ part_solid_abs】模板，单击【确定】按钮，进入零件的创建环境。

视频：端盖

## 二、创建旋转特征

1）单击【形状】选项组中的【旋转】按钮，弹出【旋转】选项卡。

2）直接右击绘图区，在弹出的快捷菜单中选择【定义内部草绘】选项，打开【草绘】对话框。

3）选择 TOP 基准平面为草绘平面， RIGHT 基准平面为参考平面，参考方向取【右】，然后单击【草绘】按钮，进入草绘环境。在【设置】选项组中单击【草绘视图】按钮，使草绘平面与屏幕平行。

4）在草绘环境下绘制如图 3-2-38 所示的草绘图形和中心线，完成后单击【确定】按钮退出草绘环境。

5）在【旋转】选项卡中单击【从草绘平面以指定的角度值旋转】按钮后，在角度文本框中输入数值 360。

6）在【旋转】选项卡中单击【预览】按钮观察效果，最后单击【确定】按钮创建如

图 3-2-39 所示的旋转特征。

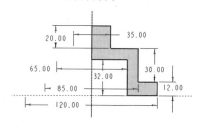

图 3-2-38　草绘截面

图 3-2-39　创建的旋转特征

## 三、定向模型

1）使用鼠标中键单击模型并移动鼠标指针旋转模型至如图 3-2-40 所示的位置。

2）单击视图控制工具栏中的【已保存方向】下拉按钮，在弹出的下拉列表中选择【重定向】选项，打开【视图】对话框。

3）在【视图】对话框中的【视图名称】文本框中输入 111 后单击【确定】按钮。此时的模型位置即被保存下来。

图 3-2-40　定向模型

## 四、拉伸底座

1）在【形状】选项组中单击【拉伸】按钮，再在弹出的【拉伸】选项卡中单击【实体类型】按钮（默认选项）。

2）直接右击绘图区，在弹出的快捷菜单中选择【定义内部草绘】选项，打开【草绘】对话框。

3）选取模型底部圆环的上表面为草绘平面，使用系统中默认的方向为草绘视图方向。选取 RIGHT 基准平面为参考平面，方向为【右】。单击对话框中的【草绘】按钮，在【设置】选项组中单击【草绘视图】按钮，使草绘平面与屏幕平行。

4）在草绘环境下绘制如图 3-2-41 所示的截面草图，完成后单击【确定】按钮退出草绘环境。

5）在【拉伸】选项卡中单击【拉伸至选定的点、曲线、平面或曲面】按钮，再单击模型的底部平面。

6）在【拉伸】选项卡中单击【预览】按钮，观察所创建的特征效果。最后在【拉伸】选项卡中单击【确定】按钮，完成如图 3-2-42 所示的拉伸特征的创建。

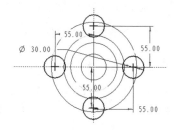

图 3-2-41　截面草图

图 3-2-42　创建的拉伸特征

### 五、创建沉头孔

1. 创建4个圆柱孔

1）在【工程】选项组中单击【孔】按钮，弹出【孔】选项卡，并在信息区提示"选取曲面、轴或点来放置孔"。

2）在【孔】选项卡中单击【放置】按钮，弹出【放置】选项卡，单击激活【放置】收集器。

3）按住 Ctrl 键，单击选取如图 3-2-43 所示的模型表面和轴线 A-2。此时，【类型】文本框显示为【同轴】模式。

4）在【孔】选项卡中单击【穿透】按钮并在【直径】文本框中输入数值 10，然后单击【预览】按钮，观察所创建的孔特征效果。

5）最后单击【孔】选项卡中的【确定】按钮，完成如图 3-2-44 所示的孔特征的创建。

图 3-2-43　选取放置参考

图 3-2-44　孔特征

6）重复步骤1）～步骤5）完成其余 3 个圆柱孔的创建。

2. 拉伸切剪沉头孔

1）在【形状】选项组中单击工具栏中的【拉伸】按钮。

2）在弹出的【拉伸】选项卡中单击【实体类型】按钮（默认选项）和【移除材料】按钮。

3）在【拉伸】选项卡中单击【放置】按钮，然后在弹出的【放置】选项卡中单击【定义】按钮，打开【草绘】对话框。

4）选取底部圆柱孔的上表面为草绘平面，使用系统中默认的方向为草绘视图方向。选取 RIGHT 基准平面为参考平面，方向为【右】。单击对话框中的【草绘】按钮，进入草绘环境。在【设置】选项组中单击【草绘视图】按钮，使草绘平面与屏幕平行。

5）在草绘环境下绘制如图 3-2-45 所示的截面草图，完成后单击【确定】按钮退出草绘环境。

6）在【拉伸】选项卡中单击【从草绘平面以指定的深度值拉伸】按钮，再在文本框中输入深度值 3，然后单击【拉伸】选项卡中的【预览】按钮，观察所创建的特征效果。

7）在【拉伸】选项卡中单击【确定】按钮，完成如图 3-2-46 所示的沉头孔特征的创建。

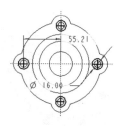

图 3-2-45　截面草图

图 3-2-46　沉头孔特征

### 六、创建旋转切剪环槽

1）单击【形状】选项组中的【旋转】按钮，弹出【旋转】选项卡，在选项卡中单击【实体类型】按钮（默认选项）和【移除材料】按钮。

2）直接右击绘图区，在弹出的快捷菜单中选择【定义内部草绘】选项，打开【草绘】对话框。

3）选择 RIGHT 基准平面为草绘平面，TOP 基准平面为参考平面，参考方向取【左】后，单击【草绘】按钮进入草绘环境。在【设置】选项组中单击【草绘视图】按钮，使草绘平面与屏幕平行。

4）在草绘环境下绘制如图 3-2-47 所示的草绘图形和中心线，完成后单击【确定】按钮退出草绘环境。

5）在【旋转】选项卡中单击【从草绘平面以指定的角度值旋转】按钮后，在角度文本框中输入数值 360。

6）单击【预览】按钮观察效果，最后单击【确定】按钮完成如图 3-2-48 所示的旋转切剪特征的创建。

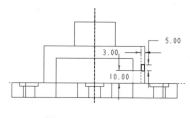

图 3-2-47　草绘截面

图 3-2-48　创建的旋转切剪特征

### 七、创建倒圆角特征

1）在【工程】选项组中单击【倒圆角】按钮。

2）在弹出的【倒圆角】选项卡的文本框中输入圆角半径 5，再在模型上选取要倒圆角的 8 条边线，此时的模型如图 3-2-49 所示。

3）在【倒圆角】选项卡中单击【集】按钮，弹出【集】选项卡。然后单击文本框中的【新建集】选项，再选取如图 3-2-50 所示的圆弧边。

4）在【半径】文本框中输入数值 15。

图 3-2-49　选取 8 条倒圆角边线

图 3-2-50　选取圆弧边

5）再次单击文本框中的【新建集】选项，然后选取如图 3-2-51 所示的两条边线。

6）在【半径】文本框中输入数值 5。

7）在【倒圆角】选项卡中单击【预览】按钮，观察所创建的特征效果。

8）在【倒圆角】选项卡中单击【确定】按钮，完成如图 3-2-52 所示的倒圆角特征的创建。

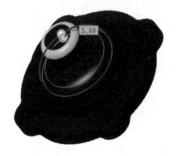

图 3-2-51　选取倒圆角边线

图 3-2-52　倒圆角特征

## 八、创建顶部孔

1）在【工程】选项组中单击【孔】按钮，弹出【孔】选项卡，并在信息区提示"选取曲面、轴或点来放置孔"。

2）在【孔】选项卡中单击【放置】按钮，弹出【放置】选项卡，单击激活【放置】收集器。

3）按住 Ctrl 键，单击选取如图 3-2-53 所示的模型顶部表面和轴线 A-1。此时，【类型】文本框中显示为【同轴】模式。

4）在【孔】选项卡中单击【创建标准孔】按钮和【添加沉孔】按钮，然后选取螺纹类型为【ISO】，螺钉尺寸为 M12×1。

5）在【孔】选项卡中单击【尺寸】按钮，然后按如图 3-2-54 所示设置参数。

6）在【孔】选项卡中单击【穿透】按钮，然后单击选项卡中的【预览】按钮，观察所创建孔特征的效果。

7）在【孔】选项卡中单击【确定】按钮，完成如图 3-2-55 所示的标准孔特征的创建。

8）在【工程】选项组中单击【孔】按钮，弹出【孔】选项卡，并在信息区提示"选取曲面、轴或点来放置孔"。

图 3-2-53　选取放置参考　　　　图 3-2-54　设置参数　　　　图 3-2-55　完成的孔特征

9）在【孔】选项卡中单击【放置】按钮，弹出【放置】选项卡。在选项卡中单击激活【放置】收集器，然后选取 RIGHT 基准平面为放置平面。

10）选取默认的【线性】放置类型，然后在选项卡中单击激活【偏移参考】收集器，再选取 TOP 基准平面和模型的顶部小平面为放置参考并按如图 3-2-56 所示的参数进行设置。

11）在选项卡的【直径】文本框中输入数值 8，然后单击【对称】按钮并在其后的文本框中输入数值 50。此时的模型如图 3-2-57 所示。

12）单击【孔】选项卡中的【预览】按钮，观察所创建的孔特征效果。最后单击【孔】选项卡中的【确定】按钮，完成该孔特征的创建。

13）重复步骤 8）～步骤 12），完成另一个类似圆柱孔的创建。如图 3-2-58 所示为最终完成的孔特征。

图 3-2-56　【放置】选项卡　　图 3-2-57　选取并设置放置参考　　图 3-2-58　完成的孔特征

## 九、隐藏基准特征

1）在【导航树】选项卡中单击【层树】按钮，进入层状态。

2）在层的操作界面中，右击，在弹出的快捷菜单中选择【新建层】选项，打开【层属性】对话框。接受默认的层名称 LAY001。

3）确认对话框中的【包括】按钮已被按下，然后将鼠标指针移至图形区的模型上，单击选取模型上的基准面、基准轴和坐标系等特征，相应的项目就会添加到该层中。

4）单击【确定】按钮，关闭【层属性】对话框。

5）在层操作界面中右击 LAY001，在弹出的快捷菜单中选择【隐藏】选项，此时的基准特征均已被隐藏。

## 十、设置外观

1）在【视图】选项卡中单击【外观】按钮，打开【外观】对话框。

2）在【外观】对话框中选择准备添加的颜色缩略图，此时鼠标指针将变为画笔的形状并打开【选取】对话框。

3）单击完成的模型，再右击，在弹出的快捷菜单中选择【从列表中拾取】选项，打开如图 3-2-59 所示的【从列表中拾取】对话框。

4）在对话框中选取零件 DUAN_GAI.PRT，再连续单击【确定】按钮，完成模型的设置。完成的端盖模型如图 3-2-60 所示。

图 3-2-59  【从列表中拾取】对话框　　　　图 3-2-60  端盖模型

5）单击快速访问工具栏中的【保存】按钮，完成文件的保存。

**任务评价**

本任务的任务评价表如表 3-2-2 所示。

表 3-2-2  任务评价表

| 序号 | 评价内容 | 评价标准 | 评价结果（是/否） |
| --- | --- | --- | --- |
| 1 | 知识与技能 | 能创建旋转特征 | □是　□否 |
|  |  | 能创建孔特征 | □是　□否 |
|  |  | 能解释导航树的含义，并掌握其使用方法 | □是　□否 |
|  |  | 能解释层的含义，并掌握其使用方法 | □是　□否 |
|  |  | 能使用模型显示的相关命令 | □是　□否 |
| 2 | 职业素养 | 具有专注的工作态度 | □是　□否 |
|  |  | 具有规则意识 | □是　□否 |
| 3 | 总评 | "是"与"否"在本次评价中所占的百分比 | "是"占__%<br>"否"占__% |

**任务巩固**

在 Creo 9.0 软件零件模块中完成如图 3-2-61 和图 3-2-62 所示零件模型的创建。

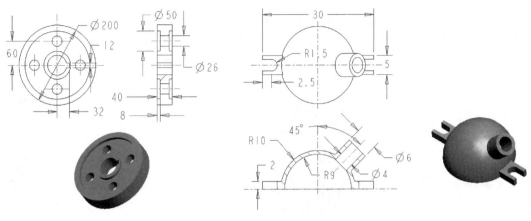

图 3-2-61　零件模型 1　　　　　　　　　　　图 3-2-62　零件模型 2

# 工作任务 三　按键模型的建模

### 🔍 任务目标

1）掌握基准特征的创建方法。

2）掌握拔模特征的创建方法。

3）掌握扫描特征的创建方法。

4）掌握壳特征的创建方法。

5）掌握特征镜像的操作方法。

### 📝 任务描述

在 Creo 9.0 软件的零件模块中完成如图 3-3-1 所示按键模型的创建。

图 3-3-1　按键模型

### 📖 任务分析

该按键模型为规则的壳体零件，四周为带有锥度的表面，过渡部分均有圆角。顶面为凹形曲面，曲面中央有一字母"S"。内部有一薄壁矩形凸起，底部四周有加强筋。创建中需要综合运用【拉伸】、【扫描】、【壳】、【倒圆角】、【拔模】、【筋】等多种成形方法。如表 3-3-1 所示为按键模型的创建思路。

表 3-3-1　按键模型的创建思路

| 步骤名称 | 应用功能 | 示意图 | 步骤名称 | 应用功能 | 示意图 |
| --- | --- | --- | --- | --- | --- |
| 1）拉伸基本体 | 【拉伸】命令 | | 4）抽壳 | 【壳】命令 | |
| 2）创建侧面 | 【拔模】命令、【倒圆角】命令 | | 5）创建表面字母 | 【拉伸】命令 | |
| 3）创建顶面 | 【扫描】命令、【倒圆角】命令 | | 6）创建底部凸台 | 【拉伸】命令 | |

### 知识准备

## 一、基准特征

在 Creo 9.0 软件中，基准特征（又称辅助特征）包括基准平面、基准轴、基准点、基准坐标系和基准曲线。基准特征是创建其他特征的基础，通常用来为其他特征提供定位参考或为零部件装配提供必要的约束参考。

图 3-3-2　【基准】选项组

如图 3-3-2 所示为【模型】选项卡中的【基准】选项组，其中包含了用来创建各种基准特征及草绘的工具按钮。

### 1. 基准平面

基准平面也称基准面，是二维无限延伸、没有质量和体积的基准特征，在建模时基准平面常被作为其他特征的放置参考。在 Creo 9.0 软件设计环境中，系统提供了 3 个正交的标准基准平面 TOP、RIGHT 和 FRONT，坐标系 PRT_CSYS_DEF 和特征的旋转中心。对于新的基准平面，系统将以默认的 DTM#格式命名，如 DTM1、DTM2、DTM3 等。

创建基准平面的操作过程如下。

1）单击【基准】选项组中的【平面】按钮，打开如图 3-3-3 所示的【基准平面】对话框。该对话框包含 3 个选项卡，即【放置】、【显示】和【属性】。

① 【放置】：用来调整基准平面的放置位置。

② 【显示】：用来调整基准平面的方向和大小。

③ 【属性】：用来定义基准平面的名称及查询其详细信息。

图 3-3-3　【基准平面】对话框

2）选择参考。通过选取轴、边、曲线、基准点、端点、已经建立或存在的平面或圆锥曲面等几何图形作为建立新的基准平面的参考。在选取参考时，按住 Ctrl 键可以连续选取多个参考。

3）设置约束。约束用来控制新建基准平面和其参考之间的关系，系统提供了 6 种约束供用户选择，它们分别是【通过】、【法向】、【平行】、【偏移】、【角度】、【相切】。各约束的含义介绍如下。

① 【通过】：通过一个轴、棱线、曲线、基准点、顶点、平面或坐标系来约束新建的基准平面。

② 【法向】：通过一个与其（新建的基准平面）垂直的轴、棱线、曲线或曲面来约束新建的基准平面。

③ 【平行】：通过一个与其平行的平面来约束新建的基准平面。

④ 【偏移】：通过选取某一平面或坐标系作为参考并设置偏移距离的方法来约束新建的基准平面。

⑤ 【角度】：通过选取某一平面作为参考并设置平面和新建基准平面之间夹角的方法来约束新建基准平面。

⑥ 【相切】：通过选取某一圆柱面作为参考并定义该圆柱面和新建基准平面之间为相切关系的方法来约束新建基准平面。

综合采用以上约束方法可以灵活地创建出多种形式的基准平面。当约束满足要求时，【基准平面】对话框中的【确定】按钮才会凸显出来，表示基准平面创建成功。

依据三点可以确定一个平面的原理，可以衍生出多种创建基准平面的方法，如通过三点、通过一点和一条直线、通过两条直线、通过一个面、通过一点一面、通过一条直线和一个平面等。如图 3-3-4 所示的基准平面 DTM1 是通过选取一条边线和上平面（旋转 30°）创建而成的。

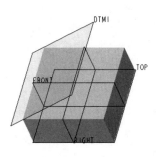

图 3-3-4　基准平面的创建

2. 基准轴

基准轴也常用作特征创建的参考，尤其在创建圆孔、径向阵列和旋转特征时是一个重要的辅助基准特征。基准轴的产生分两种情况：一是基准轴作为一个单独的特征来创建；二是在创建带有圆弧的特征期间，系统会自动产生一个基准轴。通过【基准轴】按钮创建的基准轴，用户可对其进行【重定义】、【隐含】、【隐藏】或【删除】等操作，系统对新轴自动命名为 A_1、A_2、A_3 等。

创建基准轴的方法与创建基准平面的方法类似，其基本创建过程如下。

1）单击【轴】按钮，打开如图 3-3-5 所示的【基准轴】对话框。该对话框中也包含 3 个选项卡，即【放置】、【显示】和【属性】。

2）选择参考。通过选取边、基准点、端点、已经建立或存在的轴等几何图形作为建立新的基准轴的参考。在选取参考时，按住 Ctrl 键可以连续选取多个参考。

3）设置约束。约束用来控制新建基准轴和其参考之间的关系，系统提供了以下几种约束供用户选择。

① 【过边界】：通过模型上的一个直边创建基准轴。

② 【垂直平面】：要创建的基准轴垂直于某个平面。需要先选取与其垂直的参考平面，然后分别选取两条定位的参考边，并定义基准轴到参考边的距离。

③ 【过点且垂直于平面】：要创建的基准轴通过一个基准点并与一个平面垂直。

④ 【过圆柱】：要创建的基准轴通过模型上的一个旋转曲面的中心轴。选择一个圆柱面或圆锥面即可。

⑤ 【两平面】：在两个指定平面（基准平面或模型的平表面）的相交处创建基准轴。两平面不能平行。

⑥ 【两个点/顶点】：要创建的基准轴通过两个点，点可以是基准点或模型上的顶点。

综合采用以上约束方法可以灵活地创建出多种形式的基准轴。当约束满足要求时，【基准轴】对话框中的【确定】按钮才会凸显出来，表示基准轴创建成功。如图 3-3-6 所示为使用【过点且垂直于平面】的方法创建的基准轴。

图 3-3-5 【基准轴】对话框

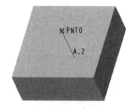

图 3-3-6 创建的基准轴

3. 基准点

基准点也是作为创建其他特征的参考。只是基准点一般只能作为创建基准曲线或基准平面的参考，而不能单独作为创建其他实体特征的参考。默认状态下，基准点以 X 显示，依次命名为 PNT0、PNT1、PNT2 等。

单击【点】下拉按钮，弹出如图 3-3-7 所示的下拉列表。从图中可以看出基准点分为以下 3 种类型。

① 【点】：在图元上、图元相交处或由某一图元偏移所创建的基准点，其位置可以通过拖动滑块或输入数值确定。

② 【偏移坐标系】：通过选定坐标系偏移所创建的基准点。

③ 【域】：标识一个几何域的域点。域点是行为建模中用于分析的点。

选择【点】选项，打开如图 3-3-8 所示的【基准点】对话框。在模型上选取参考位置并进行适当的设置后即可创建基准点。

图 3-3-7　【点】下拉列表　　　　　　　　图 3-3-8　【基准点】对话框

4. 基准坐标系

在 Creo 9.0 软件中，基准坐标系包括笛卡儿、圆柱和球坐标 3 种类型，其中笛卡儿坐标系最为常用。坐标系一般由一个原点和 3 个坐标轴构成，且 3 个坐标轴之间遵循右手定则，只需要确定两个坐标轴就可以自动推断出第三个坐标轴。默认情况下，所创建的坐标系自动被依次命名为 CS0、CS1、CS2 等。

单击【坐标系】按钮，打开如图 3-3-9 所示的【坐标系】对话框。该对话框中包含 3 个选项卡，即【原点】、【方向】和【属性】，这里仅介绍【原点】选项卡和【方向】选项卡。

（1）【原点】选项卡

该选项卡用于显示选取的参考、坐标系偏移类型等。

1)【参考】：该选项被激活后，可以设定或更改参考及约束类型。这些参考可以是平面、边、轴、曲线、基准点或坐标系等。

2）【偏移类型】：在该下拉列表中显示了偏移坐标系的几种方式。

① 【笛卡儿】：选择该选项，表示允许通过设置 $X$、$Y$ 和 $Z$ 值偏移坐标系。

② 【圆柱】：选择该选项，表示允许通过设置半径、$\theta$ 和 $Z$ 值偏移坐标系。

③ 【球坐标】：选择该选项，表示允许通过设置半径、$\theta$ 和 $\varphi$ 值偏移坐标系。

④ 【自文件】：选择该选项，表示允许从转换文件输入坐标系的位置。

（2）【方向】选项卡

该选项卡用于确定新建坐标系的方向，如图 3-3-10 所示。【方向】选项卡中的选项随着【原点】选项卡的变化而变化。可在该选项卡的界面中修改坐标轴的位置和方向。

图 3-3-9 【坐标系】对话框

图 3-3-10 【方向】选项卡

注：软件界面中的"笛卡尔"的正确名称应为"笛卡儿"。

一般可采用以下 4 种方法来创建基准坐标系。

1）通过 3 个互相垂直的平面创建坐标系。

2）通过一点两轴创建基准坐标系。

3）通过 3 根相互垂直的轴线创建基准坐标系。

4）通过偏移或旋转坐标系创建基准坐标系。如图 3-3-11 所示为采用第一种方法创建的基准坐标系。

5. 基准曲线

图 3-3-11 基准坐标系的创建

在 Creo 9.0 软件中，基准曲线常用作创建扫描、混合、扫描混合等特征的轨迹路线以构建复杂的曲面轮廓。创建曲线的命令包括【草绘】和【曲线】两种。其中，【草绘】命令是直接进入草绘环境后绘制曲线。

单击【模型】选项卡中的【基准】下拉按钮，弹出如图 3-3-12 所示的【基准】下拉列表。再选择【曲线】选项，弹出如图 3-3-13 所示的级联菜单。

该级联菜单中包含了 4 种创建曲线的命令：【通过点的曲线】、【由点和方向构成的曲线】、【来自方程的曲线】、【来自横截面的曲线】。

1）【通过点的曲线】：通过一系列参考点建立基准曲线。

2）【由点和方向构成的曲线】：由起点、曲面、方向和角度等参数来建立基准曲线。

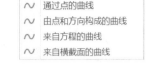

图 3-3-12　【基准】下拉列表　　　　　　图 3-3-13　【曲线】级联菜单

3）【来自方程的曲线】：通过输入方程式来建立基准曲线。

4）【来自横截面的曲线】：使用截面的边界来建立基准曲线。

一般情况下，基准曲线的自由度较大，常表现为空间任意位置点组成的三维曲线，如螺旋线、规则曲线等。其创建方法也很多，常见的有以下 9 种：①通过草绘方式；②通过曲面相交；③通过多个空间点；④利用数据文件；⑤利用几条相连的曲线或边线；⑥使用剖面的边线；⑦使用投影创建位于指定曲面上的曲线；⑧偏移已有的曲线或曲面；⑨利用公式。

上面介绍的 9 种创建基准曲线的方法，理论上都是可以实现的，但比较复杂，不实用。Creo 9.0 软件的【曲线】级联菜单中只有 4 种方法（图 3-3-13），所以下面介绍"通过点的曲线"这种方法的操作过程。

1）将工作目录设置至 Creo9.0\work\original\ch3\ch3.3，打开如图 3-3-14 所示的模型文件 qu_xian_dian.prt。

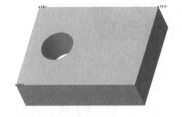

视频：通过点的曲线

图 3-3-14　qu_xian_dian.prt 模型

2）单击【基准】下拉按钮，在弹出的【基准】下拉列表中选择【曲线】选项，将弹出【曲线】级联菜单。

3）在【曲线】级联菜单中选择【通过点的曲线】选项，弹出如图 3-3-15 所示的【曲线：通过点】选项卡。

图 3-3-15　【曲线：通过点】选项卡

4）在选项卡中单击下方的【放置】按钮，弹出如图 3-3-16 所示的【放置】选项卡。

5）在图形区依次选择如图 3-3-14 所示零件的 3 个顶点（PNT0、PNT1、PNT2），系统自动以选取的第一点为起点，起始处带有箭头标识，并与第二点、第三点连接成一条曲线。

6）在选项卡中再单击下方的【结束条件】按钮，弹出如图 3-3-17 所示的【结束条件】选项卡。将起点和终点的终止条件都设置为"自由"。

图 3-3-16　【放置】选项卡

图 3-3-17　【结束条件】选项卡

7）在【曲线：通过点】选项卡中单击【确定】按钮，完成如图 3-3-18 所示的基准曲线的创建。

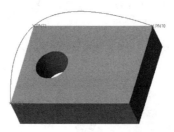

图 3-3-18　创建的基准曲线

8）选择【文件】→【另存为】→【保存副本】选项，打开【保存副本】对话框，在【文件名】文本框中输入 qu_xian_dian1.prt，然后单击【确定】按钮完成文件的保存。

### 二、扫描特征

视频：扫描特征

扫描特征是通过草绘或选取扫描轨迹，然后使草绘截面沿该轨迹移动而形成的一类特征。要创建或重新定义一个扫描特征，必须给定两大特征要素，即扫描轨迹和扫描截面。可以使用草绘的轨迹，也可以选用由选定基准曲线或边组成的轨迹。

下面以扫描【伸出项】（实体）特征为例介绍扫描特征的创建过程。

1）将工作目录设置至 Creo9.0\work\original\ch3\ch3.3，打开模型文件 sao_miao.prt。

2）在【模型】选项卡的【形状】选项组中单击【扫描】按钮，弹出如图 3-3-19 所示的【扫描】选项卡。

图 3-3-19　【扫描】选项卡

3）单击下方的【参考】按钮，弹出如图 3-3-20 所示的【参考】选项卡。在选项卡中单击【选择项】选项，然后选取模型中的曲线，此时的图形如图 3-3-21 所示。

图 3-3-20 【参考】选项卡

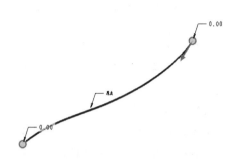

图 3-3-21 选取曲线

4）在选项卡中单击【草绘】按钮，弹出【草绘】选项卡，再单击【草绘视图】按钮，使草绘平面与屏幕平行。

5）在草绘环境下，在十字中心处绘制如图 3-3-22 所示的圆形截面，完成后单击【确定】按钮退出草绘环境。再在【扫描】选项卡中单击【确定】按钮，完成如图 3-3-23 所示的扫描模型的创建。

图 3-3-22 圆形截面

图 3-3-23 创建的扫描模型

## 三、壳特征

壳特征是将已有实体改变为薄壁结构的实体造型方法。该特征工具主要用于塑料或铸造零件的设计过程中，它可以把形成的零件内部掏空，并且可以使零件的壁厚均匀，从而使零件具有质轻、价廉等优点。

### 1.【壳】选项卡

单击【工程】选项组中的【壳】按钮，弹出如图 3-3-24 所示的【壳】选项卡。该选项卡中的主要选项的含义说明如下。

图 3-3-24 【壳】选项卡

（1）【参考】选项卡

在【壳】选项卡中单击【参考】按钮，弹出如图 3-3-25 所示的【参考】选项卡。该选项卡中包括两个用于指定参考对象的收集器：【移除的曲面】、【非默认厚度】。

1）【移除的曲面】：用于选取创建壳特征时在实体上需要移除的面，按住 Ctrl 键可以选取多个表面。

2）【非默认厚度】：用于选取要为其指定不同壁厚的曲面，然后分别为这些曲面单独指定厚度值。其余曲面将统一使用默认厚度，默认厚度值在选项卡中的【厚度】文本框中设定。

（2）【选项】选项卡

在【壳】选项卡中单击【选项】按钮，弹出如图 3-3-26 所示的【选项】选项卡。该选项卡可对抽壳对象中的排除曲面、曲面延伸，以及抽壳操作与其他凹角、凸角特征之间切削穿透的预防进行设置。

图 3-3-25  【参考】选项卡

图 3-3-26  【选项】选项卡

（3）【厚度】选项与【方向】按钮

在选项卡的【厚度】文本框中可指定所创建壳体的厚度。一般情况下，输入正值表示挖空实体内部的材料形成壳，输入负值表示在实体外部加上指定厚度的壳。单击【反向】按钮，可在参考的另一侧创建壳体，其效果与改变输入厚度值的正负号相同。

（4）【属性】选项卡

在【壳】选项卡中单击【属性】按钮，弹出【属性】选项卡。在该选项卡中可以查看壳特征的删除曲面、厚度、方向及排除曲面等参数信息，并可以对该壳特征进行重命名操作。

**2. 壳特征的创建过程**

1）将工作目录设置至 Creo9.0\work\original\ch3\ch3.3，打开如图 3-3-27 所示的零件 chou_ke.prt。

2）单击【工程】选项组中的【壳】按钮，弹出【壳】选项卡，并在信息区提示"选取要从零件删除的曲面"。

3）按住 Ctrl 键，在零件上选取上方的 3 个需要移除的表面。

4）在【壳】选项卡的【厚度】文本框中，输入抽壳的壁厚值 1.5。

5）在【壳】选项卡中单击【参考】按钮，在弹出的【参考】选项卡中单

视频：抽壳

击【非默认厚度】列表框。然后单击选取模型下方的零件侧面并输入厚度值 3，此时的模型如图 3-3-28 所示。

6）在选项卡中单击【确定】按钮，完成如图 3-3-29 所示的抽壳特征的创建。最后保存模型文件为 chou_ke1.prt。

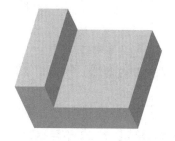
图 3-3-27 零件 chou_ke.prt

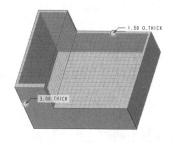
图 3-3-28 设定不同的厚度值

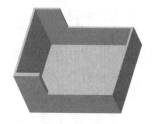
图 3-3-29 抽壳特征

## 四、拔模特征

使用模具生产零件时，零件需要有适当的拔模斜面才能顺利脱模，因此在进行注塑件或铸件等产品设计时需要添加拔模特征。

### 1. 拔模常用术语

拔模设计过程中常用的术语含义如下。

1）拔模曲面：指要进行拔模操作的模型表面。拔模曲面可以由拔模枢轴、曲面或草绘曲线分割为多个区域，可分别设定各区域是否参与拔模，以及定义不同的拔模斜度。

2）拔模枢轴：围绕其旋转的拔模曲面上的直线或曲线。可通过选取平面（在此情况下拔模曲面围绕拔模平面与此平面的交线旋转）或选取拔模曲面上的单个曲线链来定义拔模枢轴。

3）拔模角度：拔模方向与生成拔模曲面之间的角度。如果拔模曲面被分割，则可为拔模曲面的两侧分别定义独立的角度。

4）拖拉方向：用于测量拔模角度的方向，通常为模具的开模方向。可通过选取平面（在这种情况下拖动方向垂直于此平面）、直边、基准轴或坐标系来定义它。

拔模特征的创建主要是利用【拔模】选项卡来实现的，主要包括以下步骤：①在【参考】选项卡中设置【拔模曲面】、【拔模枢轴】和【拖拉方向】；②在【拔模】选项卡中设置【拔模角度】并调整拔模方向；③必要时需要选取分割参考，并利用【角度】选项卡设置不同的角度。依据不同的拔模操作方式，拔模特征可以分为一般拔模特征和分割拔模特征两种类型。

### 2.【拔模】选项卡

单击【工程】选项组中的【拔模】按钮，弹出如图 3-3-30 所示的【拔模】选项卡。该选项卡中的主要选项的含义说明如下。

图 3-3-30　【拔模】选项卡

（1）【参考】

在【拔模】选项卡中单击【参考】按钮，弹出如图 3-3-31 所示的【参考】选项卡。在该选项卡中可以分别激活【拔模曲面】、【拔模枢轴】和【拖动方向】收集器，然后定义相应的参考对象。

（2）【分割】

在【拔模】选项卡中单击【分割】按钮，弹出如图 3-3-32 所示的【分割】选项卡。在该选项卡中可以对拔模曲面进行分割，并设定拔模面上的分割区域，以及各区域是否进行拔模。

【分割】选项卡中的主要选项介绍如下。

图 3-3-31　【参考】选项卡

图 3-3-32　【分割】选项卡

1）【分割选项】：在【分割选项】下拉列表中包括以下 3 个选项。

【不分割】：拔模面将绕拔模枢轴按指定的拔模角度拔模，没有分割效果。

【根据拔模枢轴分割】：将以指定的拔模枢轴为分割参考，创建分割拔模特征。

【根据分割对象分割】：将通过拔模曲面上的曲线或草绘截面，创建分割拔模特征。

2）【分割对象】：当选择【根据分割对象分割】选项时，可以激活此收集器。此时，可以选取模型上现有的草绘、平面或面组作为拔模曲面的分割区域；单击【定义】按钮，可以在草绘平面上绘制封闭轮廓，作为拔模曲面的分割区域。

3）【侧选项】：此选项组主要用于设置拔模区域，在下拉列表中包含以下 3 种方式。

【独立拔模侧面】：分别针对分割后的拔模曲面区域设定不同的拔模角度。

【从属拔模侧面】：按照同一角度，从相反的方向执行拔模操作。这种方式广泛应用于具有对称面的模具设计中。

【只拔模第一侧面/只拔模第二侧面】：选择此选项，则仅针对拔模曲面的某个分割区域进行拔模，而另一个区域则保持不变。

（3）【角度】

在【拔模】选项卡中单击【角度】按钮，弹出如图 3-3-33 所示的【角度】选项卡。在该选项卡中可设置拔模方向与生成的拔模曲面之间的夹角，取值范围为 $-30°\sim30°$。如果拔模曲面被分割，则可以为拔模曲面的每一侧定义一个独立的角度。此外，也可以在拔模曲面的不同位置设定不同的拔模角度。

（4）【选项】和【属性】选项卡

在【拔模】选项卡中单击【选项】按钮，弹出如图 3-3-34 所示的【选项】选项卡。在该选项卡中可以定义与指定拔模曲面相切或相交的拔模效果。打开【属性】选项卡，可以查看拔模特征的分割方式、拔模曲面及角度等参数信息，并能够对该拔模特征进行重命名。

图 3-3-33 【角度】选项卡

图 3-3-34 【选项】选项卡

3. 一般拔模特征的创建过程

1）将工作目录设置至 Creo9.0\work\original\ch3\ch3.3，打开如图 3-3-35 所示的零件 ba_mo.prt。

2）单击【工程】选项中的【拔模】按钮，弹出【拔模】选项卡。

视频：一般拔模特征

3）在【拔模】选项卡中单击【参考】按钮，弹出【参考】选项卡。在该选项卡中单击【拔模曲面】收集器将其激活，然后按住 Ctrl 键选取模型中的 4 个曲面作为拔模曲面。

4）再单击【拔模枢轴】收集器将其激活，然后选取模型的上表面作为拔模枢轴曲面，并在选项卡中的角度文本框中输入 10。

5）此时，系统将默认选择拔模枢轴曲面为拔模方向参考平面（拖拉方向）。本例接受系统默认设置。

6）单击选项卡中的【方向】按钮，调整拔模方向。

7）单击选项卡中的【确定】按钮，完成如图 3-3-36 所示的拔模特征的创建。

8）选择【文件】→【另存为】→【保存副本】选项，打开【保存副本】对话框，在【文件名】文本框中输入 ba_mo_yi.prt，然后单击【确定】按钮完成文件的保存。

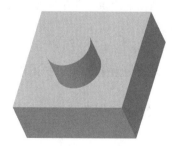

图 3-3-35 零件 ba_mo.prt

图 3-3-36 完成的一般拔模特征

4. 分割拔模特征的创建过程

1）将工作目录设置至 Creo9.0\work\original\ch3\ch3.3，打开如图 3-3-35 所示的零件 ba_mo.prt。

2）单击【工程】选项组中的【拔模】按钮，弹出【拔模】选项卡。

3）在【拔模】选项卡中单击【参考】按钮，弹出【参考】选项卡。在该选项卡中单击【拔模曲面】收集器将其激活，然后按住 Ctrl 键选取需要拔模的曲面。

4）再单击【拔模枢轴】收集器将其激活，然后选取模型的上表面作为拔模枢轴曲面，并在选项卡中的角度文本框中输入 10。

5）此时，系统将默认选择拔模枢轴曲面为拔模方向参考平面（拖拉方向）。本例接受系统默认设置。

6）在【拔模】选项卡中单击【分割】按钮，弹出【分割】选项卡。在该选项卡的【分割选项】下拉列表中选择【根据拔模枢轴分割】方式，再在【侧选项】下拉列表中选择【独立拔模侧面】选项。然后在图形中将上下两个部分的拔模角度均修改为 10。

7）单击选项卡中的【方向】按钮，调整拔模方向，使上下两个部分的拔模方向不一致。

8）单击选项卡中的【确定】按钮，完成如图 3-3-37 所示的拔模特征的创建。

9）选择【文件】→【另存为】→【保存副本】选项，打开【保存副本】对话框。在【文件名】文本框中输入 ba_mo_fen.prt，然后单击【确定】按钮完成文件的保存。

图 3-3-37 完成的分割拔模特征

🔧 **任务实施**

## 一、设置工作目录并新建文件

1）将工作目录设置至 Creo9.0\work\original\ch3\ch3.3。

2）单击工具栏中的【新建】按钮，在打开的【新建】对话框中选中【类型】选项组中的【零件】单选按钮，选中【子类型】选项组中的【实体】单选按钮；取消选中【使用默认模板】复选框以取消使用默认模板，在【名称】文本框输入文件名 an_jian。然后单击【确定】按钮，打开【新文件选项】对话框，选择【mmns_part_solid_abs】模板，单击【确定】按钮，进入零件的创建环境。

## 二、创建拉伸特征

1）单击【模型】选项卡中的【拉伸】按钮，在弹出的【拉伸】选项卡中单击【实体类型】按钮（默认选项）。

2）直接右击绘图区，在弹出的快捷菜单中选择【定义内部草绘】选项，打开【草绘】对话框。

3）选取 TOP 基准平面为草绘平面，使用系统中默认的方向为草绘视图方向。选取 RIGHT 基准平面为参考平面，方向为【右】。单击对话框中的【草绘】按钮，进入草绘环境。在【设置】选项组中单击【草绘视图】按钮，使草绘平面与屏幕平行。

4）在草绘环境下绘制如图 3-3-38 所示的截面草图，完成后单击【确定】按钮退出草绘环境。

5）在【拉伸】选项卡中单击【从草绘平面以指定的深度值拉伸】按钮，再在文本框中输入深度值 18。

6）在【拉伸】选项卡中单击【预览】按钮，观察所创建的特征效果。最后在【拉伸】选项卡中单击【确定】按钮，完成如图 3-3-39 所示的拉伸特征的创建。

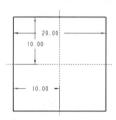

图 3-3-38　草绘截面

图 3-3-39　拉伸特征 1

## 三、创建拔模特征

1）单击【工程】选项组中的【拔模】按钮，弹出【拔模】选项卡。

2）在【拔模】选项卡中单击【参考】按钮，弹出【参考】选项卡。在该选项卡中单击【拔模曲面】收集器将其激活，然后按住 Ctrl 键选取如图 3-3-39 所示模型中的 4 个侧面作为拔模曲面。

3）再单击【拔模枢轴】收集器将其激活，然后选取 TOP 基准平面作为拔模枢轴曲面，并在选项卡中的文本框中输入 5。

4）此时，系统将默认选择拔模枢轴曲面为拔模方向参考平面（拖拉方向）。本例接受系统默认设置。此时的模型如图 3-3-40 所示。

5）单击【拉伸】选项卡中的【确定】按钮，完成如图 3-3-41 所示的拔模特征。

图 3-3-40　选取侧面

图 3-3-41　拔模特征

## 四、草绘曲线

1）单击【基准】选项组中的【草绘】按钮，打开【草绘】对话框。

2）选取 FRONT 基准平面为草绘平面，使用系统中默认的方向为草绘视图方向。选取 RIGHT 基准平面为参考平面，方向为【右】。单击对话框中的【草绘】按钮，进入草绘环境。

3）在草绘环境下绘制如图 3-3-42 所示的截面草图，完成后单击【确定】按钮退出草绘环境。完成的曲线如图 3-3-43 所示。

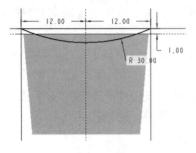

图 3-3-42　截面草图 1

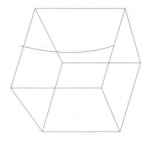

图 3-3-43　曲线

## 五、扫描切剪顶面

1）在【模型】选项卡的【形状】选项组中单击【扫描】按钮，弹出【扫描】选项卡。在选项卡中单击【移除材料】按钮。

2）单击下方的【参考】按钮，在弹出的【参考】选项卡中单击【选择项】选项，然后选取图 3-3-43 所示模型中的曲线。

3）在选项卡中单击【草绘】按钮，打开【草绘】对话框。再单击【草绘视图】按钮，使草绘平面与屏幕平行。

4）在草绘环境下，在十字中心处绘制如图 3-3-44 所示的圆弧，完成后单击【确定】按钮退出草绘环境。再在【扫描】选项卡中单击【确定】按钮，完成如图 3-3-45 所示模型的创建。

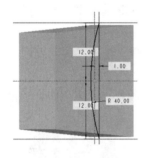

图 3-3-44　截面草图 2

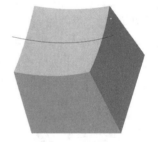

图 3-3-45　扫描模型

## 六、创建倒圆角特征

1）单击【工程】选项组中的【倒圆角】按钮，弹出【倒圆角】选项卡。

2）在选项卡的文本框中输入圆角半径 0.5，再在图 3-3-45 所示的模型上选取顶部要倒圆角的 4 条边线，此时的模型如图 3-3-46 所示。

3）单击下方的【集】按钮，在弹出的【集】选项卡中单击【新建集】按钮。然后在下方的半径文本框中输入数值 2，再单击选取模型上的 4 个侧边。此时的模型如图 3-3-47 所示。

4）在【倒圆角】选项卡中单击【预览】按钮，观察所创建的特征效果。

5）在【倒圆角】选项卡中单击【确定】按钮，完成如图 3-3-48 所示的倒圆角特征的创建。

图 3-3-46　选取顶部边线　　　图 3-3-47　选取 4 个侧边　　　图 3-3-48　倒圆角特征

## 七、创建壳特征

1）单击【工程】选项组中的【壳】按钮，弹出【壳】选项卡，并在信息区提示"选取要从零件删除的曲面"。

2）在零件上选取如图 3-3-49 所示的需要移除的表面。

3）在【壳】选项卡的【厚度】文本框中，输入抽壳的壁厚值 1。

4）在【壳】选项卡中单击【确定】按钮，完成如图 3-3-50 所示的壳特征的创建。

图 3-3-49　选取移除的表面　　　　　　　　图 3-3-50　壳特征

## 八、创建辅助平面 1

1）单击【基准】选项组中的【平面】按钮，打开【基准平面】对话框。

2）单击激活选项，然后选取 TOP 基准平面，并在【偏移】选项组中的【平移】文本框中输入 16。此时的【基准平面】对话框如图 3-3-51 所示。

3）单击【基准平面】对话框中的【确定】按钮，完成如图 3-3-52 所示的基准平面 DTM1 的创建。

 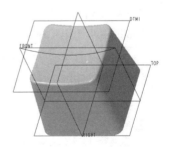

图 3-3-51　【基准平面】对话框 1　　　　　图 3-3-52　基准平面 DTM1

### 九、拉伸字母

1）单击【形状】选项组中的【拉伸】按钮，在弹出的【拉伸】选项卡中单击【实体类型】按钮（默认选项）。

2）直接右击绘图区，在弹出的快捷菜单中选择【定义内部草绘】选项，打开【草绘】对话框。

3）选取 DTM1 基准平面为草绘平面，使用系统中默认的方向为草绘视图方向。选取 RIGHT 基准平面为参考平面，方向为【右】。单击对话框中的【草绘】按钮，进入草绘环境。

4）在草绘环境下绘制如图 3-3-53 所示的截面草图，完成后单击【确定】按钮退出草绘环境。

5）在【拉伸】选项卡中单击【从草绘平面以指定的深度值拉伸】按钮，再在文本框中输入数值 0.5。

6）在【拉伸】选项卡中单击【预览】按钮，观察所创建的特征效果。最后在【拉伸】选项卡中单击【确定】按钮，完成如图 3-3-54 所示的拉伸特征的创建。

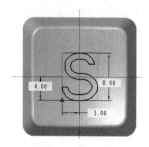

图 3-3-53　截面草图 3

图 3-3-54　拉伸特征 2

### 十、创建辅助平面 2

1）单击【基准】选项组中的【平面】按钮，打开【基准平面】对话框。

2）单击激活选项，再单击选择模型底平面，并在【偏移】选项组中的【平移】文本框中输入 6。然后在图形中调整偏移方向为向下，此时的【基准平面】对话框如图 3-3-55 所示。

3）单击【基准平面】对话框中的【确定】按钮，完成如图 3-3-56 所示的基准平面 DTM2 的创建。

图 3-3-55　【基准平面】对话框 2

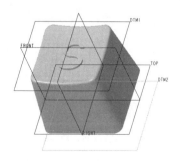

图 3-3-56　基准平面 DTM2

## 十一、拉伸内部凸台

1）单击【形状】选项组中的【拉伸】按钮，在弹出的【拉伸】选项卡中单击【实体类型】按钮（默认选项）。

2）直接右击绘图区，在弹出的快捷菜单中选择【定义内部草绘】选项，打开【草绘】对话框。

3）选取基准平面 DTM2 为草绘平面，使用系统中默认的方向为草绘视图方向。选取 RIGHT 基准平面为参考平面，方向为【左】。单击对话框中的【草绘】按钮，进入草绘环境。在【设置】选项组中单击【草绘视图】按钮，使草绘平面与屏幕平行。

4）在草绘环境下绘制如图 3-3-57 所示的截面草图，完成后单击【确定】按钮退出草绘环境。

5）在【拉伸】选项卡中单击【拉伸至选定的点、曲线、平面或曲面】按钮，再单击模型的顶部曲面。

6）在【拉伸】选项卡中单击【加厚草绘】按钮，并在其后的文本框中输入数值 1，调整其加厚方向。

7）在【拉伸】选项卡中单击【预览】按钮，观察所创建的特征效果。最后在【拉伸】选项卡中单击【确定】按钮，完成如图 3-3-58 所示的拉伸特征。

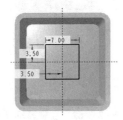

图 3-3-57　截面草图 4

图 3-3-58　拉伸特征 3

## 十二、创建辅助平面 3

1）单击【基准】选项组中的【平面】按钮，打开【基准平面】对话框。

2）单击激活选项，再单击选择基准平面 DTM1，并在【偏移】选项组中的【平移】文本框中输入 5。然后在图形中调整偏移方向向下，此时的【基准平面】对话框如图 3-3-59 所示。

3）单击【基准平面】对话框中的【确定】按钮，完成如图 3-3-60 所示的基准平面 DTM3 的创建。

图 3-3-59　【基准平面】对话框 3

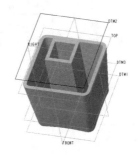

图 3-3-60　基准平面 DTM3

### 十三、拉伸内部小特征

1）单击【形状】选项组中的【拉伸】按钮，在弹出的【拉伸】选项卡中单击【实体类型】按钮（默认选项）。

2）直接右击绘图区，在弹出的快捷菜单中选择【定义内部草绘】选项，打开【草绘】对话框。

3）选取基准平面 DTM3 为草绘平面，使用系统中默认的方向为草绘视图方向。选取 RIGHT 基准平面为参考平面，方向为【左】。单击对话框中的【草绘】按钮，进入草绘环境。在【设置】选项组中单击【草绘视图】按钮，使草绘平面与屏幕平行。

4）在草绘环境下绘制如图 3-3-61 所示的截面草图，完成后单击【确定】按钮退出草绘环境。

5）在【拉伸】选项卡中单击【拉伸至选定的点、曲线、平面或曲面】按钮，再单击模型的顶部曲面。

6）在【拉伸】选项卡中单击【预览】按钮，观察所创建的特征效果。最后在【拉伸】选项卡中单击【确定】按钮，完成如图 3-3-62 所示的拉伸特征的创建。

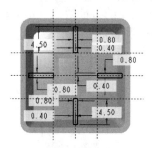

图 3-3-61　截面草图 5

图 3-3-62　拉伸特征 4

7）单击快速访问工具栏中的【保存】按钮，打开【保存对象】对话框，使用默认名称并单击【确定】按钮完成文件的保存。

### 任务评价

本任务的任务评价表如表 3-3-2 所示。

表 3-3-2　任务评价表

| 序号 | 评价内容 | 评价标准 | 评价结果（是/否） |
| --- | --- | --- | --- |
| 1 | 知识与技能 | 能创建基准特征 | □是　□否 |
| | | 能创建拔模特征 | □是　□否 |
| | | 能创建扫描特征 | □是　□否 |
| | | 能创建壳特征 | □是　□否 |
| | | 能创建镜像特征 | □是　□否 |
| 2 | 职业素养 | 具有专注的工作态度 | □是　□否 |
| | | 具有规则意识 | □是　□否 |
| 3 | 总评 | "是"与"否"在本次评价中所占的百分比 | "是"占__%<br>"否"占__% |

### 任务巩固

在 Creo 9.0 软件的零件模块中完成如图 3-3-63 和图 3-3-64 所示零件模型的创建。

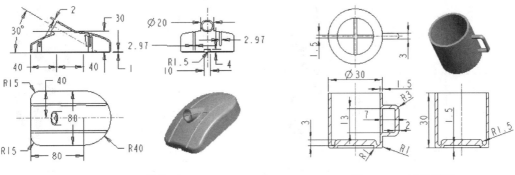

图 3-3-63 零件模型 1　　　　　　　图 3-3-64 零件模型 2

## 工作任务 四 电器底座模型的建模

### 任务目标

1）掌握混合特征的创建方法。
2）掌握筋特征的创建方法。
3）掌握镜像特征的创建方法。
4）掌握特征的编辑与重定义方法。

### 任务描述

在 Creo 9.0 软件的零件模块中完成如图 3-4-1 所示电器底座模型的创建。

图 3-4-1 电器底座模型

### 任务分析

该电器底座模型为不规则零件，外表面上分布有一个圆形和一个异形凹陷部分，内表面则分布有 4 根用于连接的小圆柱及加强筋。在创建过程中需要综合运用【拉伸】、【扫描】、【拔模】、【抽壳】、【混合】、【倒圆角】、【筋】和【镜像】等多种成形方法。如表 3-4-1 所示为电器底座模型的创建思路。

表 3-4-1　电器底座模型的创建思路

| 步骤名称 | 应用功能 | 示意图 | 步骤名称 | 应用功能 | 示意图 |
|---|---|---|---|---|---|
| 1）拉伸基本体 | 【拉伸】命令 | 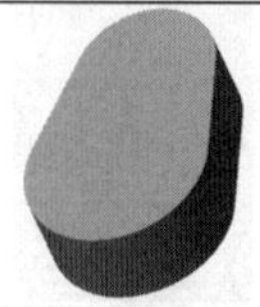 | 5）抽壳 | 【倒圆角】命令、【壳】命令 |  |
| 2）扫描切剪表面 | 【草绘】命令、【扫描】命令 | 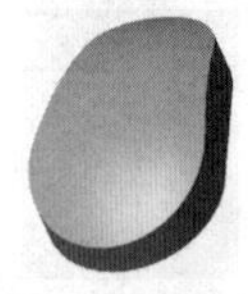 | 6）创建小圆柱 | 【拉伸】命令、【拔模】命令、【镜像】命令 | 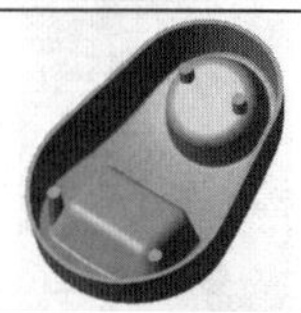 |
| 3）创建拔模角 | 【拔模】命令 | 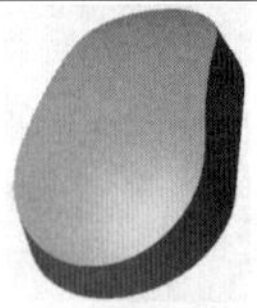 | 7）创建加强筋 | 【轨迹筋】命令、【镜像】命令 | 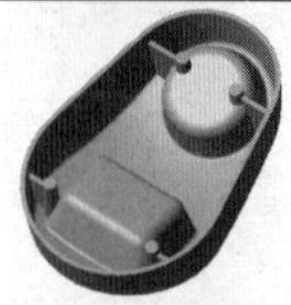 |
| 4）创建表面凹孔 | 【基准】命令、【混合】命令 |  | 8）设置外观 | 【外观库】命令 |  |

## 🔧 知识准备

### 一、混合特征

混合特征是以两个或两个以上的横截面为外形参考，按照指定的混合方式形成的连接

各横截面的实体、曲面或薄壁等特征。该工具可以创建由多个形态各异的草图横截面所定义的特征。

图 3-4-2　【形状】下拉列表

单击【形状】下拉按钮，弹出如图 3-4-2 所示的【形状】下拉列表。其中包含两种创建方法：【混合】和【旋转混合】。

#### 1.【混合】方式

选择图 3-4-2 中的【混合】选项，弹出如图 3-4-3 所示的【混合】选项卡。由此选项卡可以看出，运用【混合】命令可以完成伸出项、薄板、切口、薄板切口及曲面等多种特征的创建。

图 3-4-3　【混合】选项卡

混合特征的特点如下：①在混合特征中，各剖面之间是相互平行的，并且在同一个草

绘环境中绘制；②混合特征中的各草绘截面的段数必须相等；③截面之间的空间关系由草图剖面之间的深度决定。

在【混合】选项卡中单击【截面】按钮，弹出如图 3-4-4 所示的【截面】选项卡。在该选项卡中可以插入或移除截面，也可以草绘具体截面。

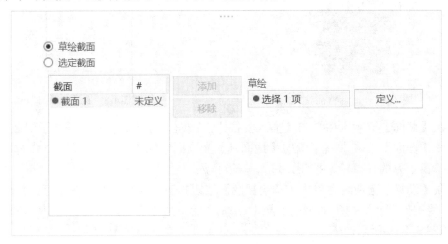

图 3-4-4　【截面】选项卡 1

在【混合】选项卡中单击【选项】按钮，弹出如图 3-4-5 所示的【选项】选项卡。在该选项卡中可以设置混合曲面的过渡类型及选取封闭端。

在【混合】选项卡中单击【主体选项】按钮，弹出如图 3-4-6 所示的【主体选项】选项卡。在该选项卡中可以将几何添加到主体或创建新主体。

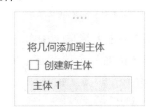

图 3-4-5　【选项】选项卡　　　　　　　图 3-4-6　【主体选项】选项卡

下面以图 3-4-7 所示的混合特征为例，介绍创建混合特征的一般步骤。

1）将工作目录设置至 Creo9.0\work\original\ch3\ch3.4，新建零件模型 hun_he.prt。

2）单击【形状】下拉按钮，在弹出的【形状】下拉列表中选择【混合】选项，弹出【混合】选项卡。

视频：混合

3）在【混合】选项卡中单击下方的【截面】按钮，弹出【截面】选项卡。

4）在【截面】选项卡中单击【定义】按钮，打开【草绘】对话框。

5）选取 TOP 基准平面为草绘平面，使用系统中默认的方向为草绘视图方向。选取 RIGHT 基准平面为参考平面，方向为【右】。单击对话框中的【草绘】按钮，进入草绘环境。在【设置】选项组中单击【草绘视图】按钮，使草绘平面与屏幕平行。

6）在草绘环境下绘制如图 3-4-8 所示的截面草图 1，完成后单击【确定】按钮退出草绘环境。

图 3-4-7　混合特征

图 3-4-8　截面草图 1

7）在【截面】选项卡中单击【插入】按钮，截面下方的文本框中增加了"截面 2"。

8）在【截面】选项卡右下侧的【截面 1】文本框中输入数值 10（两个截面之间的距离），再单击下方的【草绘】按钮，进入草绘环境。

9）在【设置】选项组中单击【草绘视图】按钮，使草绘平面与屏幕平行。然后，在草绘环境下绘制如图 3-4-9 所示的截面草图 2，完成后单击【确定】按钮退出草绘环境。此时的模型如图 3-4-10 所示。

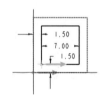

图 3-4-9　截面草图 2

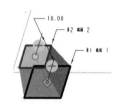

图 3-4-10　混合模型 1

10）在【截面】选项卡中单击【插入】按钮，截面下方的文本框中即增加了"截面 3"。

11）在【截面】选项卡右下侧的【截面 2】文本框中输入数值 10（两个截面之间的距离），再单击下方的【草绘】按钮，进入草绘环境。

12）在【设置】选项组中单击【草绘视图】按钮，使草绘平面与屏幕平行。然后，在草绘环境下绘制截面草图 3。

13）再单击【分割】按钮，把截面草图 3 的圆形均分为 4 节，最后单击【确定】按钮，完成如图 3-4-11 所示的截面草图 3。最终完成的混合模型如图 3-4-12 所示。

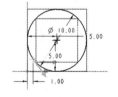

图 3-4-11　截面草图 3

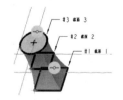

图 3-4-12　混合模型 2

## 2.【旋转混合】方法

单击【形状】下拉按钮，在弹出的【形状】下拉列表中选择【旋转混合】选项，弹出如图 3-4-13 所示的【旋转混合】选项卡。

图 3-4-13　【旋转混合】选项卡

旋转混合特征的特点如下：①在旋转混合特征中，各草绘剖面围绕选定的轴线进行旋转；②每个草绘截面需要在独立的草绘环境中绘制；③各草绘截面的分段数目必须相同。

在【旋转混合】选项卡中单击【截面】按钮，弹出如图 3-4-14 所示的【截面】选项卡。在该选项卡中可以插入或移除截面，草绘具体截面时，还可以选择旋转轴。

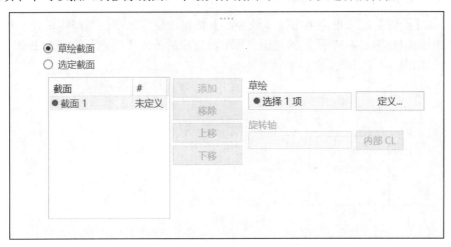

图 3-4-14　【截面】选项卡 2

在【旋转混合】选项卡中分别单击【选项】和【相切】按钮，将分别弹出【选项】选项卡和【相切】选项卡。其内容和【混合】选项卡的内容相类似。

下面以图 3-4-15 所示的旋转混合特征为例，介绍创建旋转混合特征的一般步骤。

1）将工作目录设置至 Creo9.0\work\original\ch3\ch3.4，新建零件模型 hun_he_zhuan.prt。

2）单击【形状】下拉按钮，在弹出的【形状】下拉列表中选择【旋转混合】选项，弹出【旋转混合】选项卡。

3）在【旋转混合】选项卡中单击下方的【截面】按钮，弹出【截面】选项卡。

4）在【截面】选项卡中单击【定义】按钮，弹出【草绘】对话框。

视频：旋转混合

5）选取 TOP 基准平面为草绘平面，使用系统中默认的方向为草绘视图方向。选取 RIGHT 基准平面为参考平面，方向为【右】。单击对话框中的【草绘】按钮，进入草绘环境。在【设置】选项组中单击【草绘视图】按钮，使草绘平面与屏幕平行。

6）在草绘环境下绘制如图 3-4-16 所示的截面草图 1，完成后单击【确定】按钮退出草绘环境。

图 3-4-15　旋转混合特征

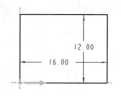

图 3-4-16　绘制的截面草图 1

7）在【截面】选项卡中单击【内部 CL】按钮，然后单击坐标系的 Z 轴选取旋转轴。

8）在【截面】选项卡中单击【插入】按钮，截面下方的文本框中增加了"截面 2"。

9）在【截面】选项卡右下侧的【截面 1】文本框中输入数值 60（两个截面之间的旋转角度），再单击下方的【草绘】按钮，进入草绘环境。

10）在【设置】选项组中单击【草绘视图】按钮，使草绘平面与屏幕平行。然后，在草绘环境下绘制如图 3-4-17 所示的截面草图 2，完成后单击【确定】按钮退出草绘环境。此时的模型如图 3-4-18 所示。

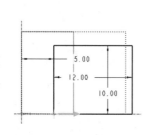

图 3-4-17　绘制的截面草图 2

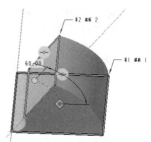

图 3-4-18　混合模型 3

11）在【截面】选项卡中单击【插入】按钮，截面下方的文本框中即增加了"截面 3"。

12）在【截面】选项卡右下侧的【截面 2】文本框中输入数值 75（两个截面之间的角度），再单击下方的【草绘】按钮，进入草绘环境。

13）在【设置】选项组中单击【草绘视图】按钮，使草绘平面与屏幕平行。然后，在草绘环境下绘制如图 3-4-19 所示的截面草图 3。

14）单击【确定】按钮退出草绘环境，完成如图 3-4-20 所示的混合模型。

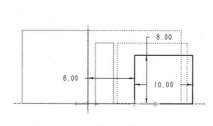

图 3-4-19　绘制的截面草图 3

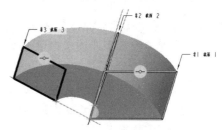

图 3-4-20　混合模型 4

## 二、筋特征

### 1. 筋特征分类

筋特征也称为肋板，是机械设计中为了增加产品刚度而添加的一种辅助性实体特征。

筋通常用来加固设计中的零件，也常用来防止零件出现不需要的折弯。

在 Creo 9.0 软件中，筋特征按照其创建方式分为两类：轨迹筋和轮廓筋。两者的区别在于，轨迹筋是由筋板的侧面造型线长出筋板，而轮廓筋是由筋板的正面造型线长出筋板。

这两种筋特征的创建方法基本一样，需要完成以下 4 个主要步骤。

1）选取筋设计工具，系统将弹出相应的选项卡。

2）绘制筋截面，用于确定筋特征的轮廓。

3）确定筋特征相对于草绘平面的生成侧。

4）设置筋特征的宽度尺寸。

**2. 轨迹筋的创建**

（1）【轨迹筋】选项卡

在【工程】选项组中单击【筋】下拉按钮，在弹出的下拉列表中选择【轨迹筋】选项，弹出如图 3-4-21 所示的【轨迹筋】选项卡。

图 3-4-21　【轨迹筋】选项卡

1）【放置】。如图 3-4-22 所示为【放置】选项卡。在该选项卡中，利用【定义】按钮可以定义筋的草绘平面、视图方向和视图放置参考，其操作方法与草绘相同。

2）【形状】。在【轨迹筋】选项卡中单击【形状】按钮，弹出如图 3-4-23 所示的【形状】选项卡，在该选项卡中可以预览轨迹筋的形状并修改相应的参数。在【轨迹筋】选项卡中提供了 3 种常用的形状筋，分别如下。

① 【添加拔模】：可以设置拔模角度。

② 【倒圆角内部边】：在底部边上添加倒圆角。

③ 【倒圆角暴露边】：在顶部边上添加倒圆角。

3）宽度和宽度方向。如图 3-4-24 所示，在【轨迹筋】选项卡中的【宽度】文本框中，可以设置轨迹筋特征生成的宽度，在拉伸方向上其宽度值不能超越实体的边界。单击【深度】选项组中的【反向方向】按钮，可以对筋的深度方向进行切换。

图 3-4-22　【放置】选项卡　　　图 3-4-23　【形状】选项卡　　　图 3-4-24　【深度】和【宽度】

4）【属性】。在【轮廓筋】选项卡中单击【属性】按钮，弹出【属性】选项卡。在该选项卡中可以查询筋特征的草绘平面、参考、宽度和方向等参数信息，并可以对筋特征进行

视频：轨迹筋

重新命名。

（2）轨迹筋的创建实例

1）将工作目录设置至 Creo9.0\work\original\ch3\ch3.4，打开如图 3-4-25 所示的零件 gui_ji_jin.prt。

2）在【工程】选项组中单击【筋】下拉按钮，在弹出的下拉列表中选择【轨迹筋】选项，弹出【轨迹筋】选项卡。

3）在【轨迹筋】选项卡中单击【放置】按钮，在弹出的【放置】选项卡中单击【定义】按钮，打开【草绘】对话框。或者在图形区右击，在弹出的快捷菜单中选择【草绘】选项，也可以打开【草绘】对话框。

4）选择图 3-4-25 中的 DTM1 面为草绘平面，选取 RIGHT 面为参考面，方向为【右】。进入草绘环境并绘制如图 3-4-26 所示的草绘截面，完成后单击【确定】按钮退出草绘环境。

**注意：**轨迹筋的截面形状要求较宽松，可以不使用边界作为参考，因为系统会自动延伸截面几何直到和边界的实体几何进行融合。但绘制时必须保证使草绘图形延伸后能与其他曲面相交，否则无法生产轨迹筋。

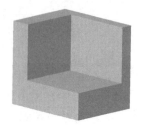

图 3-4-25　gui_ji_jin.prt

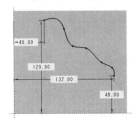

图 3-4-26　草绘截面

5）在【轨迹筋】选项卡的【宽度】文本框中输入参数值 6，单击【预览】按钮，效果如图 3-4-27 所示。

6）如果先单击【添加拔模】按钮，然后单击【形状】按钮，在弹出的【形状】选项卡中设置拔模角度值为 3，那么此时轨迹筋的效果如图 3-4-28 所示。

图 3-4-27　轨迹筋初步效果

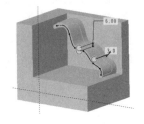

图 3-4-28　添加拔模角后的轨迹筋

7）如果单击【倒圆角内部边】按钮并设置圆角值为 2，则此时轨迹筋的效果如图 3-4-29 所示。

8）如果单击【倒圆角暴露边】按钮并设置圆角值为 3，则此时轨迹筋的效果如图 3-4-30 所示。

9）单击【轨迹筋】选项卡中的【确定】按钮，完成如图 3-4-31 所示的轨迹筋的创建。

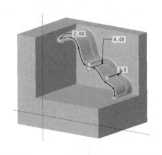

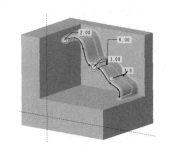

图 3-4-29　在底部边上倒圆角　　　图 3-4-30　在顶部边上倒圆角　　　图 3-4-31　完成的轨迹筋

#### 3. 轮廓筋的创建

（1）【轮廓筋】选项卡

在【工程】选项组中单击【筋】下拉按钮，在弹出的下拉列表中选择【轮廓筋】选项，弹出【轮廓筋】选项卡，如图 3-4-32 所示。

图 3-4-32　【轮廓筋】选项卡

1）【参考】。如图 3-4-33 所示为【参考】选项卡，同【轨迹筋】的【放置】选项卡的功能一样。在该选项卡中，利用【定义】按钮可以定义筋的草绘平面、视图方向和视图放置参考，其操作方法与草绘相同。

图 3-4-33　【参考】选项卡

2）宽度和宽度方向。在【轮廓筋】选项卡中，可以通过在【宽度】文本框中输入数值来指定筋特征的宽度。单击【反向】按钮，可以在对称、正向和反向 3 种效果之间进行切换。

3）【属性】。在【轮廓筋】选项卡中单击【属性】按钮，弹出【属性】选项卡。在该选项卡中可以查询筋特征的草绘平面、参考、宽度和方向等参数信息，并可以对筋特征进行重新命名。

（2）轮廓筋的创建实例

1）将工作目录设置至 Creo9.0\work\original\ch3\ch3.4，打开如图 3-4-34 所示的零件 lun_kuo_jin.prt。

2）在【工程】选项组中单击【筋】下拉按钮，在弹出的下拉列表中选择【轮廓筋】选项，弹出【轮廓筋】选项卡。

3）在图形区右击，然后在弹出的快捷菜单中选择【草绘】选项，打开【草绘】对话框。

视频：轮廓筋

4）选择图 3-4-34 中的 DTM1 面为草绘平面，选择 RIGHT 面为参考面，方向为【右】。单击对话框中的【草绘】按钮，进入草绘环境，并绘制如图 3-4-35 所示的草绘截面，完成后单击【确定】按钮退出草绘环境。

5）在【轮廓筋】选项卡的【宽度】文本框中输入参数值 10。同时，在图形中单击粉红色箭头使筋板可见。

6）在选项卡中单击【确定】按钮，完成如图 3-4-36 所示的轮廓筋的创建，然后保存文件为 lun_kuo_jin1.prt。

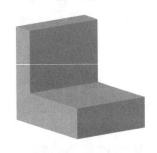
图 3-4-34　lun_kuo_jin.prt

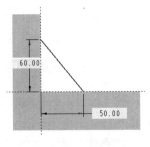
图 3-4-35　草绘截面

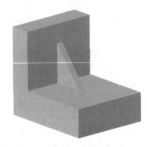
图 3-4-36　完成的轮廓筋

### 三、特征的编辑与编辑定义

#### 1. 编辑特征

如果对之前设计的模型不满意，可以对模型中的特征进行修改。有 3 种方法可以进入特征编辑状态。

1）从导航树中选择需要修改的特征，在其上右击，弹出如图 3-4-37 所示的编辑操作快捷菜单，单击【编辑尺寸】按钮，系统将显示如图 3-4-38 所示的特征的所有尺寸。双击需要修改的尺寸，然后输入新的尺寸即可。

2）直接在图形区的模型上双击要编辑的特征（图 3-4-38），此时该特征的所有尺寸都会显示出来。双击需要修改的尺寸，然后输入新的尺寸即可。

图 3-4-37　编辑操作快捷菜单

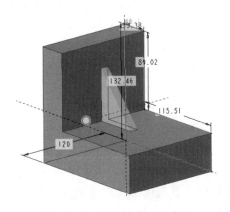
图 3-4-38　双击要编辑的特征

3）在图形区的模型上选择需要修改的特征，然后在其上右击，在弹出的快捷菜单中选择【编辑】选项。此时，系统也将显示特征的所有尺寸参数。双击需要修改的尺寸，然后输入新的尺寸即可。

**注意：**编辑特征的尺寸后，必须进行【再生】操作，重新生成模型，这样修改后的尺寸才会重新驱动模型。方法是单击【再生】按钮或按 Ctrl+G 组合键。

2. 特征的重命名与删除

在导航树中，可以修改各特征的名称，其操作方法有以下两种。

1）在导航树中选择需要修改名称的特征，右击，在弹出的快捷菜单中选择【重命名】选项，然后在弹出的文本框中输入新的名称即可。

2）双击导航树中需要修改名称的特征，然后在弹出的文本框中输入新的名称即可。

需要删除某一特征时，只要在导航树中选择需要删除的特征，右击，在弹出的快捷菜单中选择【删除】选项，打开如图 3-4-39 所示的【删除】对话框，同时在导航树上加亮该特征的所有子特征，然后单击【确定】按钮即可。

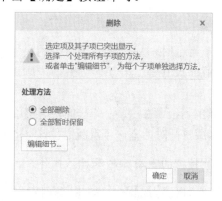

图 3-4-39　【删除】对话框

3. 特征的隐含与隐藏

（1）特征的隐含与恢复隐含

隐含特征就是将特征从导航树中暂时删除。如果隐含的特征有子特征，子特征也会一同被隐含。类似地，在装配模块中也可以隐含装配体中的元件。

在导航树中选择需要隐含的特征，右击，在弹出的快捷菜单中选择【隐含】选项，即可隐含该特征。特征被隐含后，系统将不在导航树上显示该特征名，也不在图形区显示该特征。

在导航选项卡中单击【导航树】按钮，弹出如图 3-4-40 所示的【导航树】选项卡。再在选项卡中单击【模型树设置】按钮，打开如图 3-4-41 所示的【树选项】对话框。

如果要恢复被隐含的特征，则可在导航树中右击隐含的特征名，再在弹出的快捷菜单中选择【恢复】选项即可。

（2）特征的隐藏与恢复隐藏

在导航树中选择需要隐藏的特征，右击，在弹出的快捷菜单中选择【隐藏】选项即可隐藏该特征。

图 3-4-40 【导航树】选项卡

图 3-4-41 【树选项】对话框

如果要显示被隐藏的特征，则可在导航树中右击隐藏特征名，再在弹出的快捷菜单中选择【取消隐藏】选项。

### 4．特征的编辑定义

使用【编辑】命令来修改特征时，只能修改该特征的尺寸参数，而无法对其进行全面的修改，如草绘平面、草绘截面尺寸等。若想全面修改，则可以使用【编辑定义】命令来实现。

在导航树中选择需要修改的特征，右击，在弹出的快捷菜单中选择【编辑定义】选项，系统会弹出该特征的设计选项卡或打开对话框，可重新定义该特征的所有元素。

### 5．特征的重新排序及插入操作

视频：特征的重新排序

在零件创建过程中，如果某些特征的顺序安排不当，则可能会影响后续特征的创建（如抽壳），此时可在导航树中对特征进行重新排序或插入新特征。下面结合实例介绍其具体操作过程。

1）将工作目录设置至 Creo9.0\work\original\ch3\ch3.4，打开如图 3-4-42 所示的零件 te_zheng.prt。此时的导航树如图 3-4-43 所示。

图 3-4-42 零件 te_zheng.prt

图 3-4-43 导航树 1

2）单击"倒圆角 1"特征，按住鼠标左键不放并拖动鼠标至"壳"特征的上面，然后释放鼠标左键。这样"倒圆角 1"特征就调整到"壳"特征的前面了，此时的模型如图 3-4-44 所示。如图 3-4-45 所示为调整后的导航树，可见壳体内部也自动形成了圆角。

图 3-4-44　模型 1

图 3-4-45　导航树 2

3）在导航树中，单击并移动鼠标将特征末尾处的绿线拖至"组"特征上方，如图 3-4-46 所示，此时的模型如图 3-4-47 所示。图 3-4-46 则为调整后的导航树，下方隐含了许多特征。

图 3-4-46　导航树 3

图 3-4-47　模型 2

4）单击【形状】选项组中的【拉伸】按钮，在弹出的【拉伸】选项卡中单击【实体类型】按钮（默认选项）和【移除材料】按钮。

5）在选项卡中单击【放置】按钮，然后在弹出的【放置】选项卡中单击【定义】按钮，打开【草绘】对话框。

6）选取壳体端部前表面为草绘平面，使用系统中默认的方向为草绘视图方向。选取壳体底部平面为参考平面，方向为【底部】。单击对话框中的【草绘】按钮，进入草绘环境。在【设置】选项组中单击【草绘视图】按钮，使草绘平面与屏幕平行。

7）在草绘环境下绘制如图 3-4-48 所示的截面草图，完成后单击【确定】按钮退出草绘环境。

8）在【拉伸】选项卡中单击【从草绘平面以指定的深度值拉伸】按钮，再在文本框中输入深度值 8，然后单击选项卡中的【预览】按钮，观察所创建的特征效果。

9）在【拉伸】选项卡中单击【确定】按钮，完成方槽特征的创建，此时的模型如图 3-4-49 所示。

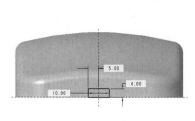

图 3-4-48　截面草图

图 3-4-49　模型 3

10）将绿线再拖至末尾处，此时的导航树如图 3-4-50 所示，完成的模型如图 3-4-51 所示。最后，保存模型文件为 te_zheng1.prt。

图 3-4-50　导航树 4

图 3-4-51　模型 4

视频：镜像特征

**四、镜像特征**

1）将工作目录设置至 Creo9.0\work\original\ch3\ch3.4，打开如图 3-4-52 所示的零件 jing_xiang.prt。

2）单击选取小圆柱特征，然后单击【编辑】选项组中的【镜像】按钮，弹出如图 3-4-53 所示的【镜像】选项卡，并在信息区提示"选择一个平面或目的基准平面作为镜像平面"。

3）选取 RIGHT 基准平面作为镜像平面，然后单击【确定】按钮 ✔，完成如图 3-4-54 所示的镜像特征。最后，保存文件为 jing_xiang1.prt。

图 3-4-52　零件 jing_xiang.prt

图 3-4-53　【镜像】选项卡

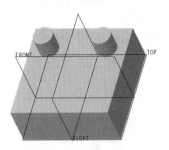

图 3-4-54　镜像特征

 任务实施

## 一、设置工作目录并新建文件

1）将工作目录设置至 Creo9.0\work\original\ch3\ch3.4。

2）单击工具栏中的【新建】按钮，在打开的【新建】对话框中选中【类型】选项组中的【零件】单选按钮，选中【子类型】选项组中的【实体】单选按钮；取消选中【使用默认模板】复选框以取消使用默认模板，在【名称】文本框输入文件名 dian_qi_di_zuo。然后单击【确定】按钮，打开【新文件选项】对话框，选择【mmns_part_solid_abs】模板，单击【确定】按钮，进入零件的创建环境。

视频：电器底座

## 二、创建拉伸特征 1

1）单击【模型】选项卡中的【拉伸】按钮，在弹出的【拉伸】选项卡中单击【实体类型】按钮（默认选项）。

2）直接右击绘图区，在弹出的快捷菜单中选择【定义内部草绘】选项，打开【草绘】对话框。

3）选取 TOP 基准平面为草绘平面，使用系统中默认的方向为草绘视图方向。选取 RIGHT 基准平面为参考平面，方向为【右】。单击对话框中的【草绘】按钮，进入草绘环境。在【设置】选项组中单击【草绘视图】按钮，使草绘平面与屏幕平行。

4）在草绘环境下绘制如图 3-4-55 所示的截面草图，完成后单击【确定】按钮退出草绘环境。

5）在【拉伸】选项卡中单击【从草绘平面以指定的深度值拉伸】按钮，再在文本框中输入深度值 60。

6）在【拉伸】选项卡中单击【预览】按钮，观察所创建的特征效果。最后在【拉伸】【拉伸】选项卡中单击【确定】按钮，完成如图 3-4-56 所示的拉伸特征。

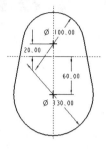

图 3-4-55 草绘截面

图 3-4-56 拉伸特征

## 三、扫描表面

1）在【基准】选项组中单击【草绘】按钮，打开【草绘】对话框。选取 RIGHT 基准平面为草绘平面，TOP 基准平面为参考平面，参考方向为【上】。单击对话框中的【草绘】按钮，进入草绘环境。在【设置】选项组中单击【草绘视图】按钮，使草绘平面与屏幕平行。

2）在草绘环境下绘制如图 3-4-57 所示的草绘轨迹，完成后单击【确定】按钮退出草绘环境。

3）在【形状】选项组中单击【扫描】按钮，再单击下方的【参考】按钮，弹出【参考】选项卡。

4）单击【轨迹】下方的【选择项】选项，然后在图形中单击选取如图 3-4-57 所示的草绘轨迹，此时轨迹加亮显示。

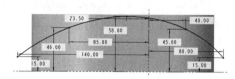

图 3-4-57 草绘轨迹

5）单击【扫描】选项卡中的【创建或编辑扫描截面】按钮，弹出【草绘】选项卡并进入草绘环境。在【设置】选项组中单击【草绘视图】按钮，使草绘平面与屏幕平行。

6）在草绘环境下绘制如图 3-4-58 所示的扫描截面，完成后单击【确定】按钮退出草绘环境。

7）在【扫描】选项卡中单击【确定】按钮，完成如图 3-4-59 所示的扫描特征的创建。

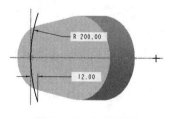

图 3-4-58 扫描截面

图 3-4-59 扫描特征

## 四、创建拔模特征 1

1）单击【工程】选项组中的【拔模】按钮，弹出【拔模】选项卡。

2）在【拔模】选项卡中单击【参考】按钮，弹出【参考】选项卡。在该选项卡中单击【拔模曲面】收集器将其激活，然后选取模型的四周曲面作为拔模曲面。

3）再单击【拔模枢轴】收集器将其激活，然后选取模型底部平面作为拔模枢轴曲面，并在选项卡中的角度文本框中输入 5。此时，系统将默认选择拔模枢轴曲面为拔模方向参考平面（拖拉方向），并接受系统默认设置。

4）单击【拔模】选项卡中的【方向】按钮，调整拔模方向。

5）单击【拔模】选项卡中的【确定】按钮，完成如图 3-4-60 所示的拔模特征的创建。

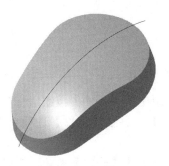

图 3-4-60　完成的拔模特征

## 五、创建辅助平面

1）单击【基准】选项组中的【轴】按钮，打开【基准轴】对话框。

2）按住 Ctrl 键分别选取 TOP 基准平面和 FRONT 基准平面，此时的【基准轴】对话框如图 3-4-61 所示。

3）单击【基准轴】对话框中的【确定】按钮，完成如图 3-4-62 所示的基准轴 A_1 的创建。

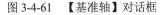

图 3-4-61　【基准轴】对话框

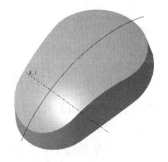

图 3-4-62　基准轴 A_1

4）单击【基准】选项组中的【平面】按钮，打开【基准平面】对话框。

5）按住 Ctrl 键选取图 3-4-62 所示模型中的 A_1 基准轴和 FRONT 基准平面，并在【旋转】文本框中输入角度值 165，此时的【基准平面】对话框如图 3-4-63 所示。

6）单击【基准平面】对话框中的【确定】按钮，完成如图 3-4-64 所示的基准平面 DTM1 的创建。

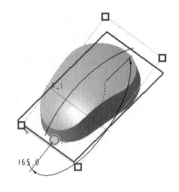

图 3-4-63　【基准平面】对话框 1　　　　　　　图 3-4-64　基准平面 DTM1

7）再次单击【基准】选项组中的【平面】按钮，打开【基准平面】对话框。

8）单击选取基准平面 DTM1，并在【偏移】选项组中的【平移】文本框中输入数值60，如图 3-4-65 所示。

9）单击【基准平面】对话框中的【确定】按钮，完成基准平面 DTM2 的创建。

10）再次单击【基准】选项组中的【平面】按钮，打开【基准平面】对话框。

11）按住 Ctrl 键选取 A_1 基准轴和 FRONT 基准平面，并在【旋转】文本框中输入角度值 15，此时的【基准平面】对话框如图 3-4-66 所示。

图 3-4-65　创建基准平面 DTM2　　　　　　　图 3-4-66　【基准平面】对话框 2

12）单击【基准平面】对话框中的【确定】按钮，完成如图 3-4-67 所示基准平面 DTM3的创建。

13）再次单击【基准】选项组中的【平面】按钮，打开【基准平面】对话框。

14）单击选取基准平面 DTM3，并在【偏移】选项组中的【平移】文本框中输入数值 70。

15）单击【基准平面】对话框中的【确定】按钮，完成如图 3-4-68 所示的基准平面DTM4 的创建。

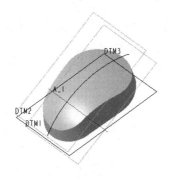

图 3-4-67 基准平面 DTM3

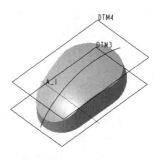

图 3-4-68 基准平面 DTM4

## 六、混合切剪

1）单击【形状】下拉按钮，在弹出的【形状】下拉列表中选择【混合】选项，弹出【混合】选项卡。

2）在【混合】选项卡中单击【移除材料】按钮。

3）在【混合】选项卡中单击下方的【截面】按钮，弹出【截面】选项卡。

4）在【截面】选项卡中单击【定义】按钮，打开【草绘】对话框。

5）选择 DTM2 面为草绘平面，其他取默认值，然后单击【草绘】按钮，进入草绘环境。在【设置】选项组中单击【草绘视图】按钮，使草绘平面与屏幕平行。

6）在草绘环境下绘制如图 3-4-69 所示的截面草图 1，完成后单击【确定】按钮退出草绘环境。

7）在【截面】选项卡中单击【插入】按钮，截面下方的文本框中增加了"截面 2"。

8）在【截面】选项卡右下侧的【截面 1】文本框中输入数值 35，再单击下方的【草绘】按钮，进入草绘环境。

9）在【设置】选项组中单击【草绘视图】按钮，使草绘平面与屏幕平行。然后，在草绘环境下绘制如图 3-4-70 所示的截面草图 2，完成后单击【确定】按钮退出草绘环境。

10）在【混合】选项卡中单击【确定】按钮，完成如图 3-4-71 所示的混合模型的创建。

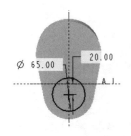

图 3-4-69 截面草图 1

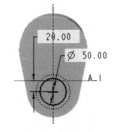

图 3-4-70 截面草图 2

图 3-4-71 混合模型 1

11）单击【形状】下拉按钮，在弹出的【形状】下拉列表中选择【混合】选项，弹出【混合】选项卡。

12）在【混合】选项卡中单击【移除材料】按钮。

13）在【混合】选项卡中单击下方的【截面】按钮，弹出【截面】选项卡。

14）在【截面】选项卡中单击【定义】按钮，打开【草绘】对话框。

15）选择 DTM4 面为草绘平面，其他取默认值，然后单击【草绘】按钮，进入草绘环境。在【设置】选项组中单击【草绘视图】按钮，使草绘平面与屏幕平行。

16）在草绘环境下绘制如图 3-4-72 所示的截面草图 3，完成后单击【确定】按钮退出草绘环境。

17）在【截面】选项卡中单击【插入】按钮，截面下方的文本框中增加了"截面 2"。

18）在【截面】选项卡右下侧的【截面 1】文本框中输入数值 35，再单击下方的【草绘】按钮，进入草绘环境。

19）在【设置】选项组中单击【草绘视图】按钮，使草绘平面与屏幕平行。然后，在草绘环境下绘制如图 3-4-73 所示的截面草图 4，完成后单击【确定】按钮退出草绘环境。

20）在【混合】选项卡中单击【确定】按钮，完成如图 3-4-74 所示混合模型的创建。

图 3-4-72　截面草图 3

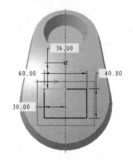
图 3-4-73　截面草图 4

图 3-4-74　混合模型 2

## 七、创建倒圆角特征

1）单击【工程】选项组中的【倒圆角】按钮。

2）在弹出的【倒圆角】选项卡的文本框中输入圆角半径 5，再在如图 3-4-74 所示的模型上选取要倒圆角的边线，此时模型的显示状态如图 3-4-75 所示。

3）在【倒圆角】选项卡中单击【预览】按钮，观察所创建的特征效果。

4）在【倒圆角】选项卡中单击【确定】按钮，完成如图 3-4-76 所示的倒圆角特征的创建。

图 3-4-75　选取倒圆角边线

图 3-4-76　倒圆角特征

## 八、创建壳特征

1）单击【工程】中的【壳】按钮，弹出【壳】选项卡，并在信息区提示"选取要从零件删除的曲面"。

2）单击在零件上选取模型的底面。

3）在【壳】选项卡的【厚度】文本框中，输入抽壳的壁厚值3。

4）在【壳】选项卡中单击【确定】按钮，完成如图3-4-77所示的壳特征的创建。

图3-4-77　壳特征

## 九、创建拉伸特征2

1）单击【基准】选项组中的【平面】按钮，打开【基准平面】对话框。

2）单击选取基准平面TOP，并在【偏移】选项组中的【平移】文本框中输入数值5，如图3-4-78所示。

图3-4-78　创建基准平面DTM5

3）单击【基准平面】对话框中的【确定】按钮，完成基准平面DTM5的创建。

4）单击【基准】选项组中的【拉伸】按钮，在弹出的【拉伸】选项卡中单击【实体类型】按钮（默认选项）。

5）直接右击绘图区，在弹出的快捷菜单中选择【定义内部草绘】选项，打开【草绘】对话框。

6）选取 DTM5 基准平面为草绘平面，使用系统中默认的方向为草绘视图方向。选取 RIGHT 基准平面为参考平面，方向为【上】。单击对话框中的【草绘】按钮，进入草绘环境。在【设置】选项组中单击【草绘视图】按钮，使草绘平面与屏幕平行。

7）在草绘环境下绘制如图 3-4-79 所示的截面草图，完成后单击【确定】按钮退出草绘环境。

8）在【拉伸】选项卡中单击【拉伸至下一曲面】按钮，再单击【拉伸】选项卡中的【预览】按钮，观察所创建的特征效果。最后在【拉伸】选项卡中单击【确定】按钮，完成如图 3-4-80 所示的拉伸特征的创建。

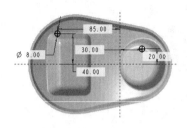

图 3-4-79　截面草图 　　　　　　　　　　　　图 3-4-80　拉伸特征

### 十、创建拔模特征 2

1）单击【基准】选项组中的【拔模】按钮，弹出【拔模】选项卡。

2）在【拔模】选项卡中单击【参考】按钮，弹出【参考】选项卡。在该选项卡中单击【拔模曲面】收集器将其激活，然后选取刚创建的两个圆柱曲面作为拔模曲面。

3）再单击【拔模枢轴】收集器将其激活，然后选取 TOP 基准平面作为拔模枢轴曲面，并在选项卡中的角度文本框中输入 3。此时，系统将默认选择拔模枢轴曲面为拔模方向参考平面（拖拉方向），并接受系统默认设置。

4）单击【拔模】选项卡中的两个【方向】按钮，调整拔模方向。

图 3-4-81　完成的拔模特征

5）单击【拔模】选项卡中的【确定】按钮，完成如图 3-4-81 所示的拔模特征的创建。

### 十一、镜像特征

1）在模型中选取刚创建的两个圆柱特征，然后单击【编辑】选项组中的【镜像】按钮，弹出【镜像】选项卡。

2）选取 RIGHT 基准平面作为镜像平面，然后单击【确定】按钮，完成如图 3-4-82 所示的镜像特征。

### 十二、创建基准平面

1）单击【基准】选项组中的【平面】按钮，打开【基准平面】对话框。

图 3-4-82　镜像特征

2）单击选取基准平面 DTM5，并在【偏移】选项组中的【平移】文本框中输入数值 5，如图 3-4-83 所示。

3）单击【基准平面】对话框中的【确定】按钮，完成基准平面 DTM6 的创建。

4）再次单击【基准】选项组中的【平面】按钮，打开【基准平面】对话框。

5）按住 Ctrl 键选取小圆柱的 A_4 基准轴和 FRONT 基准平面，并选择约束类型为【平行】和【穿过】，此时的【基准平面】对话框如图 3-4-84 所示。

图 3-4-83　创建基准平面 DTM6　　　　　图 3-4-84　【基准平面】对话框 3

6）单击【基准平面】对话框中的【确定】按钮，完成如图 3-4-85 所示的基准平面 DTM7 的创建。

7）再次单击【基准】选项组中的【平面】按钮，打开【基准平面】对话框。

8）按住 Ctrl 键选取小圆柱的 A_5 基准轴和 FRONT 基准平面，并选择约束类型为【平行】和【穿过】。

9）单击【基准平面】对话框中的【确定】按钮，完成如图 3-4-86 所示的基准平面 DTM8 的创建。

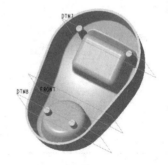

图 3-4-85　基准平面 DTM7　　　　　　　图 3-4-86　基准平面 DTM8

## 十三、创建轨迹筋

1）单击【工程】选项组中的【轨迹筋】按钮，弹出【轨迹筋】选项卡。

2）在图形区右击，然后在弹出的快捷菜单中选择【草绘】选项，打开【草绘】对话框。

3）选择 DTM6 基准平面为草绘平面，RIGHT 基准平面为参考平面，方向为【上】。单击对话框中的【草绘】按钮，进入草绘环境，并绘制如图 3-4-87 所示的草绘截面，完成后单击【确定】按钮退出草绘环境。

4）在【轨迹筋】选项卡的宽度文本框中输入参数值 3，同时在图形中单击粉红色箭头使筋板可见。

5）在【轨迹筋】选项卡中单击【确定】按钮，完成如图 3-4-88 所示的轨迹筋的创建。

6）在模型中选取刚创建的轨迹筋特征，然后单击【编辑】选项组中的【镜像】按钮，弹出【镜像】选项卡。

7）选取 RIGHT 基准平面作为镜像平面，然后单击【镜像】选项卡中的【确定】按钮，完成如图 3-4-89 所示的镜像特征的创建。

图 3-4-87　草绘截面　　　　　图 3-4-88　完成的轨迹筋　　　　　图 3-4-89　镜像的轨迹筋

## 十四、设置外观

1）单击【视图】选项卡【外观】选项组中的【外观】按钮，打开【外观库】对话框。

2）在【外观库】对话框中选择准备添加的颜色缩略图，此时鼠标指针将变为画笔的形状并打开【选择】对话框。

3）在模型上右击，在弹出的快捷菜单中选择【从列表中选取】选项，然后在打开的【从列表中选取】对话框中选择 dian_qi_di_zuo.prt 模型文件，再单击【选择】对话框中的【确定】按钮。此时的模型如图 3-4-90 所示。

4）单击工具栏中的【保存】按钮，打开【保存对象】对话框，使用默认名称并单击【确定】按钮完成文件的保存。

图 3-4-90　电器底座模型

## 任务评价

本任务的任务评价表如表 3-4-2 所示。

表 3-4-2　任务评价表

| 序号 | 评价内容 | 评价标准 | 评价结果（是/否） |
|---|---|---|---|
| 1 | 知识与技能 | 能创建混合特征 | □是　□否 |
| | | 能创建筋特征 | □是　□否 |
| | | 能创建镜像特征 | □是　□否 |
| | | 能完成特征的编辑 | □是　□否 |
| | | 能重定义特征 | □是　□否 |
| 2 | 职业素养 | 具有专注的工作态度 | □是　□否 |
| | | 具有规则意识 | □是　□否 |
| 3 | 总评 | "是"与"否"在本次评价中所占的百分比 | "是"占__% <br> "否"占__% |

### 任务巩固

在 Creo 9.0 软件的零件模块中完成如图 3-4-91 和图 3-4-92 所示零件模型的创建。

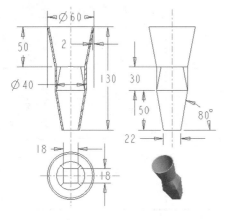

图 3-4-91　零件模型 1

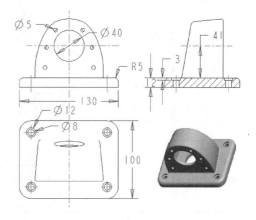

图 3-4-92　零件模型 2

# 工作任务 五　轮罩模型的建模

### 任务目标

1）掌握特征复制的操作方法。

2）掌握阵列特征的创建方法。

3）掌握成组特征的创建方法。

### 任务描述

在 Creo 9.0 软件的零件模块中完成如图 3-5-1 所示轮罩模型的创建。

图 3-5-1　轮罩模型

### 任务分析

该轮罩模型为盘形规则零件，外表面上有均匀分布的狭长形格栅，内有锥形的防护罩。该模型的创建需要综合运用旋转、拉伸、成组、阵列等多种成形方法。如表 3-5-1 所示为轮罩模型的创建思路。

表 3-5-1　轮罩模型的创建思路

| 步骤名称 | 应用功能 | 示意图 | 步骤名称 | 应用功能 | 示意图 |
|---|---|---|---|---|---|
| 1）旋转基本体 | 【旋转】命令 | | 4）创建通孔 | 【草绘】命令、【拉伸】命令、【倒圆角】命令、【阵列】命令 | |
| 2）创建格栅 | 【草绘】命令、【拉伸】命令、【阵列】命令 | | 5）创建内部结构 | 【拉伸】命令、【阵列】命令 | |
| 3）创建顶部 | 【草绘】命令、【旋转】命令 | | | | |

### 知识准备

### 一、特征的复制

　　特征的复制命令用于创建一个或多个特征的副本。Creo 9.0 软件的特征复制包括镜像复制、平移复制、旋转复制和新参考复制。

#### 1. 镜像复制

视频：镜像复制特征

　　特征的镜像复制就是将源特征相对于一个平面（这个平面称为镜像中心平面）进行镜像，从而得到源特征的一个副本。现以具体实例说明其操作过程。

　　1）将工作目录设置至 Creo9.0\work\original\ch3\ch3.5，打开如图 3-5-2 所示的模型文件 copy.prt。

　　2）在图形区中选取要镜像复制的圆柱体拉伸特征。

　　3）在【模型】选项卡中单击【编辑】选项组中的【镜像】按钮，弹出【镜像】选项卡，并在信息区提示"选择一个平面或目的基准平面作为镜像平面"。

　　4）选取 FRONT 基准平面为镜像平面。

　　5）在【镜像】选项卡中单击【确定】按钮，完成如图 3-5-3 所示的镜像特征。最后，保存文件为 copy_jing_xiang.prt。

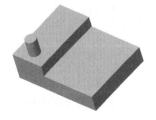

图 3-5-2　copy 模型

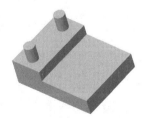

图 3-5-3　镜像后的特征

2. 平移复制

1）将工作目录设置至 Creo9.0\work\original\ch3\ch3.5，打开文件 copy.prt。

2）在图形区中选取要镜像复制的圆柱体拉伸特征。

3）在【模型】选项卡中单击【操作】选项组中的【复制】按钮。

视频：平移复制特征

4）单击【粘贴】下拉按钮，在弹出的下拉列表中选择【选择性粘贴】选项，打开如图 3-5-4 所示的【选择性粘贴】对话框。

图 3-5-4　【选择性粘贴】对话框

5）在【选择性粘贴】对话框中选中【从属副本】和【对副本应用移动/旋转变换】复选框。然后单击【确定】按钮，弹出如图 3-5-5 所示的【移动（复制）】选项卡。

图 3-5-5　【移动（复制）】选项卡

6）单击【移动（复制）】选项卡中的【平移】按钮，选取 FRONT 基准平面为方向参考面，再在选项卡的文本框中输入平移的距离值 30，此时的模型如图 3-5-6 所示。

7）在【移动（复制）】选项卡中单击【确定】按钮，完成如图 3-5-7 所示的模型的创建。最后，保存文件为 copy_ ping_ yi.prt。

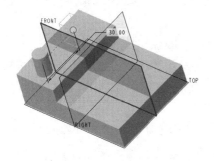

图 3-5-6　设置平移参数

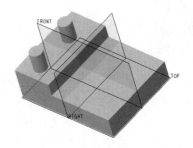

图 3-5-7　平移复制特征

3. 旋转复制

1）将工作目录设置至 Creo9.0\work\original\ch3\ch3.5，打开文件 copy.prt。

2）在图形区中选取要镜像复制的圆柱体拉伸特征。

3）在【模型】选项卡中单击【操作】选项组中的【复制】按钮。

4）单击【粘贴】下拉按钮，在弹出的下拉列表中选择【选择性粘贴】选项，打开【选择性粘贴】对话框。

5）在【选择性粘贴】对话框中选中【从属副本】和【对副本应用移动/旋转变换】复选框，然后单击【确定】按钮，弹出【移动（复制）】选项卡。

6）单击【移动（复制）】选项卡中的【旋转】按钮，选取模型的左侧边线为方向参考，再在选项卡的文本框中输入旋转的角度值 40，此时的模型如图 3-5-8 所示。

7）在【移动（复制）】选项卡中单击【确定】按钮，完成如图 3-5-9 所示的模型的创建。最后，保存文件为 copy_xuan_zhuan.prt。

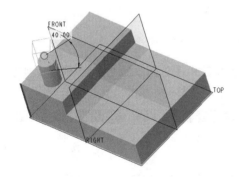

图 3-5-8　设置旋转参数

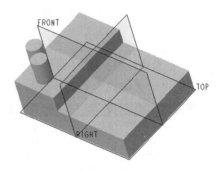

图 3-5-9　旋转复制特征

4. 新参考复制

使用新参考复制工具可以替换所复制的源特征的所有参考，如草图平面、几何约束参考、尺寸标注参考等。

1）将工作目录设置至 Creo9.0\work\original\ch3\ch3.5，打开模型文件 copy.prt。

2）在图形区中选取要镜像复制的圆柱体拉伸特征。

3）在【模型】选项卡中单击【操作】选项组中的【复制】按钮。

4）单击【粘贴】下拉按钮，在弹出的下拉列表中选择【选择性粘贴】选项，打开【选择性粘贴】对话框。

5）在【选择性粘贴】对话框中选中【从属副本】和【高级参考配置】复选框，然后单击【确定】按钮，打开如图 3-5-10 所示的【高级参考配置】对话框。

图 3-5-10 【高级参考配置】对话框

6）单击【高级参考配置】对话框的【原始特征的参考】选项组中的【曲面:F6(拉伸_2)】选项，系统提示"选择与突出显示的原始参考对应的参考"。单击选取模型右下方的顶面为替换参考，此时的模型如图 3-5-11 所示。

7）重复步骤 6）分别替换其他 3 个原始特征的参考，最后在【高级参考配置】对话框中单击【确定】按钮，完成如图 3-5-12 所示的模型的创建。

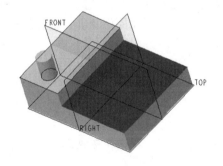

图 3-5-11 替换原始特征

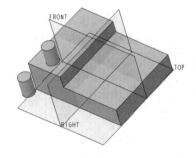

图 3-5-12 新参考复制特征

8）选择【文件】→【另存为】→【保存副本】选项，打开【保存副本】对话框，在【文件名】文本框中输入 copy_xin_can.prt，然后单击【确定】按钮完成文件的保存。

## 二、特征的阵列

在特征建模中，有时需要在模型上创建多个相同结构的特征，而这些特征在模型特定位置上规则、整齐地排列，这时可以使用特征阵列的方法来实现。特征的阵列命令用于创建一个特征的多个副本，阵列的副本称为实例。

在零件模型中选中要阵列的一个特征，再在【模型】选项卡中单击【编辑】选项组中的【阵列】按钮，弹出如图 3-5-13 所示的【阵列】选项卡。

图 3-5-13　【阵列】选项卡

阵列方法形式多样，根据设计参考及操作过程的不同，Creo 9.0 软件提供了尺寸、方向、轴、填充、表、参考和曲线等 7 种阵列类型，其含义如下。

1）尺寸：选择原始特征参考尺寸作为特征阵列驱动尺寸，制定阵列尺寸增量来创建阵列特征，根据需要创建一维阵列和二维阵列。

2）方向：通过选取平面、直边、坐标系或轴作为指定方向参考来创建线性阵列。

3）轴：通过选取基准轴来定义阵列中心，创建旋转阵列或螺旋阵列。

4）填充：将实例特征添加到草绘区域来创建特征阵列。

5）表：通过使用阵列表，在阵列表中为每一阵列实例指定尺寸值来创建阵列。

视频：单方向阵列

6）参考：通过参考已有的阵列特征创建一个阵列。

7）曲线：通过指定阵列的数量及间距来沿着草绘曲线创建阵列。

**1. 尺寸阵列**

尺寸阵列是最常用的特征阵列方法，这种阵列方法主要选取特征上的尺寸作为阵列设计的基本参数。在创建尺寸阵列之前，需要创建基础实体特征及原始特征。根据选择尺寸的类型可分为线性阵列和角度阵列。而线性阵列又可分为单方向阵列、斜一字形阵列和双方向阵列。

（1）单方向阵列

1）将工作目录设置至 Creo9.0\work\original\ch3\ch3.5，打开如图 3-5-14 所示的模型文件 pattern.prt。

2）单击左侧的小长方体特征，再单击【阵列】按钮，弹出【阵列】选项卡，并显示小长方体特征的所有相关尺寸，如图 3-5-15 所示。

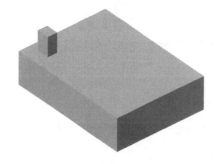

图 3-5-14　pattern 模型

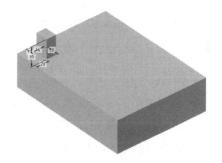

图 3-5-15　显示相关尺寸

3）单击选项卡下方的【尺寸】按钮，弹出【尺寸】选项卡，在【方向1】列表框中选择尺寸 15，更改【增量】为 40，如图 3-5-16 所示。

4）在选项卡中的【第一方向】后的文本框中输入阵列数目 4，单击【确定】按钮，得到如图 3-5-17 所示的单方向阵列特征。

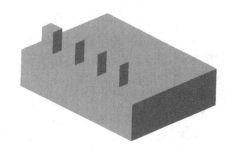

图 3-5-16　单方向尺寸设置　　　　图 3-5-17　单方向阵列特征

5）选择【文件】→【另存为】→【保存副本】选项，打开【保存副本】对话框，在【文件名】文本框中输入 pattern_dan_xiang.prt，然后单击【确定】按钮完成文件的保存。

（2）斜一字形阵列

如果在阵列时，选择两个线性尺寸为同一方向参考，则可以创建斜一字形阵列特征。

1）将工作目录设置至 Creo9.0\work\original\ch3\ch3.5，打开如图 3-5-14 所示的模型文件 pattern.prt。

2）单击左侧的小长方体特征，再单击【阵列】按钮，弹出【阵列】选项卡，并显示小长方体特征的所有相关尺寸。

视频：斜一字形阵列

3）单击选项卡下方的【尺寸】按钮，在弹出的【尺寸】选项卡中单击【选择项】选项，再在【方向1】列表框中选择尺寸 15，更改【增量】为 40。然后，按住 Ctrl 键，再选择尺寸 20，更改【增量】为 30，得到如图 3-5-18 所示的尺寸设置。

4）在选项卡中的【第一方向】后的文本框中输入阵列数目 4，然后单击【确定】按钮，得到如图 3-5-19 所示的斜一字形阵列特征。

5）选择【文件】→【另存为】→【保存副本】选项，打开【保存副本】对话框，在【文件名】文本框中输入 pattern_xie_xiang.prt，然后单击【确定】按钮完成文件的保存。

图 3-5-18　斜一字形尺寸设置

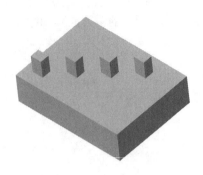

图 3-5-19　斜一字形阵列特征

（3）双方向阵列

如果在阵列时，分别选择两个线性尺寸为方向参考，则可以创建双方向的阵列特征。

1）将工作目录设置至 Creo9.0\work\original\ch3\ch3.5，打开如图 3-5-14 所示的模型文件 pattern.prt。

视频：双方向阵列

2）单击左侧的小长方体特征，再单击【阵列】按钮，弹出【阵列】选项卡，并显示小长方体特征的所有相关尺寸。

3）单击选项卡下方的【尺寸】按钮，在弹出的【尺寸】选项卡中单击【选择项】选项，再在【方向 1】列表框中选择尺寸 15，更改【增量】为 40。在选项卡中的【第一方向】后的文本框中输入阵列数目 4。

4）在【方向 2】列表框中选择尺寸 20，更改【增量】为 30，得到如图 3-5-20 所示的尺寸设置。在选项卡中的【2】文本框中输入阵列数目 3，单击【确定】按钮，得到如图 3-5-21 所示的双方向阵列特征。

图 3-5-20　双方向尺寸设置

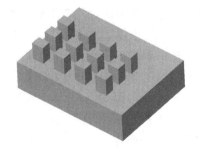

图 3-5-21　双方向阵列结果

5）选择【文件】→【另存为】→【保存副本】选项，打开【保存副本】对话框，在【文件名】文本框中输入 pattern_shuang_xiang.prt，然后单击【确定】按钮完成文件的保存。

注意：可以同时选取多个尺寸作为某一方向的阵列参考，如果所选的尺寸为定形尺寸，那么还可以实现尺寸变化的阵列。

（4）角度阵列

在尺寸阵列时，如果选择的尺寸参考是一个角度尺寸，则可以实现圆周阵列。

视频：角度阵列

1）将工作目录设置至 Creo9.0\work\original\ch3\ch3.5，打开如图 3-5-22 所示的模型文件 pattern_jiaodu.prt。

图 3-5-22　pattern_jiaodu 模型

2）单击小圆柱孔特征，再单击【阵列】按钮，弹出【阵列】选项卡，并显示小圆柱孔特征的所有相关尺寸。

3）单击选项卡中的【尺寸】按钮，在弹出的【尺寸】选项卡中单击【选择项】选项，再在【方向 1】列表框中选择角度尺寸 30，更改【增量】为 60，得到如图 3-5-23 所示的尺寸设置。

4）在选项卡中的【第一方向】后的文本框中输入阵列数目 6，然后单击【确定】按钮，得到如图 3-5-24 所示的角度阵列特征。

图 3-5-23　角度阵列尺寸设置

图 3-5-24　角度阵列特征

5）选择【文件】→【另存为】→【保存副本】选项，打开【保存副本】对话框，在【文件名】文本框中输入 pattern_jiaodu1.prt，然后单击【确定】按钮完成文件的保存。

2. 方向阵列

方向阵列是指在阵列时选择模型边线或面，用边线指向阵列的方向，或使用面的法线方向作为阵列的方向参考。

1）将工作目录设置至 Creo9.0\work\original\ch3\ch3.5，打开如图 3-5-25 所示的模型文件 pattern.prt。

2）单击左侧的小长方体特征，再单击【阵列】按钮，弹出【阵列】选项卡，并显示小长方体特征的所有相关尺寸。

3）把阵列的方式由默认的【尺寸】更改为【方向】，此时在绘图区的原始特征自动隐藏。选择长方体的一条长边作为方向参考，设定该方向的阵列数量为 4，间距为 30，如图 3-5-26 所示。

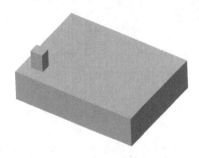

图 3-5-25　pattern 模型

图 3-5-26　第一方向的阵列数目和间距

4）单击【阵列】选项卡中的【第二方向】后文本框，待其变为淡粉红色（本书为黑白印刷，在配图中无法区分颜色，请在软件操作过程区分颜色，下同）后选择长方体的另一边作为第二方向参考，设定该方向上的阵列数目为 2，间距为 50，如图 3-5-27 所示。

5）在选项卡中单击【确定】按钮，得到如图 3-5-28 所示的方向阵列特征。

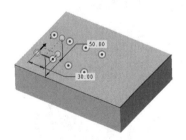

图 3-5-27　第二方向的阵列数目和间距

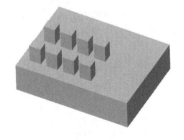

图 3-5-28　方向阵列特征

6）选择【文件】→【另存为】→【保存副本】选项，打开【保存副本】对话框，在【文件名】文本框中输入 pattern_fang_xiang.prt，然后单击【确定】按钮完成文件的保存。

3. 轴阵列

轴阵列是通过围绕一个选定的旋转轴（基准轴）来创建特征副本的特殊阵列方式。设计中首先选取一个旋转轴线作为参考，然后围绕该旋转轴线创建特征阵列。使用轴阵列方式既可以创建旋转阵列，又可以创建螺旋阵列。

（1）旋转阵列

1）将工作目录设置至 Creo9.0\work\original\ch3\ch3.5，打开
图 3-5-29 所示的模型文件 pattern_xuanzhuan.prt。

视频：轴阵列（旋转阵列）

2）单击小圆柱孔特征，再单击【阵列】按钮，弹出【阵列】
选项卡，并显示小圆柱孔特征的所有相关尺寸。

3）把阵列的方式由默认的【尺寸】更改为【轴】，此时在绘
图区的原始特征自动隐藏。单击【轴显示】按钮，确保基准轴线在绘图区显示。选择轴 A_1
为参考，设定阵列数目为 8，角度为 45，此时的模型如图 3-5-30 所示。

4）单击【确定】按钮，得到如图 3-5-31 所示的旋转阵列结果。

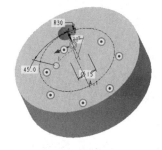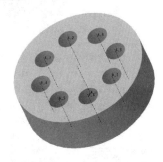

图 3-5-29　pattern_xuanzhuan 模型　　图 3-5-30　阵列的数目和角度　　图 3-5-31　旋转阵列结果

5）选择【文件】→【另存为】→【保存副本】选项，打开【保存副本】对话框，在【文
件名】文本框中输入 pattern_xuanzhuan1.prt，然后单击【确定】按钮完成文件的保存。

（2）螺旋阵列

1）将工作目录设置至 Creo9.0\work\original\ch3\ch3.5，打开如图 3-5-32 所
示的模型文件 pattern_luoxuan.prt。

视频：螺旋阵列

2）单击小长方体特征，再单击【阵列】按钮，弹出【阵列】选项卡，
并显示如图 3-5-33 所示的小长方体特征的所有相关尺寸。

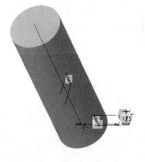

图 3-5-32　pattern_luoxuan 模型　　　　图 3-5-33　显示相关尺寸

3）把阵列的方式由默认的【尺寸】更改为【轴】，此时在绘图区的原始特征自动隐藏。
单击【轴显示】按钮，确保基准轴线在绘图区显示。选择轴 A_1 为参考，设定阵列数目为
6，角度为 60。

4）单击选项卡中的【尺寸】按钮，弹出【尺寸】选项卡，单击【方向 1】列表框中的

【选取项目】选项，选择辅助基准平面 DTM1 到底平面 TOP 的间距 6 作为参考尺寸，设定尺寸增量为 10，此时的模型如图 3-5-34 所示。

5）在选项卡中单击【确定】按钮，得到如图 3-5-35 所示的螺旋阵列结果。

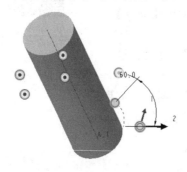
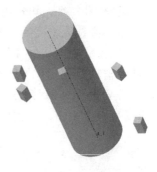

图 3-5-34　阵列参数设定　　　　　　　　　图 3-5-35　螺旋阵列结果

6）选择【文件】→【另存为】→【保存副本】选项，打开【保存副本】对话框，在【文件名】文本框中输入 pattern_luoxuan1.prt，然后单击【确定】按钮完成文件的保存。

### 4. 填充阵列

视频：填充阵列

填充阵列是一种操作更加简便、实现方式更加多样化的阵列特征方法。填充阵列可以有多种分布形式，用户可以从几个栅格模板中选取模板，如正方形、菱形、三角形和圆形等。

1）将工作目录设置至 Creo9.0\work\original\ch3\ch3.5，打开如图 3-5-36 所示的模型文件 pattern_tianchong.prt。

2）在导航树中选择凸台特征，再单击【阵列】按钮，弹出【阵列】选项卡，并显示相关尺寸。

3）把阵列的方式由默认的【尺寸】更改为【填充】，此时在绘图区的原始特征自动隐藏。

4）单击选项卡下方的【参考】按钮，弹出【参考】选项卡，按照与创建实体特征类似的方法设置草绘平面后绘制填充区域，如图 3-5-37 所示，然后单击【确定】按钮，退出草绘环境。

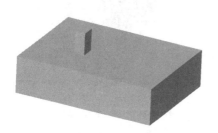
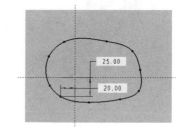

图 3-5-36　pattern_tianchong 模型　　　　　图 3-5-37　绘制填充区域

5）单击选项卡中的【栅格阵列】下拉按钮，在弹出的下拉列表中选择【曲线】选项，再在【间距】文本框中输入 20，此时的图形如图 3-5-38 所示。

6）在选项卡中单击【确定】按钮，得到如图 3-5-39 所示的填充阵列结果。

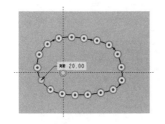

图 3-5-38　曲线填充形式及间距

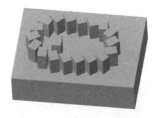

图 3-5-39　填充阵列结果

7）选择【文件】→【另存为】→【保存副本】选项，打开【保存副本】对话框，在【文件名】文本框中输入 pattern_tianchong1.prt，然后单击【确定】按钮完成文件的保存。

5．表阵列

表阵列是一种相对比较自由的阵列方式，常用于创建布置不太规则的特征阵列。在创建表阵列之前，首先收集特征的参数创建阵列表，其次使用文本编辑的方式编辑阵列表，为每个阵列实例特征确定尺寸参数，最后使用这些参数创建表阵列特征。

视频：表阵列

1）将工作目录设置至 Creo9.0\work\original\ch3\ch3.5，打开如图 3-5-40 所示的模型文件 pattern_biao.prt。

图 3-5-40　pattern_biao 模型

2）选择孔特征，单击【阵列】按钮，弹出【阵列】选项卡，并显示相关尺寸。

3）把阵列的方式由默认的【尺寸】更改为【表】，此时选项卡中的内容如图 3-5-41 所示。

图 3-5-41　表【阵列】选项卡

4）单击选项卡下方的【表尺寸】按钮，弹出【表尺寸】选项卡，再单击【选择项】选项，然后按住 Ctrl 键选择孔相关尺寸，如图 3-5-42 所示。

5）单击选项卡右侧的【编辑】按钮编辑阵列表，创建表阵列，如图 3-5-43 所示。

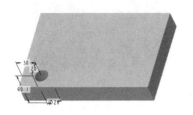

图 3-5-42　选择相关尺寸

图 3-5-43　编辑前的阵列表

6）在其中输入如图 3-5-44 所示的参数值，选择【文件】→【保存】选项，然后选择【文件】→【退出】选项。

7）单击【确定】按钮，得到如图 3-5-45 所示的表阵列结果。

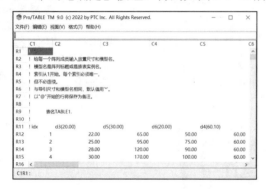

图 3-5-44　编辑后的阵列表

图 3-5-45　表阵列结果

8）选择【文件】→【另存为】→【保存副本】选项，打开【保存副本】对话框，在【文件名】文本框中输入 pattern_biao1.prt，然后单击【确定】按钮完成文件的保存。

视频：参考阵列

6. 参考阵列

通过阵列操作可以在原始特征和各阵列特征之间建立【父子】关系。在创建一个特征阵列之后，如果在原始特征之上继续添加新特征并希望在各阵列特征上也添加相同的特征，则可以使用参考阵列。使用参考阵列能够在已经由阵列特征建立了父子关系的一组特征之间继续创建新的阵列特征。

1）将工作目录设置至 Creo9.0\work\original\ch3\ch3.5，打开如图 3-5-46 所示的模型文件 pattern_canzhao.prt。

2）选择孔口的倒角特征，再单击【阵列】按钮，弹出【阵列】选项卡，并显示相关尺寸。

3）阵列的方式默认为【参考】，单击【确定】按钮，得到如图 3-5-47 所示的参考阵列结果。所有的孔口都添加了倒角。

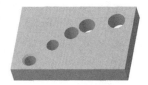

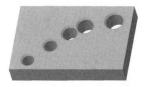

图 3-5-46　pattern_canzhao 模型　　　　图 3-5-47　参考阵列结果

4）选择【文件】→【另存为】→【保存副本】选项，打开【保存副本】对话框，在【文件名】文本框中输入 pattern_canzhao1.prt，然后单击【确定】按钮完成文件的保存。

7．曲线阵列

曲线阵列是通过一条曲线阵列各特征，从而可以制作出更加复杂的机械造型，如链条等模型。

1）将工作目录设置至 Creo9.0\work\original\ch3\ch3.5，打开如图 3-5-48 所示的模型文件 pattern_quanxian.prt。

视频：曲线阵列

2）选择圆球，再单击【阵列】按钮，弹出【阵列】选项卡，并显示相关尺寸。

3）把阵列的方式由默认的【尺寸】更改为【曲线】，此时在绘图区的原始特征自动隐藏。

4）在绘图区选取事先创建好的曲线，在选项卡的【间距】文本框中输入间距数值 12。单击【确定】按钮，得到如图 3-5-49 所示的曲线阵列结果。

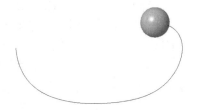

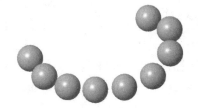

图 3-5-48　pattern_quanxian 模型　　　　图 3-5-49　曲线阵列结果

5）选择【文件】→【另存为】→【保存副本】选项，打开【保存副本】对话框，在【文件名】文本框中输入 pattern_quanxian1.prt，然后单击【确定】按钮完成文件的保存。

## 三、特征成组

为了便于后续操作，可在导航树中将创建的多个特征组成一个组。具体操作如下。

1）按住 Ctrl 键，在如图 3-5-50 所示的导航树中选取阵列 1/拉伸 1、草绘 2、旋转 2、草绘 3 等特征。

2）右击，在弹出的快捷菜单中依次选择【分组】选项，此时所选取的特征合并为如图 3-5-51 所示的【组 LOCAL_GROUP_5】。

图 3-5-50　导航树

图 3-5-51　特征成组

## 任务实施

### 一、设置工作目录并新建文件

1）将工作目录设置至 Creo9.0\work\original\ch3\ch3.5。

视频：轮罩

2）单击工具栏中的【新建】按钮，在打开的【新建】对话框中选中【类型】选项组中的【零件】单选按钮，选中【子类型】选项组中的【实体】单选按钮；取消选中【使用默认模板】复选框以取消使用默认模板，在【名称】文本框中输入文件名 lun_zhao。然后单击【确定】按钮，打开【新文件选项】对话框，选择【mmns_part_solid_abs】模板，单击【确定】按钮，进入零件的创建环境。

### 二、创建旋转特征 1

1）在【模型】选项卡中单击【形状】选项组中的【旋转】按钮，弹出【旋转】选项卡。

2）单击【实体类型】按钮（默认选项）。

3）在【旋转】选项卡中单击【放置】按钮，然后在弹出的【放置】选项卡中单击【定义】按钮，打开【草绘】对话框。

4）选取 FRONT 基准平面为草绘平面，使用模型中默认的方向为草绘视图方向。选取 RIGHT 基准平面为参考平面，方向为【右】。单击对话框中的【草绘】按钮，进入草绘环境。

5）在草绘环境下绘制如图 3-5-52 所示的截面草图和旋转中心线，完成后单击【确定】按钮退出草绘环境。

6）在【旋转】选项卡中单击【从草绘平面以指定的角度值旋转】按钮，再在角度文本框中输入角度值 360。

7）单击【预览】按钮，观察所创建的特征效果。

8）在【旋转】选项卡中单击【确定】按钮，完成如图 3-5-53 所示的旋转特征的创建。

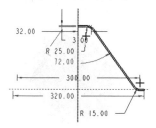

图 3-5-52　截面草图 1　　　　　　　　　　图 3-5-53　旋转特征 1

### 三、创建辅助平面 1

1）单击【基准】选项组中的【平面】按钮，打开【基准平面】对话框。

2）选取 TOP 基准平面，并在【偏移】选项组中的【平移】文本框中输入数值 150。此时的【基准平面】对话框如图 3-5-54 所示。

3）单击【基准平面】对话框中的【确定】按钮，完成如图 3-5-55 所示的基准平面 DTM1 的创建。

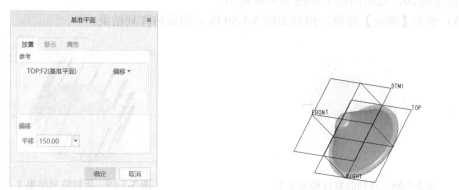

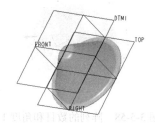

图 3-5-54　【基准平面】对话框　　　　　　图 3-5-55　基准平面 DTM1

### 四、创建拉伸特征 1

1）单击【形状】选项组中的【拉伸】按钮，弹出【拉伸】选项卡。

2）在弹出的【拉伸】选项卡中单击【实体类型】按钮（默认选项）。

3）在【拉伸】选项卡中单击【放置】按钮，然后在弹出的【放置】选项卡中单击【定义】按钮，打开【草绘】对话框。

4）选取基准平面 DTM1 为草绘平面，使用模型中默认的方向为草绘视图方向。选取 RIGHT 基准平面为参考平面，方向为【右】。单击对话框中的【草绘】按钮，进入草绘环境。

5）在草绘环境下绘制如图 3-5-56 所示的截面草图，完成后单击【确定】按钮退出草绘环境。

6）在【拉伸】选项卡中单击【拉伸至选定的点、曲线、平面或曲面】按钮，然后选取前面创建的旋转体表面。

7）在【拉伸】选项卡中单击【预览】按钮，观察所创建的特征效果。

8）在【拉伸】选项卡中单击【确定】按钮，完成如图 3-5-57 所示的拉伸特征的创建。

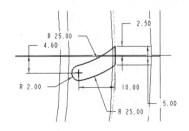

图 3-5-56　截面草图 2　　　　　　　　　　　　图 3-5-57　拉伸特征 1

## 五、创建阵列特征 1

1）单击刚创建的拉伸特征，再单击【阵列】按钮，弹出【阵列】选项卡，并显示拉伸特征的所有相关尺寸。

2）把阵列的方式由默认的【尺寸】更改为【轴】，此时在绘图区的原始特征自动隐藏。单击【轴显示】按钮，确保基准轴线在绘图区显示。选择轴 A_1 为参考，设定阵列数目为 18，角度为 20，此时的模型如图 3-5-58 所示。

3）单击【确定】按钮，得到如图 3-5-59 所示的旋转阵列结果。

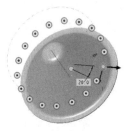

图 3-5-58　阵列的数目和角度 1　　　　　　　　图 3-5-59　旋转阵列结果 1

## 六、创建旋转特征 2

1）在【模型】选项卡中单击【形状】选项组中的【旋转】按钮，弹出【旋转】选项卡。

2）在【旋转】选项卡中单击【实体类型】按钮（默认选项）。

3）在【旋转】选项卡中单击【放置】按钮，然后在弹出的【放置】选项卡中单击【定义】按钮，打开【草绘】对话框。

4）选取 RIGHT 基准平面为草绘平面，使用模型中默认的方向为草绘视图方向。选取 TOP 基准平面为参考平面，方向为【上】。单击对话框中的【草绘】按钮，进入草绘环境。

5）在草绘环境下绘制如图 3-5-60 所示的截面草图和旋转中心线，完成后单击【确定】按钮退出草绘环境。

6）在【旋转】选项卡中单击【从草绘平面以指定的角度值旋转】按钮，再在角度文本框中输入角度值 360。

7）在【旋转】选项卡中单击【预览】按钮，观察所创建的特征效果。

8）在【旋转】选项卡中单击【确定】按钮，完成如图 3-5-61 所示的旋转特征的创建。

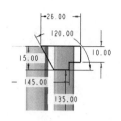

图 3-5-60 截面草图 3

图 3-5-61 旋转特征 2

## 七、创建拉伸切剪特征

1）单击【形状】选项的【拉伸】按钮，弹出【拉伸】选项卡。

2）在弹出的【拉伸】选项卡中单击【实体类型】按钮（默认选项）和【移除材料】按钮。

3）在【拉伸】选项卡中单击【放置】按钮，然后在弹出的【放置】选项卡中单击【定义】按钮，打开【草绘】对话框。

4）选取基准平面 TOP 为草绘平面，使用模型中默认的方向为草绘视图方向。选取 RIGHT 基准平面为参考平面，方向为【右】。单击对话框中的【草绘】按钮，进入草绘环境。

5）在草绘环境下绘制如图 3-5-62 所示的截面草图，完成后单击【确定】按钮退出草绘环境。

6）在【拉伸】选项卡中单击【拉伸至选定的点、曲线、平面或曲面】按钮，然后选取前面创建的旋转体表面。

7）在选项卡中单击【预览】按钮，观察所创建的特征效果。

8）在【拉伸】选项卡中单击【确定】按钮，完成如图 3-5-63 所示的拉伸切剪特征的创建。

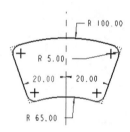

图 3-5-62 截面草图 4

图 3-5-63 拉伸切剪特征

## 八、创建倒圆角特征

1）单击【工程】选项组中的【倒圆角】按钮，弹出【倒圆角】选项卡。

2）在【倒圆角】选项卡的文本框中输入圆角半径 1，再在图 3-5-63 中的模型上选取要倒圆角的 4 条边线，此时的模型如图 3-5-64 所示。

3）在【倒圆角】选项卡中单击【预览】按钮，观察所创建的特征效果。

4）在【倒圆角】选项卡中单击【确定】按钮，完成如图 3-5-65 所示的倒圆角特征的创建。

图 3-5-64　选取倒圆角边线

图 3-5-65　倒圆角特征

## 九、成组操作

1）按住 Ctrl 键，在导航树中选取拉伸 2、倒圆角 1 特征。

2）右击，在弹出的快捷菜单中选择【分组】→【组】选项，此时所选取的特征合并为如图 3-5-66 所示的【组 LOCAL_GROUP】。

## 十、创建阵列特征 2

1）单击刚创建的成组特征，再单击【阵列】按钮，弹出【阵列】选项卡，并显示拉伸特征的所有相关尺寸。

2）把阵列的方式由默认的【尺寸】更改为【轴】，此时在绘图区的原始特征自动隐藏。单击【轴显示】按钮，确保基准轴线在绘图区显示。选择轴 A_1 为参考，设定阵列数目为 5，角度为 72，此时的模型如图 3-5-67 所示。

3）单击【确定】按钮，得到如图 3-5-68 所示的旋转阵列结果。

图 3-5-66　特征成组

图 3-5-67　阵列的数目和角度 2

图 3-5-68　旋转阵列结果 2

## 十一、创建辅助平面 2

1）单击【基准】选项组中的【平面】按钮，打开【基准平面】对话框。

2）选取 DTM1 基准平面，并在【偏移】选项组中的【平移】文本框中输入数值 30，此时的【基准平面】对话框如图 3-5-69 所示。

3）单击【基准平面】对话框中的【确定】按钮，完成如图 3-5-70 所示的基准平面 DTM2 的创建。

图 3-5-69　【基准平面】对话框

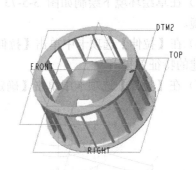

图 3-5-70　基准平面 DTM2

## 十二、创建拉伸特征 2

1）单击【形状】选项组中的【拉伸】按钮，弹出【拉伸】选项卡。

2）在弹出的【拉伸】选项卡中单击【实体类型】按钮（默认选项）。

3）在【拉伸】选项卡中单击【放置】按钮，然后在弹出的【放置】选项卡中单击【定义】按钮，打开【草绘】对话框。

4）选取基准平面 DTM2 为草绘平面，使用模型中默认的方向为草绘视图方向。选取 RIGHT 基准平面为参考平面，方向为【右】。单击对话框中的【草绘】按钮，进入草绘环境。

5）在草绘环境下绘制如图 3-5-71 所示的截面草图，完成后单击【确定】按钮退出草绘环境。

6）在【拉伸】选项卡中单击【拉伸至下一曲面】按钮，然后单击【预览】按钮，观察所创建的特征效果。

7）在【拉伸】选项卡中单击【确定】按钮，完成如图 3-5-72 所示的拉伸特征的创建。

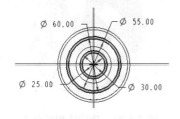

图 3-5-71　截面草图 5

图 3-5-72　拉伸特征 2

## 十三、创建拉伸特征 3

1）单击【形状】选项组中的【拉伸】按钮，弹出【拉伸】选项卡。

2）在弹出的【拉伸】选项卡中单击【实体类型】按钮（默认选项）。

3）在【拉伸】选项卡中单击【放置】按钮，然后在弹出的【放置】选项卡中单击【定义】按钮，打开【草绘】对话框。

4）选取图 3-5-72 所示特征的上表面为草绘平面，使用模型中默认的方向为草绘视图方向。选取 RIGHT 基准平面为参考平面，方向为【右】。单击对话框中的【草绘】按钮，进入草绘环境。

5）在草绘环境下绘制如图 3-5-73 所示的截面草图，完成后单击【确定】按钮退出草绘环境。

6）在【拉伸】选项卡中单击【拉伸至下一曲面】按钮，然后单击【预览】按钮，观察所创建的特征效果。

7）在【拉伸】选项卡中单击【确定】按钮，完成如图 3-5-74 所示拉伸特征的创建。

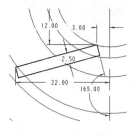

图 3-5-73　截面草图 6

图 3-5-74　拉伸特征 3

## 十四、创建阵列特征 3

1）单击刚创建的拉伸特征，再单击【阵列】按钮，弹出【阵列】选项卡，并显示拉伸特征的所有相关尺寸。

2）把阵列的方式由默认的【尺寸】更改为【轴】，此时在绘图区的原始特征自动隐藏。单击【轴显示】按钮，确保基准轴线在绘图区显示。选择轴 A_1 为参考，设定阵列数目为5，角度为 72，此时的模型如图 3-5-75 所示。

3）单击【确定】按钮，得到如图 3-5-76 所示的旋转阵列结果。

图 3-5-75　阵列的数目和角度 3

图 3-5-76　旋转阵列结果 3

4）单击快速访问工具栏中的【保存】按钮，打开【保存对象】对话框，使用默认名称并单击【确定】按钮完成文件的保存。

## 任务评价

本任务的任务评价表如表 3-5-2 所示。

表 3-5-2　任务评价表

| 序号 | 评价内容 | 评价标准 | 评价结果（是/否） |
|---|---|---|---|
| 1 | 知识与技能 | 能创建复制特征 | □是　□否 |
| | | 能创建阵列特征 | □是　□否 |
| | | 能创建成组特征 | □是　□否 |
| 2 | 职业素养 | 具有专注的工作态度 | □是　□否 |
| | | 具有规则意识 | □是　□否 |
| 3 | 总评 | "是"与"否"在本次评价中所占的百分比 | "是"占__%<br>"否"占__% |

 任务巩固

在 Creo 9.0 软件的零件模块中完成如图 3-5-77 和图 3-5-78 所示零件模型的创建。

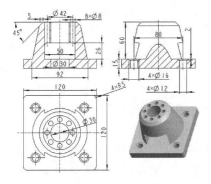

图 3-5-77　零件模型 1

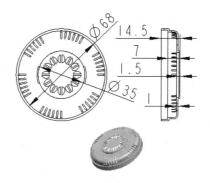

图 3-5-78　零件模型 2

# 工作领域四

## 复杂产品的三维建模

### 学习目标

> **知识目标**

1) 掌握拉伸、旋转、扫描、混合、填充、边界混合等曲面的创建方法。
2) 掌握复制、偏移、合并、修剪、延伸等曲面的编辑方法。
3) 掌握扫描混合、螺旋扫描、可变截面扫描等特征的创建方法。
4) 掌握曲面的实体化、加厚等操作方法。
5) 掌握复制、相交、合并、投影、修剪和延伸等曲线的编辑方法。

> **技能目标**

1) 能使用拉伸、旋转、扫描、混合、填充、边界混合等方法创建曲面。
2) 能使用复制、偏移、合并等方法编辑曲面。
3) 能使用扫描混合、螺旋扫描等方法创建特征。
4) 能使用曲面的实体化和加厚等操作方法。
5) 能使用复制、相交、合并、投影等方法编辑曲线。

> **素养目标**

1) 养成专注、负责的工作态度，传承和弘扬一丝不苟、精益求精的工匠精神。
2) 培养勤于思考、善于总结、勇于探索的科学精神。

### 工作内容

> **工作领域**    复杂产品的三维建模。

> **工作任务**

1) 蘑菇模型的建模。
2) 摄像头上盖模型的建模。
3) 异形壶模型的建模。
4) 台灯底座上盖模型的建模。

# 工作任务 一　蘑菇模型的建模

任务目标

1）掌握拉伸曲面的创建方法。
2）掌握旋转曲面的创建方法。
3）掌握扫描曲面的创建方法。
4）掌握混合曲面的创建方法。
5）掌握复制、偏移和合并等曲面的编辑方法。

任务描述

在 Creo 9.0 软件的零件模块中完成如图 4-1-1 所示蘑菇模型的创建。

图 4-1-1　蘑菇模型

任务分析

该蘑菇模型由多个曲面组合而成。下部为中空的带有锥度的圆柱曲面，上部的外表面由半球形顶部曲面偏移而成。该模型的创建需要综合运用拉伸、旋转、偏移、合并、混合、倒圆角等曲面创建和编辑方法。如表 4-1-1 所示为蘑菇模型的创建思路。

表 4-1-1　蘑菇模型的创建思路

| 步骤名称 | 应用功能 | 示意图 | 步骤名称 | 应用功能 | 示意图 |
|---|---|---|---|---|---|
| 1）创建基本体 | 【拉伸】命令、【旋转】命令 | | 4）创建倒圆角特征 | 【倒圆角】命令 | |
| 2）创建顶部曲面 | 【偏移】命令、【拉伸】命令、【合并】命令 | | 5）实体化 | 【实体化】命令 | |
| 3）创建混合特征 | 【混合】命令、【合并】命令 | | | | |

**知识准备**

曲面特征是一种没有质量和宽度等物理属性的几何特征。基本曲面的创建方法有拉伸、旋转、扫描、混合等。在复杂的流线型曲面创建中，需要用到建立基准点、创建轮廓曲线、边界混合及曲面编辑等功能。

通常将一个曲面或几个曲面的组合称为面组。基本曲面特征是指使用拉伸、旋转、扫描和混合等常用的三维建模方法创建的曲面特征。

曲面建模的基本步骤如下。

1）创建数个曲面特征。

2）对曲面进行编辑，最终生成一个整体的面组。

3）对曲面进行实体化操作。

4）进一步编辑实体特征。

## 一、基本曲面特征的创建

1. 拉伸曲面

创建拉伸曲面特征的基本步骤如下。

1）将工作目录设置至 Creo9.0\work\original\ch4\ch4.1，新建文件 quilt_lashen.prt。

视频：拉伸曲面

2）在【形状】选项组中单击【拉伸】按钮，弹出如图 4-1-2 所示的【拉伸】选项卡，在选项卡中单击【曲面】按钮。

图 4-1-2　【拉伸】选项卡

3）定义草绘截面放置属性。右击绘图区，在弹出的快捷菜单中选择【定义内部草绘】选项，在打开的【草绘】对话框中单击【草绘】按钮，进入草绘环境。指定 TOP 基准平面为草绘面，使用模型中默认的黄色箭头的方向为草绘视图方向，指定 RIGHT 基准平面为参考平面，方向为【右】，然后单击【草绘】按钮。

4）绘制截面草图。进入草绘环境后，首先接受默认参考，然后绘制如图 4-1-3 所示的封闭的截面草图，完成后单击【确定】按钮。

5）定义曲面特征的【开放】与【闭合】。单击选项卡中的【选项】按钮，在弹出的【选项】选项卡中取消选中【封闭端】复选框，使曲面特征的两端部开放。

6）选取深度类型及其深度。选取深度类型，输入深度值为 80。

7）在【拉伸】选项卡中单击【确定】按钮，完成如图 4-1-4 所示的曲面特征的创建。

8）单击工具栏中的【保存】按钮，打开【保存对象】对话框，使用默认名称并单击【确定】按钮完成文件的保存。

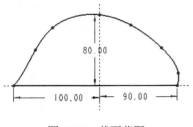

图 4-1-3　截面草图

图 4-1-4　拉伸曲面的结果

**注意：**拉伸曲面特征对截面的要求不像拉伸实体那样严格。拉伸曲面特征既可以使用开放截面，也可以使用封闭截面。当然，只有封闭的截面草图，才可以选中【封闭端】复选框，使曲面特征的两端部封闭。

2. 旋转曲面

正确选取并放置草绘平面后，可以绘制开放截面或封闭截面创建旋转曲面特征。在绘制截面图时，必须绘制一条中心线作为旋转轴。

使用封闭截面创建旋转曲面特征，当旋转角度小于 360°时，可以创建两端封闭的曲面特征，方法与创建闭合的拉伸曲面特征类似，如图 4-1-5 所示。当旋转角度为 360°时，曲面的两个端点已经封闭，实际上已是封闭曲面，如图 4-1-6 所示。

图 4-1-5　使用封闭截面创建的旋转曲面特征

图 4-1-6　旋转曲面结果

3. 扫描曲面

使用扫描方法创建曲面特征的基本步骤与使用扫描方法创建实体特征的基本步骤类似。

视频：扫描曲面

1）将工作目录设置至 Creo9.0\work\original\ch4\ch4.1，打开文件 quilt_saomiao.prt。

2）在【模型】选项卡的【形状】选项组中单击【扫描】按钮，弹出【扫描】选项卡，在选项卡中单击【曲面】按钮。

3）单击下方的【参考】按钮，弹出【参考】选项卡。在选项卡中单击【选择项】选项，然后选取图形中的曲线，此时的图形如图 4-1-7 所示。

4）在【模型】选项卡中单击【草绘】按钮，弹出【草绘】选项卡，再单击【设置】选项组中的【草绘视图】按钮，使草绘平面与屏幕平行。

5）在草绘环境下，在十字中心处绘制如图 4-1-8 所示的圆形截面，完成后单击【确定】按钮退出草绘环境。再在【扫描】选项卡中单击【确定】按钮，完成如图 4-1-9 所示的扫描曲面特征的创建。

6）保存文件为 quilt_saomiao.prt。

图 4-1-7　选取曲线　　　　　图 4-1-8　截面　　　　　图 4-1-9　扫描曲面特征

### 4. 混合曲面

单击【模型】选项卡中的【形状】下拉按钮，在弹出的下拉列表中选择【混合】选项，弹出【混合】选项卡。再在选项卡中单击【混合为曲面】按钮，即可进行混合曲面的创建。使用混合方法创建曲面特征的基本步骤与使用混合方法创建实体特征的基本步骤类似。

1）在【混合】选项卡中单击【截面】按钮，弹出【截面】选项卡。在该选项卡中可以插入或移除截面，也可以草绘具体截面。

2）在【混合】选项卡中单击【选项】按钮，弹出【选项】选项卡。在该选项卡中可以设置混合曲面的过渡类型及选取封闭端。

3）在【混合】选项卡中单击【相切】按钮，弹出【相切】选项卡。在该选项卡中可以设置开始截面或终止截面的约束条件。

如图 4-1-10 所示为创建的混合曲面特征。

## 二、曲面的编辑

曲面创建完成后可以通过曲面编辑的方式进行修改，如几个曲面可以通过【合并】命令合并成一个独立的曲面，然后通过【实体化】命令转换为实体模型。复制、偏移和合并是最常用的曲面编辑方法。

图 4-1-10　混合曲面特征

### 1. 曲面的复制

利用【复制】命令，可以直接在选定的曲面上创建一个面组，生成的面组含有与父项曲面一样的曲面。

1）将工作目录设置至 Creo9.0\work\original\ch4\ch4.1，打开如图 4-1-11 所示的模型文件 quilt_fuzhi.prt。

2）在屏幕右下方的【智能】选取栏中选择【几何】选项，然后在模型中选取如图 4-1-12 所示的需要复制的曲面。

视频：复制曲面

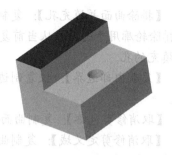

图 4-1-11　quilt_fuzhi 模型　　　　　　　图 4-1-12　选取曲面

3）在【操作】选项组中先单击【复制】按钮，再单击【粘贴】按钮，弹出如图 4-1-13 所示的【曲面:复制】选项卡。

图 4-1-13　【曲面:复制】选项卡

4）单击下方的【参考】按钮，弹出【参考】选项卡，此时，按住 Ctrl 键可连续选择其他需要复制的曲面，如图 4-1-14 所示。单击【参考】选项卡中的【细节】按钮，打开如图 4-1-15 所示的【曲面集】对话框。利用【曲面集】对话框可以通过定义种子曲面和边界曲面来选择曲面。

5）在【曲面:复制】选项卡中单击下方的【选项】按钮，弹出如图 4-1-16 所示的【选项】选项卡。

图 4-1-14　连续选择曲面　　　图 4-1-15　【曲面集】对话框　　　图 4-1-16　【选项】选项卡

**注意：**【选项】选项卡中各选项的含义如下。

① 【按原样复制所有曲面】：准确地按照原样复制所有的曲面。

②【排除曲面并填充孔】：复制某些曲面，可以选择填充曲面内的孔。其下又有两个选项，排除轮廓用于选择要从当前复制特征中排除的曲面；填充孔/曲面用于在选定曲面上选择要填充的孔。

③【复制内部边界】：仅复制边界内的曲面。如果只需要原始曲面的一部分，则选择此选项。

④【取消修剪包络】：复制曲面，移除所有内轮廓，并用当前轮廓的包络替换外轮廓。

⑤【取消修剪定义域】：复制曲面，移除所有内轮廓，并用与曲面定义域相对应的轮廓替换外轮廓。

6）选中【排除曲面并填充孔】单选按钮，再在模型上选择要排除的孔，此时的模型如图 4-1-17 所示。

7）在【曲面:复制】选项卡中单击【确定】按钮，完成如图 4-1-18 所示的曲面复制特征的创建。

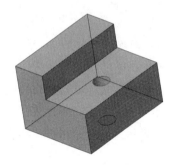

图 4-1-17　选择要排除的孔　　　　　　　图 4-1-18　复制后的结果

8）选择【文件】→【另存为】→【保存副本】选项，打开【保存副本】对话框，在【文件名】文本框中输入 quilt_fuzhi1.prt，然后单击【确定】按钮完成文件的保存。

2. 曲面的偏移

偏移曲面是将当前曲面进行偏移复制出一个新曲面。要偏移某一曲面，先要选取曲面或实体表面，然后单击【编辑】选项组中的【偏移】按钮，弹出如图 4-1-19 所示的【偏移】选项卡。

图 4-1-19　【偏移】选项卡

【偏移】选项卡中各选项的含义如下。

① 参考：用于指定要偏移的曲面。

② 选项：用于指定要排除的曲面等。【选项】选项卡如图 4-1-20 所示，其中，偏移方式有【垂直于曲面】和【平移】两个选项。

【属性】选项卡如图 4-1-21 所示。

③ 偏移类型：系统提供了如图 4-1-22 所示的标准偏移、具有拔模、展开和替换曲面 4 种偏移类型。

图 4-1-20　【选项】选项卡　　图 4-1-21　【属性】选项卡　　图 4-1-22　偏移类型

（1）标准偏移

标准偏移是指从一个实体的表面创建偏移的曲面，或者从一个曲面创建偏移的曲面。创建标准偏移特征的步骤如下。

1）将工作目录设置至 Creo9.0\work\original\ch4\ch4.1，打开如图 4-1-23 所示的模型文件 quilt_pianyi.prt。

视频：标准偏移

2）选取要偏移的表面。

3）单击【编辑】选项组中的【偏移】按钮，弹出【偏移】选项卡。

4）在【偏移】选项卡的偏移类型中选择【标准偏移】选项，在偏移文本框中输入偏移距离 10。

5）单击【确定】按钮，完成如图 4-1-24 所示的标准偏移的创建。

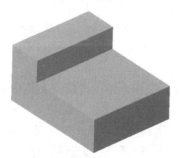

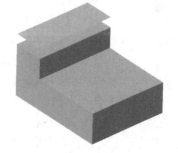

图 4-1-23　quilt_pianyi 模型　　　　　图 4-1-24　标准偏移结果

6）选择【文件】→【另存为】→【保存副本】选项，打开【保存副本】对话框，在【文件名】文本框中输入 quilt_pianyi_biao.prt，然后单击【确定】按钮完成文件的保存。

（2）具有拔模

曲面的具有拔模特征的偏移就是在曲面上创建带斜度侧面的区域偏移，可用于实体表面或面组。创建具有拔模特征的偏移的步骤如下。

视频：具有拔模

1）将工作目录设置至 Creo9.0\work\original\ch4\ch4.1，打开如图 4-1-23 所示的模型文件 quilt_pianyi.prt。

2）选取要偏移的表面。

3）单击【编辑】选项组中的【偏移】按钮，弹出【偏移】选项卡。

4）在【偏移】选项卡的偏移类型中选择【具有拔模】选项。

5）在【偏移】选项卡中单击下方的【选项】按钮，再在弹出的【选项】选项卡中进行如图 4-1-25 所示的设置。

6）在绘图区右击，在弹出的快捷菜单中选择【定义内部草绘】选项，进入草绘环境，创建如图 4-1-26 所示的封闭草绘几何。

7）输入偏移值 5，输入侧面的拔模角度 12。

8）在【偏移】选项卡中单击【确定】按钮，完成如图 4-1-27 所示的具有拔模特征的偏移的创建。

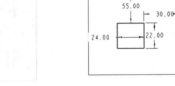

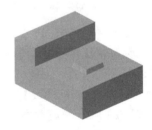

图 4-1-25　设置偏移的参数　　　　图 4-1-26　草绘截面图形　　　　图 4-1-27　拔模偏移结果

9）选择【文件】→【另存为】→【保存副本】选项，打开【保存副本】对话框，在【文件名】文本框中输入 quilt_pianyi_mo.prt，然后单击【确定】按钮完成文件的保存。

（3）展开

创建展开特征的步骤如下。

视频：展开

1）将工作目录设置至 Creo9.0\work\original\ch4\ch4.1，打开图 4-1-23 所示的模型文件 quilt_ pianyi.prt。

2）选取要偏移的表面。

3）单击【编辑】选项组中的【偏移】按钮，弹出【偏移】选项卡。

4）在【偏移】选项卡的偏移类型中选择【展开】选项。

5）设置偏距为 10。单击【偏移】选项卡中的【选项】按钮，在弹出的【选项】选项卡中选中【展开区域】下的【草绘区域】单选按钮。然后单击【草绘】选项右侧的【定义】按钮，打开【草绘】对话框，选取实体的上表面作为草绘平面，其余为默认选项。单击【草绘】对话框中的【草绘】按钮，进入草绘环境，绘制如图 4-1-28 所示的二维截面图。然后单击选项卡中的【确定】按钮，退出草绘环境。

6）单击【偏移】选项卡中的【方向】按钮，更改偏距截面特征生成的方向，再单击【确定】按钮，完成如图 4-1-29 所示的展开偏移的创建。

7）选择【文件】→【另存为】→【保存副本】选项，打开【保存副本】对话框，在【文件名】文本框中输入 quilt_pianyi_zhan.prt，然后单击【确定】按钮完成文件的保存。

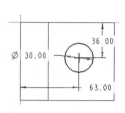

图 4-1-28　草绘截面

图 4-1-29　展开偏移结果

（4）替换曲面

创建替换曲面特征的步骤如下。

1）将工作目录设置至 Creo9.0\work\original\ch4\ch4.1，打开图 4-1-30 所示的模型文件 quilt_ pianyi_tihuan.prt。

2）选取要偏移的模型上表面。

3）单击【编辑】选项组中的【偏移】按钮，弹出【偏移】选项卡。

4）在【偏移】选项卡的偏移类型中选择【替换曲面】选项。

视频：替换曲面

5）单击【偏移】选项卡中的【替换面组】按钮，再选取如图 4-1-30 所示模型上方的曲面为替换面组，此时的模型如图 4-1-31 所示。

6）单击【偏移】选项卡中的【确定】按钮，完成如图 4-1-32 所示的替换曲面特征的创建。

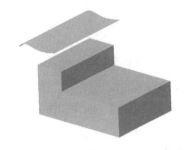

图 4-1-30　quilt_ pianyi_tihuan 模型

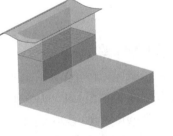

图 4-1-31　选取替换面组

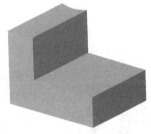

图 4-1-32　替换曲面偏移结果

7）选择【文件】→【另存为】→【保存副本】选项，打开【保存副本】对话框，在【文件名】文本框中输入 quilt_ pianyi_tihuan1，然后单击【确定】按钮完成文件的保存。

3. 曲面的合并

合并曲面可以将两个或多个曲面合并成单一曲面特征，这是曲面设计中的一个重要操作。合并后的面组是一个单独的特征，【主面组】将变成【合并】特征的父项，如果删除【合并】特征，则原始面组仍保留。在【装配】模式中，只有属于相同元件的曲面，才可以进行曲面合并。

操作时，需要在绘图区中先选中一个曲面，按住 Ctrl 键再选取另一个曲面，然后在【编辑】选项组中单击【合并】按钮，弹出如图 4-1-33 所示的【合并】选项卡。

图 4-1-33　【合并】选项卡

在此选项卡中，通过单击下方的【参考】和【选项】按钮可以分别弹出相应的选项卡，其主要功能如下。

1)【参考】选项卡（图 4-1-34）：在这里指定参与合并的两个曲面。如果需要重新选取参与合并的曲面，则可以在选项卡的列表框中右击，在弹出的快捷菜单中选择【移除】或【移除全部】选项删除全部项目，然后重新选取合并的曲面。

2)【选项】选项卡（图 4-1-35）：【相交】用于合并两个相交的面组，并保留原始面组部分。【连接】是将两个相邻的面组合并，面组的一个侧边必须在另一个面组上，即只是将两个相邻面的边线合并。

图 4-1-34　【参考】选项卡　　　　　　　图 4-1-35　【选项】选项卡

下面以一个实例来说明合并两个面组的操作过程。

1)将工作目录设置至 Creo9.0\work\original\ch4\ch4.1，打开如图 4-1-36 所示的模型文件 quilt_hebing.prt。

2)按住 Ctrl 键，选取要合并的两个曲面。

3)在【编辑】选项组中单击【合并】按钮，弹出【合并】选项卡。

4)接受默认的【相交】合并类型。

视频：合并曲面

5)单击【预览】按钮观察曲面效果，当网格显示的曲面不是预期保留的曲面时，需要单击选项卡中的【方向】按钮调整方向，直至得到满意的结果为止。

6)单击【确定】按钮，完成如图 4-1-37 所示的曲面合并的操作。

7)选择【文件】→【另存为】→【保存副本】选项，打开【保存副本】对话框，在【文件名】文本框中输入 quilt_hebing1.prt，然后单击【确定】按钮完成文件的保存。

**注意**：如果需要合并多个曲面，则需要先选取两个曲面进行合并，然后将合并生成的曲面与第三个曲面进行合并。以此类推，直至所有曲面合并完成。也可以先将曲面两两合并，然后把合并的结果继续合并，直至所有曲面合并完成。

图 4-1-36　quilt_hebing 模型

图 4-1-37　合并操作的结果

## 三、曲面实体化

从几何意义上来说，曲面是一种没有质量和宽度等物理属性的几何特征，因此绝大多数情况下绘制的曲面是要生成实体的。如果要对某一曲面进行实体化，则要先选取该曲面，然后在【编辑】选项组中单击【实体化】按钮，弹出如图 4-1-38 所示的【实体化】选项卡。

图 4-1-38　【实体化】选项卡

通常情况下，系统选中默认的实体化设计工具，因此，可以直接单击选项卡中的【确定】按钮完成实体化特征的创建。需要注意的是，以上方法仅适合封闭曲面。下面以实例介绍其具体操作过程。

1. 使用封闭的面组创建实体

1）将工作目录设置至 Creo9.0\work\original\ch4\ch4.1，打开如图 4-1-39 所示的模型文件 quilt_shitihua_feng.prt。

2）选取要将其变成实体的面组。

3）在【编辑】选项组中单击【实体化】按钮，弹出【实体化】选项卡。

4）单击【确定】按钮，完成如图 4-1-40 所示的实体化操作。

视频：用封闭的面组创建实体

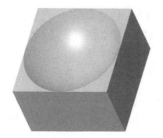

图 4-1-39　quilt_shitihua_feng 模型

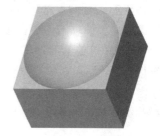

图 4-1-40　实体化结果

5）选择【文件】→【另存为】→【保存副本】选项，打开【保存副本】对话框，在【文件名】文本框中输入 quilt_shitihua_feng1.prt，然后单击【确定】按钮完成文件的保存。

视频：用曲面创建实体

**2. 使用曲面创建实体表面**

可以使用一个面组替代实体表面的一部分，替换面组的所有边界都必须位于实体表面上。操作过程如下。

1）将工作目录设置至 Creo9.0\work\original\ch4\ch4.1，打开图 4-1-41 所示的模型文件 quilt_shitihua_qu.prt。

2）选取要将其变成实体的曲面。

3）在【编辑】选项组中单击【实体化】按钮，弹出【实体化】选项卡。

图 4-1-41　quilt_shitihua_qu 模型

4）单击【移除面组内侧或外侧的材料】按钮，此时，系统使用粉红色箭头指向要去除的实体部分。确认实体保留部分的方向。

5）单击【确定】按钮，完成如图 4-1-40 所示的实体化操作。

6）选择【文件】→【另存为】→【保存副本】选项，打开【保存副本】对话框，在【文件名】文本框中输入 quilt_shitihua_qu1.prt，然后单击【确定】按钮完成文件的保存。

🔧 **任务实施**

视频：蘑菇

**一、设置工作目录并新建文件**

1）将工作目录设置至 Creo9.0\work\original\ch4\ch4.1。

2）单击【新建】按钮，在打开的【新建】对话框中选中【类型】选项组中的【零件】单选按钮，选中【子类型】选项组中的【实体】单选按钮；取消选中【使用默认模板】复选框以取消使用默认模板，在【名称】文本框中输入文件名 mo_gu。然后单击【确定】按钮，打开【新文件选项】对话框。选择【mmns_part_solid_abs】模板，单击【确定】按钮，进入零件的创建环境。

**二、创建拉伸特征 1**

1）单击【形状】选项组的【拉伸】按钮，弹出【拉伸】选项卡。

2）在弹出的【拉伸】选项卡中单击【实体类型】按钮（默认选项）。

3）在【拉伸】选项卡中单击【放置】按钮，然后在弹出的【放置】选项卡中单击【定义】按钮，打开【草绘】对话框。

4）选取基准平面 TOP 为草绘平面，使用模型中默认的方向为草绘视图方向。选取 RIGHT 基准平面为参考平面，方向为【右】。单击对话框中的【草绘】按钮，进入草绘环境。

5）在草绘环境下绘制如图 4-1-42 所示的截面草图，完成后单击【确定】按钮退出草绘环境。

6）在【拉伸】选项卡中单击【从草绘平面以指定的深度值拉伸】按钮，再在文本框中输入数值 300。

7）单击【拉伸】选项卡下方的【选项】按钮，在弹出的【选项】选项卡中选中【添加锥度】复选框，再在下方的文本框中输入 5，然后观察所创建的特征效果。

8）最后，在【拉伸】选项卡中单击【确定】按钮，完成如图 4-1-43 所示的拉伸特征的创建。

图 4-1-42　绘制的截面草图 1

图 4-1-43　拉伸特征 1

### 三、创建旋转特征

1）单击【形状】选项组中的【旋转】按钮，弹出【旋转】选项卡。

2）直接右击绘图区，在弹出的快捷菜单中选择【定义内部草绘】选项，打开【草绘】对话框。

3）选择图 4-1-43 所示模型的上表面为草绘平面，RIGHT 基准平面为参考平面，参考方向取【右】后，单击【草绘】按钮进入草绘环境。在【设置】选项组中单击【草绘视图】按钮，使草绘平面与屏幕平行。

4）在草绘环境下绘制如图 4-1-44 所示的草绘图形和中心线，完成后单击【确定】按钮退出草绘环境。

5）在【旋转】选项卡中单击【从草绘平面以指定的角度值旋转】按钮，在角度文本框中输入数值 180。

6）单击【旋转】选项卡中的【预览】按钮观察效果，最后单击【确定】按钮完成如图 4-1-45 所示的旋转特征的创建。

图 4-1-44　草绘图形和中心线

图 4-1-45　旋转特征

### 四、创建偏移特征

1）在图 4-1-45 所示的模型中选取半球形外表面。

2）再单击【编辑】选项组中的【偏移】按钮，弹出【偏移】选项卡。此时的模型如图 4-1-46 所示。

3）在【偏移】选项卡的偏移类型中选择【标准偏移】选项，在偏移文本框中输入偏移距离 30。

4）在【偏移】选项卡中单击【确定】按钮，完成如图 4-1-47 所示的标准偏移操作。

图 4-1-46　选取表面　　　　　　　　　　图 4-1-47　标准偏移结果

## 五、创建拉伸特征 2

1）单击【形状】选项组中的【拉伸】按钮，弹出【拉伸】选项卡。

2）在弹出的【拉伸】选项卡中单击【曲面】按钮。

3）在【拉伸】选项卡中单击【放置】按钮，然后在弹出的【放置】选项卡中单击【定义】按钮，打开【草绘】对话框。

4）选取基准平面 FRONT 为草绘平面，使用模型中默认的方向为草绘视图方向。选取 RIGHT 基准平面为参考平面，方向为【右】。单击对话框中的【草绘】按钮，进入草绘环境。

5）在草绘环境下绘制如图 4-1-48 所示的截面草图，完成后单击【确定】按钮退出草绘环境。

6）在【拉伸】选项卡中单击【在各方向上以指定深度值的一半拉伸草绘平面的双侧】按钮，再在文本框中输入数值 480。

7）在【拉伸】选项卡中单击【预览】按钮，观察所创建的特征效果。

8）在【拉伸】选项卡中单击【确定】按钮，完成如图 4-1-49 所示的拉伸特征的创建。

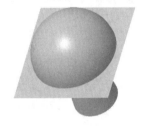

图 4-1-48　绘制的截面草图 2　　　　　　图 4-1-49　拉伸特征 2

## 六、合并曲面 1

1）按住 Ctrl 键，选取要合并的两个曲面。

2）在【编辑】选项组中单击【合并】按钮，弹出【合并】选项卡。

3）选取默认的【相交】合并类型，此时的模型如图 4-1-50 所示。

4）单击【合并】选项卡中的【预览】按钮，当网格显示的曲面不是预期保留的曲面时，需要单击选项卡中的【方向】按钮调整方向，直至得到满意的结果为止。

5）单击【合并】选项卡中的【确定】按钮，完成如图 4-1-51 所示的曲面合并操作。

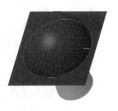

图 4-1-50　quilt_hebing 模型 1

图 4-1-51　合并操作的结果 1

6）再次按住 Ctrl 键，选取要合并的两个曲面。

7）在【编辑】选项组中单击【合并】按钮，弹出【合并】选项卡。

8）选取默认的【相交】合并类型，此时的模型如图 4-1-52 所示。

9）单击【合并】选项卡中的【预览】按钮，当网格显示的曲面不是预期保留的曲面时，需要单击选项卡中的【方向】按钮调整方向，直至得到满意的结果为止。

10）单击【合并】选项卡中的【确定】按钮，完成如图 4-1-53 所示的曲面合并操作。

图 4-1-52　quilt_hebing 模型 2

图 4-1-53　合并操作的结果 2

## 七、混合曲面

1）单击【模型】选项卡中的【形状】下拉按钮，在弹出的【形状】下拉列表中选择【混合】选项，弹出【混合】选项卡。

2）在【混合】选项卡中单击【混合为曲面】按钮。

3）在【混合】选项卡中单击下方的【截面】按钮，弹出【截面】选项卡。

4）在【截面】选项卡中单击【定义】按钮，打开【草绘】对话框。

5）选择基准平面 TOP 为草绘平面，基准平面 RIGHT 为参考平面，方向为【下】，单击【草绘】按钮进入草绘环境。在【设置】选项组中单击【草绘视图】按钮，使草绘平面与屏幕平行。

6）在草绘环境下绘制如图 4-1-54 所示的截面草图 1，完成后单击【确定】按钮退出草绘环境。

7）在【截面】选项卡中单击【插入】按钮，截面下方的文本框中增加了"截面 2"。

8）在【截面】选项卡右下侧的【截面 1】文本框中输入数值 240，再单击下方的【草绘】按钮，进入草绘环境。

9）在【设置】选项组中单击【草绘视图】按钮，使草绘平面与屏幕平行。然后，在草绘环境下绘制如图 4-1-55 所示的截面草图 2，完成后单击【确定】按钮退出草绘环境。

10）在【混合】选项卡中单击【确定】按钮，完成如图 4-1-56 所示的混合曲面的创建（隐藏在里面）。

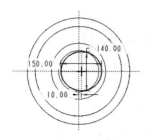

图 4-1-54　截面草图 1

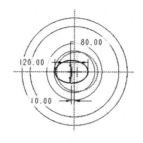

图 4-1-55　截面草图 2

图 4-1-56　混合曲面

## 八、合并曲面 2

1）按住 Ctrl 键，选取要合并的两个曲面。

2）在【编辑】选项组中单击【合并】按钮，弹出【合并】选项卡。

3）选取默认的【相交】合并类型，此时的模型如图 4-1-57 所示。

4）单击【合并】选项卡中的【预览】按钮，调整选项卡中的方向，直至得到满意的结果为止。

5）在【合并】选项卡中单击【确定】按钮，完成如图 4-1-58 所示的曲面合并操作。

图 4-1-57　选取曲面

图 4-1-58　合并的结果

## 九、创建倒圆角特征

1）单击【工程】选项组中的【倒圆角】按钮。

2）在弹出的【倒圆角】选项卡的文本框中输入圆角半径 10，再在图 4-1-58 中的模型上选取要倒圆角的边线，此时的模型如图 4-1-59 所示。

3）在【倒圆角】选项卡中单击【预览】按钮，观察所创建的特征效果。

4）在【倒圆角】选项卡中单击【确定】按钮，完成如图 4-1-60 所示的倒圆角特征的创建。

图 4-1-59　选取倒圆角边线 1

图 4-1-60　倒圆角特征 1

5）再次单击【工程】选项组中的【倒圆角】按钮。

6）在弹出的【倒圆角】选项卡的文本框中输入圆角半径 5，再在图 4-1-60 中的模型上选取要倒圆角的边线，此时的模型如图 4-1-61 所示。

7）在【倒圆角】选项卡中单击【预览】按钮，观察所创建的特征效果。

8）在【倒圆角】选项卡中单击【确定】按钮，完成如图 4-1-62 所示的倒圆角特征的创建。

图 4-1-61　选取倒圆角边线 2

图 4-1-62　倒圆角特征 2

## 十、实体化模型

1）选取如图 4-1-62 所示的模型（面组）。

2）在【编辑】选项组中单击【实体化】按钮，弹出【实体化】选项卡。

3）单击【确定】按钮，完成如图 4-1-63 所示的蘑菇实体模型。

4）单击【保存】按钮，打开【保存对象】对话框，然后单击【确定】按钮完成文件的保存。

图 4-1-63　蘑菇模型

## 任务评价

本任务的任务评价表如表 4-1-2 所示。

表 4-1-2　任务评价表

| 序号 | 评价内容 | 评价标准 | 评价结果（是/否） |
| --- | --- | --- | --- |
| 1 | 知识与技能 | 能创建拉伸曲面特征 | □是　□否 |
| | | 能创建旋转曲面特征 | □是　□否 |
| | | 能创建扫描曲面特征 | □是　□否 |
| | | 能创建混合曲面特征 | □是　□否 |
| | | 能使用复制、偏移和合并等命令编辑曲面 | □是　□否 |
| 2 | 职业素养 | 具有专注、负责的工作态度 | □是　□否 |
| | | 具有勤于思考、善于总结、勇于探索的精神 | □是　□否 |
| 3 | 总评 | "是"与"否"在本次评价中所占的百分比 | "是"占__%<br>"否"占__% |

##  任务巩固

在 Creo 9.0 软件的零件模块中完成如图 4-1-64 和图 4-1-65 所示零件模型的创建。

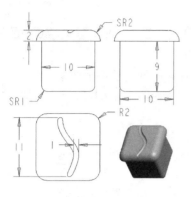

图 4-1-64　零件模型 1

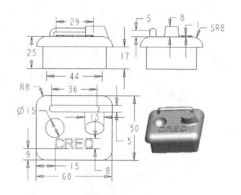

图 4-1-65　零件模型 2

# 工作任务 二　摄像头上盖模型的建模

### 任务目标

1）掌握填充曲面的创建方法。

2）掌握边界混合曲面的创建方法。

3）掌握修剪、延伸等编辑曲面的方法。

### 任务描述

在 Creo 9.0 软件零件模块中完成如图 4-2-1 所示摄像头上盖模型的创建。

图 4-2-1　摄像头上盖模型

### 任务分析

该摄像头上盖模型为不规则的壳体零件，外表面主要由两段曲面构成，其上分布有凸起的装饰表面和孔，内表面上则分布有小圆柱体、凸台和筋等特征。该模型的创建需要综合运用草绘、曲线、边界混合、合并、倒圆角、修剪、延伸、填充、实体化、偏移、抽壳、扫描和拉伸等多种成形方法。如表 4-2-1 所示为摄像头上盖模型的创建思路。

表 4-2-1　摄像头上盖模型的创建思路

| 步骤名称 | 应用功能 | 示意图 | 步骤名称 | 应用功能 | 示意图 |
|---|---|---|---|---|---|
| 1）创建边界混合曲面1 | 【草绘】命令、【曲线】命令、【边界混合】命令 | | 4）创建壳特征 | 【实体化】命令、【偏移】命令、【抽壳】命令、【倒圆角】命令、【扫描】命令 | |
| 2）创建边界混合曲面2 | 【草绘】命令、【曲线】命令、【边界混合】命令、【合并】命令 | | 5）创建内部特征 | 【拉伸】命令、【倒圆角】命令 | |
| 3）编辑曲面 | 【修剪】命令、【延伸】命令、【填充】命令、【合并】命令 | | | | |

## 知识准备

### 一、填充曲面的创建

【模型】选项卡【曲面】选项组中的【填充】按钮用于创建填充曲面，它创建的是一个二维平面特征。需要注意的是，填充特征的截面草图必须是封闭的。创建填充曲面的一般操作步骤如下。

视频：填充曲面

1）将工作目录设置至 Creo9.0\work\original\ch4\ch4.2，打开如图 4-2-2 所示的模型文件 quilt_tianchong.prt。

2）在【曲面】选项组中单击【填充】按钮，弹出如图 4-2-3 所示的【填充】选项卡。

图 4-2-2　quilt_tianchong 模型

图 4-2-3　【填充】选项卡

3）在绘图区右击，在弹出的快捷菜单中选择【定义内部草绘】选项，在打开的【草绘】对话框中单击【草绘】按钮，进入草绘环境后，绘制如图 4-2-4 所示的封闭截面草图，完成后单击【确定】按钮退出草绘环境。

4）在【填充】选项卡中单击【确定】按钮，完成如图 4-2-5 所示的填充曲面特征的创建。

5）选择【文件】→【另存为】→【保存副本】选项，打开【保存副本】对话框，在【文件名】文本框中输入 quilt_tianchong1.prt，然后单击【确定】按钮完成文件的保存。

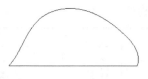

图 4-2-4  封闭截面草图

图 4-2-5  填充曲面特征

## 二、边界混合曲面的创建

边界混合曲面是由若干参考单元（它们在一个或两个方向上定义曲面）所确定的混合曲面。在每个方向上选定第一个和最后一个图元定义曲面的边界。如果添加更多的参考图元（如控制点和边界），则能更精确、更完整地定义曲面形状。

### 1. 选取参考图元的规则

1）曲线、零件边、基准点、曲线或边的端点可作为参考图元使用。

2）在每个方向上，都必须按连续的顺序选择参考图元。

3）对于在两个方向上定义的混合曲面而言，外部边界必须形成一个封闭的环，这意味着外部边界必须相交。

4）如果要使用连续边或一条以上的基准曲线作为边界，则可按住 Shift 键来选取曲线链。

### 2.【边界混合】选项卡

在【曲面】选项组中单击【边界混合】按钮，弹出如图 4-2-6 所示的【边界混合】选项卡。

图 4-2-6  【边界混合】选项卡

创建边界混合曲面特征时，需要依次指明围成曲面的边界曲线。可以在一个方向上指定边界曲线，也可以在两个方向上指定边界曲线。此外，为了获得理想的曲面特征，还可以指定控制曲线来调节曲面的形状。

1）单击【边界混合】选项卡中的【选项】按钮，弹出如图 4-2-7 所示的【选项】选项卡。【选项】选项卡中相关选项的含义如下。

① 影响曲线：激活该列表框，即可选取曲线作为影响曲线，选取多条影响曲线时需按住 Ctrl 键。

② 平滑度因子：它是一个在 0～1 之间的实数。数值越小，边界混合曲面越逼近影响曲线。

③ 在方向上的曲面片：用于控制边界混合曲面沿两个方向的曲面片数。曲面片数越大，曲面越逼近影响曲线。若使用一种曲面片数构建失败，则可以修改曲面片数重新构建曲面。曲面片数的范围是 1～29。

2）单击选项卡中的【约束】按钮，弹出如图 4-2-8 所示的【约束】选项卡。使用该选项卡可以通过为边界曲线对象指定约束条件的方法规范曲面的形状。

图 4-2-7　【选项】选项卡

图 4-2-8　【约束】选项卡

对于每一条边界曲线，可以为其指定以下任意一种约束条件。

① 【自由】：未沿边界设置相切条件。

② 【切线】：混合曲面沿边界与参考曲面相切，参考曲面在选项卡下部的列表中指定。

③ 【曲率】：混合曲面沿边界具有曲率连续性。

④ 【垂直】：混合曲面与参考曲面或基准平面垂直。

3. 边界混合曲面特征的创建实例

1）将工作目录设置至 Creo9.0\work\original\ch4\ch4.2，打开如图 4-2-9 所示的模型文件 quilt_bianjie.prt。

2）在【曲面】选项组中单击【边界混合】按钮，弹出【边界混合】选项卡。按住 Ctrl 键，分别选取如图 4-2-9 所示的第一方向的两条边界曲线。

视频：边界混合曲面

3）在选项卡中单击第二方向曲线列表框中的"单击此…"字样，再按住 Ctrl 键，分别选取如图 4-2-9 所示的第二方向的两条边界曲线。

4）单击【边界混合】选项卡下方的【选项】按钮，在弹出的【选项】选项卡中单击【影响曲线】下的文本框，再在图 4-2-9 中选取影响曲线，此时的模型如图 4-2-10 所示。

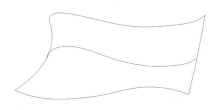

图 4-2-9　quilt_bianjie 文件

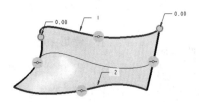

图 4-2-10　选取后的图形

5）在【边界混合】选项卡中单击【确定】按钮，完成如图 4-2-11 所示的边界混合曲面。

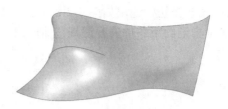

图 4-2-11　边界混合曲面

6）选择【文件】→【另存为】→【保存副本】选项，打开【保存副本】对话框，在【文件名】文本框中输入 quilt_bianjie1.prt，然后单击【确定】按钮完成文件的保存。

### 三、曲面的修剪

修剪曲面就是修剪指定曲面多余的部分以获得理想的大小和形状，它类似于实体的【切剪】功能。修剪曲面的方法有很多，可以使用拉伸、旋转、扫描等特征创建方法来修剪曲面，也可以使用已有基准平面、基准曲线或曲面等来修剪曲面。

选取需要修剪的曲面后，在【编辑】选项中单击【修剪】按钮，弹出如图 4-2-12 所示的【修剪】选项卡。

图 4-2-12　【修剪】选项卡

单击选项卡下方的【参考】按钮，弹出如图 4-2-13 所示的【参考】选项卡。在该选项卡中需要指定以下两个对象。

【修剪的面组】：指定要修剪的面组。

【修剪对象】：指定修剪该曲面的曲面、曲线链或平面。

图 4-2-13　【参考】选项卡

**1. 使用基准平面修剪**

1）将工作目录设置至 Creo9.0\work\original\ch4\ch4.2，打开如图 4-2-14 所示的模型文件 quilt_xiujian_ji.prt。

2）选择曲面特征作为要修剪的面组，在【编辑】选项组中单击【修剪】按钮，弹出【修剪】选项卡。

3）选取基准平面 RIGHT 为修剪对象，此时的模型如图 4-2-15 所示。

视频：使用基准
平面修剪曲面

图中粉红色箭头表示修剪后保留的曲面侧，单击选项卡中的【方向】按钮可以改变需要保留的曲面。

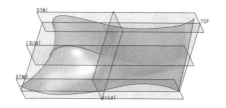

图 4-2-14　quilt_xiujian_ji 模型

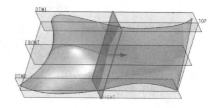

图 4-2-15　修剪状态

4）在【修剪】选项卡中单击【确定】按钮，完成如图 4-2-16 所示的修剪曲面的创建。

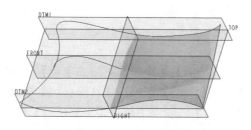

图 4-2-16　基准平面修剪结果

5）选择【文件】→【另存为】→【保存副本】选项，打开【保存副本】对话框，在【文件名】文本框中输入 quilt_xiujian_ji1.prt，然后单击【确定】按钮完成文件的保存。

2.　使用曲面修剪

1）将工作目录设置至 Creo9.0\work\original\ch4\ch4.2，打开如图 4-2-17 所示的模型文件 quilt_xiujian_qu.prt。

视频：使用曲面修剪

2）选择上方的曲面为要修剪的面组，在【编辑】选项组中单击【修剪】按钮，弹出【修剪】选项卡。

3）选取下方的曲面为修剪对象，此时的模型如图 4-2-18 所示。图中粉红色箭头表示修剪掉的曲面侧，单击【修剪】选项卡中的【方向】按钮可以改变需要保留的曲面。

图 4-2-17　quilt_xiujian_qu 模型

图 4-2-18　修剪状态

4）在【修剪】选项卡中单击【确定】按钮，完成如图 4-2-19 所示的修剪曲面操作。

5）选择【文件】→【另存为】→【保存副本】选项，打开【保存副本】对话框，在【文件名】文本框中输入 quilt_xiujian_qu1.prt，然后单击【确定】按钮完成文件的保存。

图 4-2-19　修剪结果 1

注意：在如图 4-2-17 所示的两个曲面中，只能用下方的曲面修剪上方的曲面。这是因为上方曲面的边界在下方曲面中，无法将下方曲面分割开来。另外，与合并操作不一样，下方曲面的现状没有改变，可以将其隐藏。

### 3. 一般曲面的修剪

视频：一般曲面的修剪

在【拉伸】、【旋转】、【扫描混合】和【可变剖面扫描】选项卡中单击【曲面类型】按钮和【移除材料】按钮，或在【扫描】、【混合】、【螺旋扫描】选项卡中单击【移除材料】按钮，可生成一个修剪曲面，使用这个修剪曲面可将选定曲面上的某一部分剪除掉。只是产生的修剪曲面只用于修剪，而不会出现在模型中。

1）将工作目录设置至 Creo9.0\work\original\ch4\ch4.2，打开如图 4-2-20 所示的模型文件 quilt_xiujian_ yi.prt。

2）在【形状】选项中单击【拉伸】按钮，弹出【拉伸】选项卡。

3）单击选项卡中的【曲面类型】按钮和【移除材料】按钮。

4）在【拉伸】选项卡中单击下方的【放置】按钮，然后在弹出的【放置】选项卡中单击【定义】按钮，打开【草绘】对话框。

5）设置 TOP 基准平面为草绘平面，RIGHT 基准平面为参考平面，方向为【下】，然后单击【草绘】按钮，进入草绘环境，绘制如图 4-2-21 所示的草绘截面。

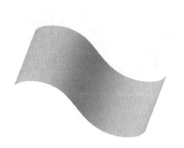

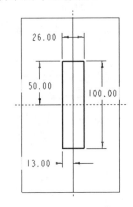

图 4-2-20　quilt_xiujian_ yi 模型　　　　图 4-2-21　草绘截面 1

6）在选项卡中选取两侧深度类型均为穿透，切削方向如图 4-2-22 所示。最后单击【确定】按钮，完成如图 4-2-23 所示的修剪曲面。

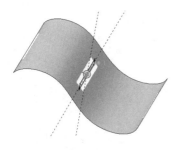

图 4-2-22　切削方向

图 4-2-23　修剪结果 2

7）选择【文件】→【另存为】→【保存副本】选项，打开【保存副本】对话框，在【文件名】文本框中输入 quilt_xiujian_ yi1.prt，然后单击【确定】按钮完成文件的保存。

4. 薄曲面的修剪

在【拉伸】、【旋转】、【扫描混合】和【可变剖面扫描】选项卡中单击【曲面类型】按钮、【切削特征】按钮及【薄壁】按钮，或选择【扫描】、【混合】、【螺旋扫描】选项级联菜单中的【薄曲面修剪】选项，可生成一个薄壁曲面，使用这个薄壁曲面可将选定曲面上的某一部分剪除掉。只是，生成的薄壁曲面只用于修剪，而不会出现在模型中。

视频：薄曲面的修剪

1）将工作目录设置至 Creo9.0\work\original\ch4\ch4.2，打开如图 4-2-24 所示的模型文件 quilt_xiujian_bao.prt。

2）在【形状】选项组中单击【拉伸】按钮，弹出【拉伸】选项卡。

3）单击选项卡中的【曲面类型】按钮、【移除材料】按钮和【薄壁】按钮。

4）在【拉伸】选项卡中单击下方的【放置】按钮，然后在弹出的【放置】选项卡中单击【定义】按钮，打开【草绘】对话框。

5）设置 FRONT 基准平面为草绘平面，RIGHT 基准平面为参考平面，方向为【下】，然后单击【草绘】按钮，进入草绘环境，绘制如图 4-2-25 所示的草绘截面。

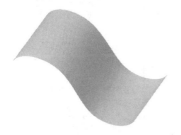

图 4-2-24　quilt_xiujian_bao 模型

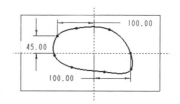

图 4-2-25　草绘截面 2

6）在【拉伸】选项卡的【向草绘曲线添加厚度】按钮后的文本框中输入 5，选取两侧深度类型均为【穿透】，切削方向如图 4-2-26 所示。最后单击【确定】按钮，完成如图 4-2-27 所示的修剪曲面操作。

7）选择【文件】→【另存为】→【保存副本】选项，打开【保存副本】对话框，在【文件名】文本框中输入 quilt_xiujian_bao1.prt，然后单击【确定】按钮完成文件的保存。

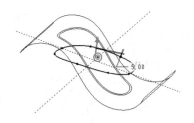

图 4-2-26  切削方向

图 4-2-27  修剪结果 3

## 四、曲面的延伸

延伸曲面就是将曲面沿着选取的边界线延伸以获得新的曲面。要延伸某一曲面，需要先选取某段边界线，然后在【编辑】选项组中单击【延伸】按钮，弹出如图 4-2-28 所示的【延伸】选项卡。

图 4-2-28  【延伸】选项卡

系统提供了两种方法来延伸曲面特征：沿初始曲面和至平面。

**1. 使用沿初始曲面方法延伸曲面**

这是系统默认的一种曲面延伸方式，使用该方法延伸曲面特征时，可单击选项卡中的【选项】按钮，弹出如图 4-2-29 所示的选项卡，系统提供了相同、切线和逼近 3 种方法来实现延伸过程。

图 4-2-29  【选项】选项卡

1）相同：可创建与原始曲面类型相同的曲面作为延伸曲面，如平面、圆柱等曲面，延伸后的曲面类型不变。

2）切线：可创建与原始曲面相切的直纹曲面作为延伸曲面。

3）逼近：可在原始曲面的边界与延伸边界之间创建边界混合曲面作为延伸曲面。

单击【拉伸】选项卡下方的【测量】按钮，弹出如图 4-2-30 所示的【测量】选项卡。在该选项卡中可以通过多种方法设置延伸距离。

| 点 | 距离 | 距离类型 | 边 | 参考 | 位置 |
|---|---|---|---|---|---|
| 1 | 20.00 | 垂直于边 | 边:F5(拉伸_1) | 顶点边:F5(拉伸_1) | 终点 1 |

图 4-2-30　【测量】选项卡

首先在参考边线上设置参考点，然后为每个参考点设置延伸距离数值。如果要在延伸边线上添加或删除参考点，则可以在选项卡中右击，在弹出的快捷菜单中选择【添加】或【删除】选项，也可以直接在边线上某点处右击，再在弹出的快捷菜单中选择【添加】或【删除】选项。第三列的【距离类型】有 4 个选项，各选项的含义如下。

1）垂直于边：垂直于参考边线测量延伸距离。

2）沿边：沿着与参考边相邻的侧边测量延伸距离。

3）至顶点平行：延伸曲面至下一个顶点处，延伸后曲面边界与原来的参考边线平行。

4）至顶点相切：延伸曲面至下一个顶点处，延伸后曲面边界与顶点处的下一个单侧边相切。

下面以实例介绍其一般操作过程。

1）将工作目录设置至 Creo9.0\work\original\ch4\ch4.2，打开如图 4-2-31 所示的模型文件 quilt_ yanshen_ yuan.prt。

2）选取如图 4-2-31 所示的边线为要延伸的边，然后在【编辑】选项组中单击【延伸】按钮，弹出【延伸】选项卡。

视频：沿初始曲面延伸

3）单击选项卡中的【沿初始曲面】按钮，再单击【测量】按钮，弹出【测量】选项卡。在边线上添加 5 个点，将其延伸距离分别设置为 20、30、50、30、20，并用使鼠标调节其位置，最终效果如图 4-2-32 所示。

4）单击【延伸】选项卡中的【预览】按钮，观察延伸后的面组，确认无误后，在【延伸】选项卡中单击【确定】按钮，完成如图 4-2-33 所示的延伸结果。

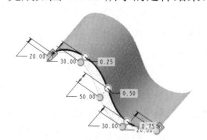

图 4-2-31　quilt_ yanshen_ yuan 模型　　图 4-2-32　设置延伸距离　　图 4-2-33　延伸结果 1

5）选择【文件】→【另存为】→【保存副本】选项，打开【保存副本】对话框，在【文件名】文本框中输入 quilt_ yanshen_ yuan1.prt，然后单击【确定】按钮完成文件的保存。

**2. 将曲面延伸到参考平面**

使用该方式延伸曲面特征时，曲面延伸到所指定的参考平面为止。

1）将工作目录设置至 Creo9.0\work\original\ch4\ch4.2，打开如图 4-2-34 所示的模型文件 quilt_ yanshen_can.prt。

2）选取如图 4-2-34 所示模型的外边线为要延伸的边，然后在【编辑】选项组中单击【延伸】按钮，弹出【延伸】选项卡。

3）单击选项卡中的【至平面】按钮。

4）在模型中选取如图 4-2-35 所示的终止平面 DTM1。

5）单击【预览】按钮，观察延伸后的面组，确认无误后，单击【确定】按钮，完成如图 4-2-36 所示的延伸结果。

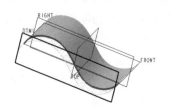
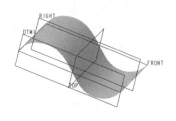

图 4-2-34　quilt_yanshen_can模型　　　图 4-2-35　选取终止平面　　　图 4-2-36　延伸结果 2

6）选择【文件】→【另存为】→【保存副本】选项，打开【保存副本】对话框，在【文件名】文本框中输入 quilt_ yanshen_can1.prt，然后单击【确定】按钮完成文件的保存。

### 🔧 任务实施

### 一、设置工作目录并新建文件

1）将工作目录设置至 Creo9.0\work\original\ch4\ch4.2。

2）单击工具栏中的【新建】按钮，在打开的【新建】对话框中选中【类型】选项组中的【零件】单选按钮，选中【子类型】选项组中的【实体】单选按钮；取消选中【使用默认模板】复选框以取消使用默认模板，在【名称】文本框中输入文件名 she_xiang_tou。然后单击【确定】按钮，打开【新文件选项】对话框，选择【mmns_part_solid_abs】模板，单击【确定】按钮，进入零件的创建环境。

### 二、创建辅助平面

1）在【基准】选项组中单击【平面】按钮，打开【基准平面】对话框。

2）单击选取 FRONT 基准平面，并在【基准平面】对话框中的【偏移】选项组中的【平移】文本框中输入数值 20。

3）单击【基准平面】对话框中的【确定】按钮，完成如图 4-2-37 所示的基准平面 DTM1 的创建。

4）重复步骤 1）和步骤 2），并在【平移】文本框中输入数值-20，完成如图 4-2-38 所示的基准平面 DTM2 的创建。

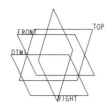

图 4-2-37　基准平面 DTM1

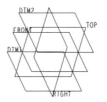

图 4-2-38　基准平面 DTM2

### 三、创建曲线 1

1）在【基准】选项组中单击【草绘】按钮，弹出【草绘】选项卡。

2）选取 DTM1 平面为草绘平面，使用模型中默认的方向为草绘视图方向。选取 RIGHT 基准平面为参考平面，方向为【右】。然后单击对话框中的【草绘】按钮，进入草绘环境。在【设置】选项组中单击【草绘视图】按钮，使草绘平面与屏幕平行。

3）在草绘环境下绘制如图 4-2-39 所示的截面草图，再在选项卡中单击【确定】按钮，完成如图 4-2-40 所示基准曲线 1 的创建。

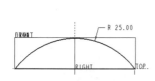

图 4-2-39　截面草图 1

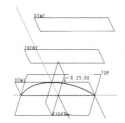

图 4-2-40　基准曲线 1

4）再次在【基准】选项组中单击【草绘】按钮，弹出【草绘】选项卡。

5）选取 DTM2 平面为草绘平面，使用模型中默认的方向为草绘视图方向。选取 RIGHT 基准平面为参考平面，方向为【右】。然后单击对话框中的【草绘】按钮，进入草绘环境。在【设置】选项组中单击【草绘视图】按钮，使草绘平面与屏幕平行。

6）在草绘环境下绘制如图 4-2-41 所示的截面草图，然后在选项卡中单击【确定】按钮，完成如图 4-2-42 所示基准曲线 2 的创建。

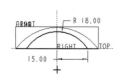

图 4-2-41　截面草图 2

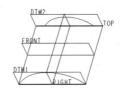

图 4-2-42　基准曲线 2

7）单击【模型】选项卡中的【基准】下拉按钮，在弹出的下拉列表中选择【曲线】→【通过点的曲线】选项。

8）弹出【曲线：通过点】选项卡，接受默认选项设置。

9）在图形区依次选择如图 4-2-43 所示曲线的两个顶点，系统自动以选取的第一点为起点，并与第二点连接成一条直线。

10）在【曲线：通过点】选项卡中单击【确定】按钮，完成如图 4-2-44 所示基准曲线 3 的创建。

11）同理，重复步骤 7）～步骤 10），创建如图 4-2-45 所示的基准曲线 4。

图 4-2-43　选择顶点　　　　　　图 4-2-44　基准曲线 3　　　　　　图 4-2-45　基准曲线 4

## 四、创建边界混合曲面 1

1）在【曲面】选项组中单击【边界混合】按钮，弹出【边界混合】选项卡。再按住 Ctrl 键，分别选取如图 4-2-46 所示的第一方向的两条边界曲线。

2）在选项卡中单击第二方向曲线列表框中的"单击此…"字符，再按住 Ctrl 键，分别选取如图 4-2-46 所示的第二方向的两条边界曲线。

3）单击【确定】按钮，完成如图 4-2-47 所示的边界混合曲面的创建。

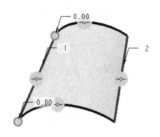 

图 4-2-46　选取曲线 1　　　　　　　　图 4-2-47　边界混合曲面 1

## 五、创建曲线 2

1）在【基准】选项组单击【平面】按钮，弹出【基准平面】对话框。

2）单击选取 DTM1 基准平面，并在【基准平面】对话框中的【偏移】选项组中的【平移】文本框中输入数值 10。

3）单击【基准平面】对话框中的【确定】按钮，完成如图 4-2-48 所示基准平面 DTM3 的创建。

4）在【基准】选项组单击【草绘】按钮，弹出【草绘】选项卡。

5）选取 DTM3 平面为草绘平面，使用模型中默认的方向为草绘视图方向。选取 RIGHT 基准平面为参考平面，方向为【右】。然后单击对话框中的【草绘】按钮，进入草绘环境。

6）在草绘环境下绘制如图 4-2-49 所示的截面草图，然后在选项卡中单击【确定】按钮，完成如图 4-2-50 所示基准曲线 5 的创建。

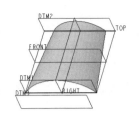

图 4-2-48　基准平面 DTM3　　　图 4-2-49　截面草图 3　　　图 4-2-50　基准曲线 5

7）单击【模型】选项卡中的【基准】下拉按钮，在弹出的下拉列表中选择【曲线】→【通过点的曲线】选项。

8）弹出【曲线：通过点】选项卡，接受默认选项设置。

9）在图形区依次选择如图 4-2-50 所示曲线的两个顶点，系统自动以选取的第一点为起点，并与第二点连接成一条直线。

10）在【曲线：通过点】选项卡中单击【确定】按钮，完成如图 4-2-51 所示基准曲线 6 的创建。

11）同理，创建如图 4-2-52 所示的基准曲线 7。

图 4-2-51　基准曲线 6　　　　　　　图 4-2-52　基准曲线 7

## 六、创建边界混合曲面 2

1）在【曲面】选项组中单击【边界混合】按钮，弹出【边界混合】选项卡。再按住 Ctrl 键，分别选取如图 4-2-53 所示的第一方向的两条边界曲线。

2）在选项卡中单击第二方向曲线列表框中的"单击此…"字符，再按住 Ctrl 键，分别选取如图 4-2-53 所示的第二方向的两条边界曲线。

3）最后单击【确定】按钮，完成如图 4-2-54 所示的边界混合曲面的创建。

图 4-2-53　选取曲线 2　　　　　　　图 4-2-54　边界混合曲面 2

### 七、合并、修剪曲面

1）按住 Ctrl 键，选取要合并的两个曲面，在【编辑】选项组中单击【合并】按钮，弹出【合并】选项卡。

2）单击【选项】按钮，并在弹出的【选项】选项卡中选择【连接】合并类型，此时的模型如图 4-2-55 所示。

3）在【合并】选项卡中单击【预览】按钮，单击选项卡中的【方向】按钮调整方向，直至得到满意的结果为止。

4）在【合并】选项卡中单击【确定】按钮，完成如图 4-2-56 所示的曲面合并操作。

图 4-2-55　选取曲面　　　　　　　　　图 4-2-56　合并的结果

5）选择刚创建的合并曲面，再单击【编辑】选项组中的【修剪】按钮，弹出【修剪】选项卡。

6）选取基准平面 TOP 为修剪对象，此时的模型如图 4-2-57 所示，然后单击【修剪】选项卡中的 ╱ 按钮选择需要保留的曲面。

7）单击【确定】按钮，完成如图 4-2-58 所示的修剪曲面。

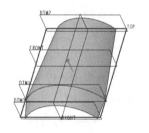

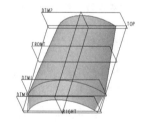

图 4-2-57　修剪状态　　　　　　　　　图 4-2-58　修剪结果

### 八、延伸曲面

1）单击【基准】选项组中的【平面】按钮，打开【基准平面】对话框。

2）单击选取 TOP 基准平面，并在【基准平面】对话框中的【偏移】选项组中的【平移】文本框中输入数值 2。

3）单击【基准平面】对话框中的【确定】按钮，完成如图 4-2-59 所示基准平面 DTM4 的创建。

4）选取如图 4-2-60 所示的边线为要延伸的边，再单击【编辑】选项组中的【延伸】按钮，弹出【延伸】选项卡。

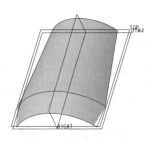

图 4-2-59　基准平面 DTM4

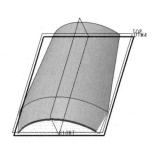

图 4-2-60　选取延伸的边

5）单击选项卡中的【至平面】按钮。

6）在模型中选取终止平面 DTM4。

7）单击【延伸】选项卡中的【预览】按钮，观察延伸后的面组，确认无误后，单击【确定】按钮，完成如图 4-2-61 所示的延伸结果。

8）重复步骤 4）～步骤 7），完成曲面周边其他边线的延伸。如图 4-2-62 所示为最终的延伸效果。

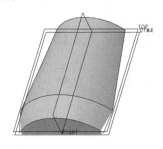

图 4-2-61　延伸结果

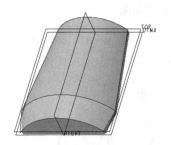

图 4-2-62　延伸效果

## 九、填充曲面

1）在【曲面】选项组中单击【填充】按钮，弹出【填充】选项卡。

2）在绘图区右击，在弹出的快捷菜单中选择【定义内部草绘】选项，在打开的【草绘】对话框中单击【草绘】按钮，进入草绘环境后，绘制如图 4-2-63 所示的封闭的截面草图，完成后单击【确定】按钮退出草绘环境。

3）在【填充】选项卡中单击【确定】按钮，完成如图 4-2-64 所示的填充曲面特征的创建。

图 4-2-63　封闭草绘截面

图 4-2-64　填充曲面

图 4-2-65  曲面合并的结果

## 十、合并曲面

1）按住 Ctrl 键，选取如图 4-2-64 所示模型中的两个曲面。再在【编辑】选项组中单击【合并】按钮，弹出【合并】选项卡。

2）单击【选项】按钮，并在弹出的【选项】选项卡中选择【相交】合并类型。

3）单击【合并】选项卡中的【预览】按钮，观察图形效果。

4）在【合并】选项卡中单击【确定】按钮，完成如图 4-2-65 所示的曲面合并操作。

## 十一、实体化曲面

1）选取如图 4-2-65 所示的合并曲面。

2）在【编辑】选项组中单击【实体化】按钮，弹出【实体化】选项卡。

3）单击【确定】按钮，完成模型实体化的操作。

## 十二、偏移曲面

1）选取刚创建的实体模型的上表面，再在【编辑】选项组中单击【偏移】按钮，弹出【偏移】选项卡。

2）在选项卡的偏移类型中选择【具有拔模】选项，再在【选项】选项卡中选择【曲面】、【直的】等选项。

3）在绘图区右击，在弹出的快捷菜单中选择【草绘】选项后再右击，在弹出的快捷菜单中选择【定义内部草绘】选项，打开【草绘】对话框。

4）选取 TOP 基准平面为草绘平面，使用模型中默认的方向为草绘视图方向。选取 RIGHT 基准平面为参考平面，方向为【右】。然后单击对话框中的【草绘】按钮，进入草绘环境。

5）在草绘环境下绘制如图 4-2-66 所示的草绘截面，完成后单击【确定】按钮退出草绘环境。

6）在选项卡中输入偏移值 1 及侧面的拔模角度 15。

7）单击【确定】按钮，完成如图 4-2-67 所示的偏移特征的创建。

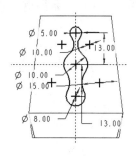

图 4-2-66  草绘截面

图 4-2-67  偏移特征

## 十三、创建壳特征

1）在【工程】选项组中单击【壳】按钮，弹出【壳】选项卡。

2）在模型上选取如图 4-2-68 所示的需要移除的表面。

3）在【壳】选项卡的【厚度】文本框中，输入抽壳的壁厚值 1.6。

4）在【壳】选项卡中单击【确定】按钮，完成如图 4-2-69 所示的壳特征的创建。

图 4-2-68　选取移除表面

图 4-2-69　壳特征

## 十四、创建倒圆角特征 1

1）在【工程】选项组中单击【倒圆角】按钮。

2）在弹出的【倒圆角】选项卡中的文本框中输入圆角半径 1，再选取如图 4-2-70 所示的边线。

3）单击【确定】按钮，完成如图 4-2-71 所示的倒圆角特征。

图 4-2-70　选取倒圆角边线 1

图 4-2-71　倒圆角特征 1

4）再次在【工程】选项组中单击【倒圆角】按钮。

5）在弹出的【倒圆角】选项卡中的文本框中输入圆角半径 2，再选取如图 4-2-72 所示的边线。

6）单击【确定】按钮，完成如图 4-2-73 所示的倒圆角特征。

图 4-2-72　选取倒圆角边线 2

图 4-2-73　倒圆角特征 2

## 十五、创建扫描特征

1）在【基准】选项组单击【草绘】按钮，弹出【草绘】选项卡。

2）选取模型的底平面为草绘平面，使用模型中默认的方向为草绘视图方向。选取 RIGHT 基准平面为参考平面，方向为【右】。单击对话框中的【草绘】按钮，进入草绘环境。

3）在草绘环境下，单击【草绘】选项组中的【投影】按钮，打开【选择项】对话框，并在信息区提示"选择要投影的边或曲线"。

4）按住 Ctrl 键，依次选择模型最外围的边线，得到如图 4-2-74 所示的截面草图，然后单击【选择项】对话框中的【确定】按钮。最后，在【草绘】选项卡中单击【确定】按钮完成曲线的创建。

5）在【模型】选项卡的【形状】选项组中单击【扫描】按钮，弹出【扫描】选项卡。

6）单击下方的【参考】按钮，弹出【参考】选项卡。在选项卡中单击【选择项】选项，然后在模型中选取刚创建的曲线，此时的图形如图 4-2-75 所示。

图 4-2-74　截面草图 1

图 4-2-75　选取曲线

7）在选项卡中单击激活的【草绘】按钮，弹出【草绘】选项卡，再单击【草绘视图】按钮，使草绘平面与屏幕平行。

8）在草绘环境下，在十字中心处绘制如图 4-2-76 所示的方形截面，完成后单击【确定】按钮退出草绘环境。再在【扫描】选项卡中单击【确定】按钮，完成如图 4-2-77 所示的扫描特征的创建。

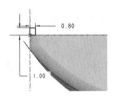

图 4-2-76　方形截面

图 4-2-77　创建的扫描特征

## 十六、创建切剪、拉伸特征

1）在【形状】选项组中单击【拉伸】按钮。

2）在弹出的【拉伸】选项卡中单击【实体类型】按钮（默认选项）和【移除材料】按钮。

3）在【拉伸】选项卡中单击【放置】按钮，然后在弹出的【放置】选项卡中单击【定义】按钮，打开【草绘】对话框。

4）选取模型前端小表面为草绘平面，使用系统中默认的方向为草绘视图方向。选取

RIGHT 基准平面为参考平面，方向为【右】。单击对话框中的【草绘】按钮，进入草绘环境。在【设置】选项组中单击【草绘视图】按钮，使草绘平面与屏幕平行。

5）在草绘环境下绘制如图 4-2-78 所示的截面草图，完成后单击【确定】按钮退出草绘环境。

6）在【拉伸】选项卡中单击【从草绘平面以指定的深度值拉伸】按钮，再在文本框中输入深度值 4，然后单击【确定】按钮，完成如图 4-2-79 所示的切剪特征的创建。

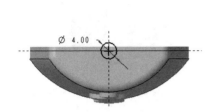

图 4-2-78　截面草图 2　　　　　　　　　图 4-2-79　切剪特征 1

7）再次在【形状】选项组中单击【拉伸】按钮。

8）在弹出的【拉伸】选项卡中单击【实体类型】按钮（默认选项）和【移除材料】按钮。

9）在【拉伸】选项卡中单击【放置】按钮，然后在弹出的【放置】选项卡中单击【定义】按钮，打开【草绘】对话框。

10）选取模型后端大表面为草绘平面，使用系统中默认的方向为草绘视图方向。选取 RIGHT 基准平面为参考平面，方向为【右】。单击对话框中的【草绘】按钮，进入草绘环境。在【设置】选项组中单击【草绘视图】按钮，使草绘平面与屏幕平行。

11）在草绘环境下绘制如图 4-2-80 所示的截面草图，完成后单击【确定】按钮退出草绘环境。

12）在【拉伸】选项卡中单击【从草绘平面以指定的深度值拉伸】按钮，再在文本框中输入深度值 4，然后单击【确定】按钮，完成如图 4-2-81 所示的切剪特征的创建。

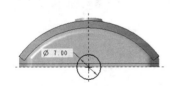

图 4-2-80　截面草图 3　　　　　　　　　图 4-2-81　切剪特征 2

13）再次在【形状】选项组中单击【拉伸】按钮。

14）在弹出的【拉伸】选项卡中单击【实体类型】按钮（默认选项）。

15）在【拉伸】选项卡中单击【放置】按钮，然后在弹出的【放置】选项卡中单击【定义】按钮，打开【草绘】对话框。

16）选取模型后端大表面为草绘平面，使用系统中默认的方向为草绘视图方向。选取 RIGHT 基准平面为参考平面，方向为【右】。单击对话框中的【草绘】按钮，进入草绘环境。在【设置】选项组中单击【草绘视图】按钮，使草绘平面与屏幕平行。

17）在草绘环境下绘制如图 4-2-82 所示的截面草图，完成后单击【确定】按钮退出草绘环境。

18）在【拉伸】选项卡中单击【从草绘平面以指定的深度值拉伸】按钮，再在文本框中输入深度值 5，然后单击【确定】按钮，完成如图 4-2-83 所示的拉伸特征的创建。

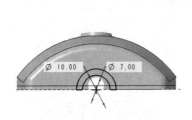

图 4-2-82　截面草图 4

图 4-2-83　拉伸特征 1

19）再次在【形状】选项组中单击【拉伸】按钮。

20）在弹出的【拉伸】选项卡中单击【实体类型】按钮（默认选项）和【移除材料】按钮。

21）在【拉伸】选项卡中单击【放置】按钮，然后在弹出的【放置】选项卡中单击【定义】按钮，打开【草绘】对话框。

22）选取 TOP 基准平面为草绘平面，使用系统中默认的方向为草绘视图方向。选取 RIGHT 基准平面为参考平面，方向为【右】。单击对话框中的【草绘】按钮，进入草绘环境。

23）在草绘环境下绘制如图 4-2-84 所示的截面草图，完成后单击【确定】按钮退出草绘环境。

24）在【拉伸】选项卡中单击【拉伸至与所有曲面相交】按钮，然后单击【确定】按钮，完成如图 4-2-85 所示的拉伸特征的创建。

图 4-2-84　截面草图 5

图 4-2-85　拉伸特征 2

25）再次在【形状】选项组中单击【拉伸】按钮。

26）在弹出的【拉伸】选项卡中单击【实体类型】按钮（默认选项）。

27）在【拉伸】选项卡中单击【放置】按钮，然后在弹出的【放置】选项卡中单击【定义】按钮，打开【草绘】对话框。

28）选取 TOP 基准平面为草绘平面，使用系统中默认的方向为草绘视图方向。选取 RIGHT 基准平面为参考平面，方向为【右】。单击对话框中的【草绘】按钮，进入草绘环境。

29）在草绘环境下绘制如图 4-2-86 所示的截面草图，完成后单击【确定】按钮退出草绘环境。

30）在【拉伸】选项卡中单击【拉伸至选定的点、曲线、平面或曲面】按钮，然后选取模型内表面，再单击【确定】按钮，完成如图 4-2-87 所示的拉伸特征的创建。

图 4-2-86 截面草图 6

图 4-2-87 拉伸特征 3

## 十七、创建倒圆角特征 2

1）在【工程】选项组中单击【倒圆角】按钮。

2）在弹出的【倒圆角】选项卡中的文本框中输入圆角半径 1，再选取如图 4-2-88 所示的边线。

3）单击【确定】按钮，完成如图 4-2-89 所示的倒圆角特征的创建。

图 4-2-88 选取倒圆角边线 3

图 4-2-89 倒圆角特征 3

4）再次单击【倒圆角】按钮。

5）在弹出的【倒圆角】选项卡中的文本框中输入圆角半径 0.5，再选取如图 4-2-90 所示的边线。

6）单击【确定】按钮，完成图 4-2-91 所示的倒圆角特征的创建。

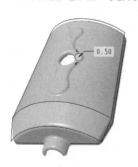

图 4-2-90 选取倒圆角边线 4

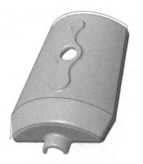

图 4-2-91 倒圆角特征 4

7）单击工具栏中的【保存】按钮，打开【保存对象】对话框，使用默认名称并单击【确定】按钮完成文件的保存。

**任务评价**

本任务的任务评价表如表 4-2-2 所示。

表 4-2-2　任务评价表

| 序号 | 评价内容 | 评价标准 | 评价结果（是/否） |
| --- | --- | --- | --- |
| 1 | 知识与技能 | 能创建填充曲面特征 | □是　□否 |
| | | 能创建混合边界曲面特征 | □是　□否 |
| | | 能使用修剪命令编辑曲面 | □是　□否 |
| | | 能使用延伸命令编辑曲面 | □是　□否 |
| 2 | 职业素养 | 具有专注、负责的工作态度 | □是　□否 |
| | | 具有勤于思考、善于总结、勇于探索的精神 | □是　□否 |
| 3 | 总评 | "是"与"否"在本次评价中所占的百分比 | "是"占__%<br>"否"占__% |

 **任务巩固**

在 Creo 9.0 软件的零件模块中完成如图 4-2-92 和图 4-2-93 所示零件模型的创建。

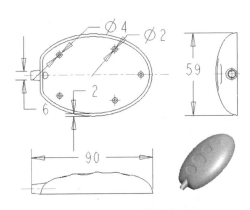

图 4-2-92　零件模型 1

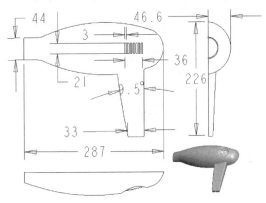

图 4-2-93　零件模型 2

工作任务 三　异形壶模型的建模

**任务目标**

1）掌握扫描混合特征的创建方法。

2）掌握螺旋扫描特征的创建方法。

3）掌握可变截面扫描特征的创建方法。

**任务描述**

在 Creo 9.0 软件的零件模块中完成如图 4-3-1 所示异形壶模型的创建。

图 4-3-1　异形壶模型

 任务分析

　　该异形壶模型由壶身和壶柄两部分组成。壶身外形较特殊，需要使用扫描混合方法成形。壶口分布有螺纹，需要使用螺旋扫描方法成形。壶柄则需要使用可变截面扫描方法成形。在创建过程中还需要综合运用草绘、拉伸、旋转、实体化等成形方法。如表 4-3-1 所示为异形壶模型的创建思路。

表 4-3-1　异形壶模型的创建思路

| 步骤名称 | 应用功能 | 示意图 | 步骤名称 | 应用功能 | 示意图 |
|---|---|---|---|---|---|
| 1）创建基本曲面 | 【草绘】命令、【点】命令、【扫描混合】命令 | | 4）实体化 | 【合并】命令、【实体化】命令、【倒圆角】命令 | |
| 2）创建壶口 | 【拉伸】命令、【草绘】命令 | | 5）抽壳 | 【壳】命令 | |
| 3）创建壶柄 | 【可变截面扫描】命令 | | 6）创建壶口螺纹 | 【螺旋扫描】命令、【旋转】命令 | |

 知识准备

**一、扫描混合曲面的创建**

　　扫描混合曲面综合了扫描和混合特征的特点，在建模时首先选取扫描轨迹线，再在轨迹线上设置一组参考点，并在各参考点处绘制一组截面，最后将这些截面扫描混合后创建扫描混合曲面。下面以实例介绍扫描混合曲面的创建过程。

视频：扫描混合曲面

　　1）将工作目录设置至 Creo9.0\work\original\ch4\ch4.3，打开如图 4-3-2 所示的模型文件 sweep_hunhe.prt。

　　2）在【基准】选项组中单击【点】按钮，打开【基准点】对话框，单击鼠标左键在曲线上创建如图 4-3-3 所示的基准点 PNT0、PNT1、PNT2。

图 4-3-2　sweep_hunhe 模型　　　　　　　　　图 4-3-3　创建基准点

3）在【形状】选项组中单击【扫描混合】按钮，弹出如图 4-3-4 所示的【扫描混合】选项卡。在选项卡中单击【曲面】按钮。

图 4-3-4　【扫描混合】选项卡

4）单击下方的【参考】按钮，在弹出的【参考】选项卡中单击【选择项】选项，再单击如图 4-3-3 所示的曲线，此时的曲线加亮显示，如图 4-3-5 所示。

5）在【扫描混合】选项卡中单击下方的【截面】按钮，弹出【截面】选项卡。这时【截面】选项卡中的【草绘】按钮变为可使用状态。单击【草绘】按钮，进入草绘环境，绘制如图 4-3-6 所示的第一个截面。

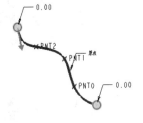
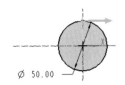

图 4-3-5　选取扫描轨迹线　　　　　　　　　图 4-3-6　第一个截面

6）完成后，单击【确定】按钮退出草绘环境。然后，在【截面】选项卡中单击【插入】按钮，选择 PNT2 作为第二个截面放置点。再单击【草绘】按钮，进入草绘环境，绘制如图 4-3-7 所示的第二个截面。

7）完成后，单击【确定】按钮退出草绘环境。然后，在【截面】选项卡中单击【插入】按钮，选择 PNT1 作为第三个截面放置点。再单击【草绘】按钮，进入草绘环境，绘制如图 4-3-8 所示的第三个截面。

8）完成后，单击【确定】按钮退出草绘环境。然后，在【截面】选项卡中单击【插入】按钮，选择 PNT0 作为第四个截面放置点。再单击【草绘】按钮，进入草绘环境，绘制如图 4-3-9 所示的第四个截面。

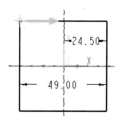

图 4-3-7　第二个截面

图 4-3-8　第三个截面

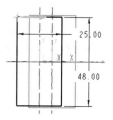

图 4-3-9　第四个截面

9）完成后，单击【确定】按钮退出草绘环境。然后，在【截面】选项卡中单击【插入】按钮，选择曲线终点作为第五个截面放置点。再单击【草绘】按钮，进入草绘环境，绘制如图 4-3-10 所示的第五个截面。

10）在【扫描混合】选项卡中单击下方的【选项】按钮，弹出【选项】选项卡。选中【封闭端】复选框，预览后单击【确定】按钮，完成如图 4-3-11 所示的扫描混合截面。

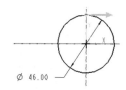

图 4-3-10　第五个截面

图 4-3-11　扫描混合截面

11）选择【文件】→【另存为】→【保存副本】选项，打开【保存副本】对话框，在【文件名】文本框中输入 sweep_hunhe1.prt，然后单击【确定】按钮完成文件的保存。

## 二、螺旋扫描曲面的创建

螺旋扫描曲面是指二维截面沿一条螺旋线轨迹扫描而成的曲面。螺旋扫描曲面分为两种：等螺距的螺旋扫描曲面和可变螺距的螺旋扫描曲面。

1. 等螺距的螺旋扫描曲面

1）将工作目录设置至 Creo9.0\work\original\ch4\ch4.3，新建文件 sweep_luoxuan_deng.prt。

视频：等螺距的
螺旋扫描曲面

2）在【形状】选项中单击【扫描】下拉按钮，在弹出的下拉列表中选择【螺旋扫描】选项，弹出如图 4-3-12 所示的【螺旋扫描】选项卡。

图 4-3-12　【螺旋扫描】选项卡

3）单击【曲面】按钮，再在选项卡中单击下方的【参考】按钮，弹出如图 4-3-13 所示的【参考】选项卡。单击【定义】按钮，打开【草绘】对话框。

4）选取 FRONT 基准平面为草绘平面，RIGHT 基准平面为参考平面，方向为【右】。然后单击【草绘】按钮，进入草绘环境。绘制如图 4-3-14 所示的螺旋扫描轨迹线及中心线，然后单击【确定】按钮退出草绘环境。

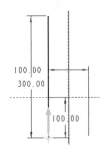

图 4-3-13　【参考】选项卡　　　　　图 4-3-14　螺旋扫描轨迹线及中心线

5）在【螺旋扫描】选项卡的文本框中输入间距值 25，【右手定则】按钮为按下状态，再单击【创建或编辑扫描截面】按钮，进入草绘界面。

6）在草绘环境下，在图形的十字交叉处绘制如图 4-3-15 所示的圆作为螺旋扫描的截面，完成后单击【确定】按钮退出草绘环境。再在【选项】选项卡中选中【封闭端】复选框。

7）在【螺旋扫描】选项卡中单击【预览】按钮，观察特征效果，然后单击【确定】按钮，完成如图 4-3-16 所示的等螺距螺旋扫描曲面的创建。

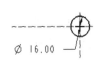

图 4-3-15　螺旋扫描截面　　　　　图 4-3-16　等螺距螺旋扫描曲面

视频：可变螺距的
螺旋扫描曲面

**2. 可变螺距的螺旋扫描曲面**

1）将工作目录设置至 Creo9.0\work\original\ch4\ch4.3，新建文件 sweep_luoxuan_bian.prt。

2）在【形状】选项组中单击【扫描】下拉按钮，再在弹出的下拉列表中选择【螺旋扫描】选项，弹出【螺旋扫描】选项卡。

3）单击【曲面】按钮，再单击下方的【选项】按钮，弹出【选项】选项卡。

4）在【选项】选项卡中单击选取【改变截面】选项并选中【封闭端】复选框，然后单击下方的【参考】按钮，弹出【参考】选项卡。

5）单击【定义】按钮，打开【草绘】对话框。选取 FRONT 基准平面为草绘平面，RIGHT 基准平面为参考平面，方向为【右】。然后单击【草绘】按钮，进入草绘环境。绘制如图 4-3-17 所示的螺旋扫描轨迹线及中心线，然后单击【确定】按钮退出草绘环境。

6）在【螺旋扫描】选项卡中单击下方的【间距】按钮，弹出如图 4-3-18 所示的【间距】选项卡。

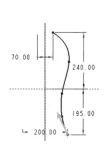

图 4-3-17  螺旋扫描轨迹线及中心线          图 4-3-18  【间距】选项卡

7）单击选项卡中的【添加间距】选项，在文本框中输入间距 50，位置为"起点"。随后，重复单击【间距】选项卡中的【添加间距】选项并输入其余 3 个间距数值，完成后的选项卡如图 4-3-19 所示。

8）在【螺旋扫描】选项卡中的文本框中输入间距值 35，【右手定则】按钮为按下状态，再单击【创建或编辑扫描截面】按钮，系统进入草绘界面。

9）在草绘环境下，在图形的十字交叉处绘制如图 4-3-20 所示的圆作为螺旋扫描的截面，完成后单击【确定】按钮退出草绘环境。

10）在【螺旋扫描】选项卡中单击【预览】按钮，观察特征效果，然后单击【确定】按钮，完成如图 4-3-21 所示的可变螺距螺旋扫描曲面的创建。

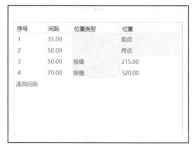

图 4-3-19  设置间距          图 4-3-20  螺旋扫描的截面    图 4-3-21  可变螺距螺旋扫描曲面

## 三、可变截面扫描曲面的创建

可变截面扫描就是使用可以变化的截面创建扫描特征，其核心就是截面是可变的。需要注意的是，在创建可变截面扫描特征时，需要事先创建扫描轨迹线，并选取其为原始轨迹线。

### 1. 创建扫描轨迹线

1）在【形状】选项组中单击【扫描】按钮，弹出如图 4-3-22 所示的【扫描】选项卡。

图 4-3-22　【扫描】选项卡

2）单击选项卡中的【可变截面】按钮和【曲面】按钮，即可进行可变截面扫描曲面的创建。

3）在选项卡中单击下方的【参考】按钮，弹出【参考】选项卡。单击【选择项】选项，然后选取扫描轨迹线，在选取轨迹线时按住 Ctrl 键，可以添加多个轨迹。

创建可变截面扫描时可以使用以下轨迹类型。

① 原始轨迹：在打开可变截面扫描设计工具之前选取的轨迹为原始轨迹线，具有引导截面扫描移动和控制截面外形变化的作用。

② 法向轨迹：需要选取两条轨迹线来决定截面的位置和方向，其中原始轨迹用于决定截面中心的位置，在扫描过程中截面始终保持与法向轨迹垂直。

③ X 轨迹：沿 X 轴坐标方向的轨迹线。

4）在【参考】选项卡中，单击【截平面控制】选项组中的【垂直于轨迹】下拉按钮，弹出如图 4-3-23 所示的【垂直于轨迹】下拉列表。

图 4-3-23　【垂直于轨迹】下拉列表

其中包含以下 3 种选项。

① 垂直于轨迹：绘制的截面在扫描过程中总是垂直于指定的法向轨迹。

② 垂直于投影：绘制的截面在扫描过程中总是垂直于指定的投影基准面。

③ 恒定法向：绘制的截面在扫描过程中总是平行于指定方向。

5）在设置完【参考】选项后，选项卡中的【草绘】按钮才被激活，此时单击该按钮即可绘制截面图。完成后，单击【确定】按钮退出草绘环境。

**2. 可变截面扫描曲面的创建实例**

1）将工作目录设置至 Creo9.0\work\original\ch4\ch4.3，新建文件 sweep_kebianjm.prt。

2）在【基准】选项组中单击【草绘】按钮，打开【草绘】对话框。选取 TOP 基准平面为草绘平面，RIGHT 基准平面为参考平面，方向为【右】。

视频：可变截面
扫描曲面

3）单击【草绘】按钮，进入草绘环境。绘制如图 4-3-24 所示的草绘曲线 1，完成后单击【确定】按钮退出草图环境。同理，绘制如图 4-3-25 所示的草绘曲线 2。

4）在【形状】选项组中单击【扫描】按钮，弹出【扫描】选项卡。在选项卡中单击【可变截面】按钮和【曲面】按钮，再按住 Ctrl 键选取刚绘制的两条曲线，此时的模型如图 4-3-26 所示。

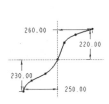

图 4-3-24　草绘曲线 1

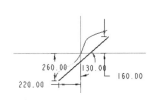

图 4-3-25　草绘曲线 2

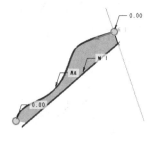

图 4-3-26　选取扫描曲线

5）在【扫描】选项卡中单击【草绘】按钮，进入草绘环境，然后绘制如图 4-3-27 所示的扫描截面。

**注意：**应使截面图形通过两条曲线的端点。

6）预览后单击【扫描】选项卡中的【确定】按钮，完成如图 4-3-28 所示的可变截面扫描曲面的创建。

图 4-3-27　扫描截面

图 4-3-28　可变截面扫描曲面

 **任务实施**

**一、设置工作目录并新建文件**

1）将工作目录设置至 Creo9.0\work\original\ch4\ch4.3。

2）单击工具栏中的【新建】按钮，在打开的【新建】对话框中选中【类型】选项组中的【零件】单选按钮，并选中【子类型】选项组中的【实体】单选按钮；取消选中【使用默认模板】复选框以取消使用默认模板，在【名称】文本框中输入文件名 yi_xing_hu。然后单击【确定】按钮，打开【新文件选项】对话框，选择【mmns_part_solid_abs】模板，单击【确定】按钮，进入零件的创建环境。

视频：异形壶

**二、创建曲线和点**

1）在【基准】选项组中单击【草绘】按钮，打开【草绘】对话框。

2）选取 FRONT 基准平面为草绘平面，使用系统中默认的方向为草绘视图方向。选取 RIGHT 基准平面为参考平面，方向为【右】。单击对话框中的【草绘】按钮，进入草绘环境。在【设置】选项组中单击【草绘视图】按钮，使草绘平面与屏幕平行。

3）在草绘环境下绘制如图 4-3-29 所示的截面草图，完成后单击【确定】按钮退出草绘环境，完成如图 4-3-30 所示的曲线 1。

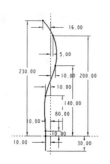

图 4-3-29　截面草图 1

图 4-3-30　曲线 1

4）在【基准】选项组中单击【点】按钮，打开【基准点】对话框，在曲线 1 上创建如图 4-3-31 所示的 6 个基准点 PNT0、PNT1、PNT2、PNT3、PNT4、PNT5。此时的【基准点】对话框如图 4-3-32 所示。

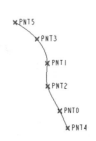

图 4-3-31　创建基准点

图 4-3-32　【基准点】对话框

## 三、创建扫描混合特征

1）在【形状】选项组单击【扫描混合】按钮，弹出【扫描混合】选项卡，在选项卡中单击【曲面】按钮。

2）单击【扫描混合】选项卡下方的【参考】按钮，在弹出的【参考】选项卡中单击【选择项】选项，再单击图 4-3-30 所示的曲线，此时的曲线加亮显示。

3）在【扫描混合】选项卡中单击下方的【截面】按钮，弹出【截面】选项卡。此时，系统自动选择 PNT5 为第一个截面放置点。

4）单击【草绘】按钮，进入草绘环境，然后绘制如图 4-3-33 所示的第一个截面。

5）完成后，单击【确定】按钮退出草绘环境。然后，在【截面】选项卡中单击【插入】按钮，选择 PNT3 作为第二个截面放置点。再单击【草绘】按钮，进入草绘环境，绘制如图 4-3-34 所示的第二个截面。

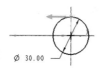

图 4-3-33　第一个截面

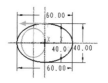

图 4-3-34　第二个截面

6）完成后，单击【确定】按钮退出草绘环境。然后，在【截面】选项卡中单击【插入】按钮，选择 PNT1 作为第三个截面放置点。再单击【草绘】按钮，进入草绘环境，绘制如图 4-3-35 所示的第三个截面。

7）完成后，单击【确定】按钮退出草绘环境。然后，在【截面】选项卡中单击【插入】按钮，选择 PNT2 作为第四个截面放置点。再单击【草绘】按钮，进入草绘环境，绘制如图 4-3-36 所示的第四个截面。

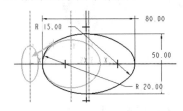

图 4-3-35 第三个截面

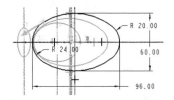

图 4-3-36 第四个截面

8）完成后，单击【确定】按钮退出草绘环境。然后，在【截面】选项卡中单击【插入】按钮，选择 PNT0 作为第五个截面放置点。再单击【草绘】按钮，进入草绘环境，绘制如图 4-3-37 所示的第五个截面。

9）完成后，单击【确定】按钮退出草绘环境。然后，在【截面】选项卡中单击【插入】按钮，选择曲线终点作为第六个截面放置点。再单击【草绘】按钮，进入草绘环境，绘制如图 4-3-38 所示的第六个截面。

10）在【扫描混合】选项卡中单击下方的【选项】按钮，再在弹出的【选项】选项卡中选中【封闭端】复选框。预览后单击【确定】按钮，完成如图 4-3-39 所示的扫描混合截面的创建。

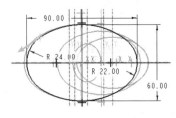

图 4-3-37 第五个截面

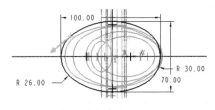

图 4-3-38 第六个截面

图 4-3-39 扫描混合的结果

## 四、拉伸曲面

1）在【形状】选项组中单击【拉伸】按钮，弹出【拉伸】选项卡。

2）单击【曲面】按钮。

3）再单击【拉伸】选项卡中的【放置】按钮，然后在弹出的【放置】选项卡中单击【定义】按钮，打开【草绘】对话框。

4）选取图 4-3-39 所示模型的上表面为草绘平面，使用系统中默认的方向为草绘视图方向。选取 FRONT 基准平面为参考平面，方向为【右】。单击对话框中的【草绘】按钮，进入草绘环境。在【设置】选项组中单击【草绘视图】按钮，使草绘平面与屏幕平行。

5）在草绘环境下绘制如图 4-3-40 所示的截面草图，完成后单击【确定】按钮退出草绘环境。

6）在【拉伸】选项卡中单击【从草绘平面以指定的深度值拉伸】按钮，再在文本框中输入深度值 30，然后单击【确定】按钮，完成如图 4-3-41 所示的拉伸曲面。

图 4-3-40　截面草图 2

图 4-3-41　拉伸曲面

## 五、创建基准平面

1）在【基准】选项组中单击【平面】按钮，打开【基准平面】对话框。

2）单击选取 FRONT 基准平面，并在【基准平面】对话框中的【偏移】选项组中的【平移】文本框中输入数值 6。

3）单击【基准平面】对话框中的【确定】按钮，完成如图 4-3-42 所示基准平面 DTM1 的创建。

4）同理，重复步骤 1）～步骤 3），完成如图 4-3-43 所示的基准平面 DTM2 的创建。

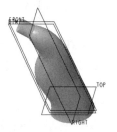

图 4-3-42　基准平面 DTM1

图 4-3-43　基准平面 DTM2

## 六、绘制曲线

1）在【基准】选项组中单击【草绘】按钮，打开【草绘】对话框。

2）选取基准平面 DTM1 为草绘平面，使用模型中默认的方向为草绘视图方向。选取 RIGHT 基准平面为参考平面，方向为【右】。单击对话框中的【草绘】按钮，进入草绘环境。再在【设置】选项组中单击【草绘视图】按钮，使草绘平面与屏幕平行。

3）在草绘环境下绘制如图 4-3-44 所示的截面草图，最后单击【确定】按钮退出草绘环境，完成如图 4-3-45 所示的曲线 2。

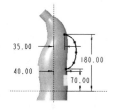

图 4-3-44　截面草图 3

图 4-3-45　曲线 2

4）同理，重复步骤 1）～步骤 3），选取基准平面 DTM2 为草绘平面，完成如图 4-3-46 和图 4-3-47 所示的截面草图和曲线 3。

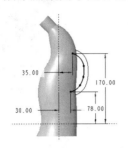

图 4-3-46　截面草图 4

图 4-3-47　曲线 3

## 七、创建可变截面扫描曲面

1）在【形状】选项组中单击【扫描】按钮，弹出【扫描】选项卡。在选项卡中单击【可变截面】按钮和【曲面】按钮，再按住 Ctrl 键选取刚绘制的两条曲线 2 和曲线 3，此时的模型如图 4-3-48 所示。

2）在【扫描】选项卡中单击【草绘】按钮，进入草绘环境。然后绘制如图 4-3-49 所示的扫描截面。

3）预览后单击【扫描】选项卡中的【确定】按钮，完成如图 4-3-50 所示的可变截面扫描曲面的创建。

图 4-3-48　选取扫描曲线

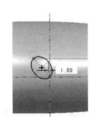

图 4-3-49　扫描截面

图 4-3-50　可变截面扫描曲面

## 八、合并曲面并实体化

1）按住 Ctrl 键，选取要合并的两个曲面。然后在【编辑】选项组中单击【合并】按钮，弹出【合并】选项卡。

2）接受默认的【相交】合并类型，此时的模型如图 4-3-51 所示。

3）单击【合并】选项卡中的【方向】按钮，调整模型状态，并单击【预览】按钮，直至得到满意的结果。

4）单击【确定】按钮，完成如图 4-3-52 所示的合并曲面 1。

5）按住 Ctrl 键，选取要合并的两个曲面。然后在【编辑】选项组中单击【合并】按钮，弹出【合并】选项卡。

6）接受默认的【相交】合并类型，此时的模型如图 4-3-53 所示。

图 4-3-51　选取曲面 1

图 4-3-52　合并曲面 1

图 4-3-53　选取曲面 2

7）单击【合并】选项卡中的【方向】按钮，调整模型状态，并单击【预览】按钮，直至得到满意的结果。

8）单击【确定】按钮，完成如图 4-3-54 所示的合并曲面 2。

9）选取图 4-3-54 所示的合并曲面 2，然后在【编辑】选项组中单击【实体化】按钮，弹出【实体化】选项卡。

10）单击【确定】按钮，完成如图 4-3-55 所示的实体化操作。

图 4-3-54　合并曲面 2

图 4-3-55　实体化模型

## 九、创建倒圆角和壳特征

1）在【工程】选项组中单击【倒圆角】按钮，弹出【倒圆角】选项卡。

2）在【倒圆角】选项卡的文本框中输入圆角半径 10，再在如图 4-3-55 所示的模型上选取要倒圆角的底部边线，此时模型的显示状态如图 4-3-56 所示。

3）在【倒圆角】选项卡中单击【预览】按钮，观察所创建的特征效果。

4）在【倒圆角】选项卡中单击【确定】按钮，完成如图 4-3-57 所示的倒圆角特征 1。

图 4-3-56　选取边线

图 4-3-57　倒圆角特征 1

5）同理，重复步骤 1）～步骤 4），选取其余边线倒圆角。分别设置圆角半径为 5 和 3，最后完成的模型如图 4-3-58 所示。

6）单击【工程】选项组中的【壳】按钮，弹出【壳】选项卡，并在信息区提示"选取要从零件删除的曲面"。

7）单击，在零件模型上选取上方的需要移除的圆形表面。

8）在【壳】选项卡的【厚度】文本框中，输入抽壳的壁厚值 3，此时的模型如图 4-3-59所示。

9）在【壳】选项卡中单击【确定】按钮，完成如图 4-3-60 所示的抽壳特征。

图 4-3-58　倒圆角特征 2　　　　图 4-3-59　选取移除表面　　　　图 4-3-60　抽壳特征

## 十、创建螺旋扫描切剪特征

1）在【形状】选项组中单击【扫描】下拉按钮，在弹出的下拉列表中选择【螺旋扫描】选项，弹出【螺旋扫描】选项卡。

2）单击【实体】按钮和单击【移除材料】按钮，再在选项卡中单击下方的【参考】按钮，弹出【参考】选项卡。再单击【定义】按钮，打开【草绘】对话框。

3）选取 FRONT 基准平面为草绘平面，RIGHT 基准平面为参考平面，方向为【右】。然后单击【草绘】按钮，进入草绘环境。绘制如图 4-3-61 所示的螺旋扫描轨迹线及中心线，单击【确定】按钮退出草绘环境。

4）在【螺旋扫描】选项卡中的文本框中输入间距值 3，【右手定则】按钮为按下状态，再单击【创建或编辑扫描截面】按钮，进入草绘界面。

5）在草绘环境下，在图形的十字交叉处绘制如图 4-3-62 所示的圆作为螺旋扫描的截面，完成后单击【确定】按钮退出草绘环境。

6）在【螺旋扫描】选项卡中单击【预览】按钮，观察特征效果，最后单击【确定】按钮，完成如图 4-3-63 所示的壶口螺纹的创建。

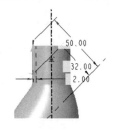 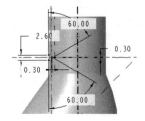 

图 4-3-61　扫描轨迹线及中心线　　　图 4-3-62　螺旋扫描的截面　　　图 4-3-63　壶口螺纹

### 十一、创建旋转切剪特征

1）在【形状】选项组中单击【旋转】按钮，弹出【旋转】选项卡。在选项卡中单击【实体类型】按钮（默认选项）和【移除材料】按钮。

2）直接右击绘图区，在弹出的快捷菜单中选择【定义内部草绘】选项，打开【草绘】对话框。

3）选择 FRONT 基准平面为草绘平面，RIGHT 基准平面为参考平面，参考方向为【右】。然后单击【草绘】按钮，进入草绘环境。在【设置】选项组中单击【草绘视图】按钮，使草绘平面与屏幕平行。

4）在草绘环境下绘制如图 4-3-64 所示的草绘图形和中心线，完成后单击【确定】按钮退出草绘环境。

5）在【旋转】选项卡中单击【从草绘平面以指定的角度值旋转】按钮，在角度文本框中输入数值 360。

6）单击【预览】按钮∞观察效果，最后单击【确定】按钮，完成如图 4-3-65 所示的旋转切剪特征的创建。

图 4-3-64　草绘图形和中心线　　　　　　图 4-3-65　旋转切剪特征

7）单击工具栏中的【保存】按钮，打开【保存对象】对话框，使用默认名称并单击【确定】按钮完成文件的保存。

 **任务评价**

本任务的任务评价表如表 4-3-2 所示。

表 4-3-2　任务评价表

| 序号 | 评价内容 | 评价标准 | 评价结果（是/否） |
|---|---|---|---|
| 1 | 知识与技能 | 能创建扫描混合特征 | □是　□否 |
| | | 能创建螺旋扫描特征 | □是　□否 |
| | | 能创建可变截面扫描特征 | □是　□否 |
| 2 | 职业素养 | 具有专注、负责的工作态度 | □是　□否 |
| | | 具有勤于思考、善于总结、勇于探索的精神 | □是　□否 |
| 3 | 总评 | "是"与"否"在本次评价中所占的百分比 | "是"占__%<br>"否"占__% |

### 任务巩固

在 Creo 9.0 软件的零件模块中完成如图 4-3-66 和图 4-3-67 所示零件模型的创建。

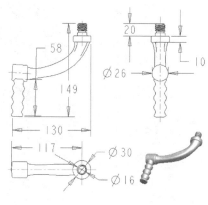

图 4-3-66　零件模型 1

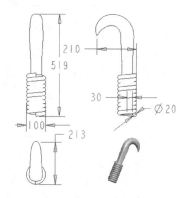

图 4-3-67　零件模型 2

## 工作任务 四　台灯底座上盖模型的建模

### 任务目标

1）掌握曲面实体化的操作方法。

2）掌握曲面加厚的方法。

3）掌握常用的复制、相交、合并、投影、修剪和延伸等曲线编辑方法。

### 任务描述

在 Creo 9.0 软件的零件模块中完成如图 4-4-1 所示台灯底座上盖模型的创建。

图 4-4-1　台灯底座上盖模型

### 任务分析

　　该台灯底座上盖模型是一个结构复杂的零件。外表面上分布有两个"眼睛"、椭圆形凸台、圆孔和环槽等特征，内表面上则分布有用于安装的圆柱、凸台等特征。整个造型过程较复杂，需要综合运用实体及曲面创建和编辑的多种方法。如表 4-4-1 所示为台灯底座上盖模型的创建思路。

表 4-4-1　台灯底座上盖模型的创建思路

| 步骤名称 | 应用功能 | 示意图 | 步骤名称 | 应用功能 | 示意图 |
|---|---|---|---|---|---|
| 1）创建边界混合曲面 1 并编辑 | 【草绘】命令、【点】命令、【平面】命令、【边界混合】命令、【镜像】命令、【合并】命令 | | 4）创建壳体 | 【填充】命令、【合并】命令、【实体化】命令、【壳】命令、【拉伸】命令 | |
| 2）创建边界混合曲面 2 并编辑 | 【拉伸】命令、【草绘】命令、【点】命令、【平面】命令、【修剪】命令、【边界混合】命令、【合并】命令 | | 5）创建外表面的两个"眼睛" | 【旋转】命令、【复制】命令、【实体化】命令、【镜像】命令 | |
| 3）创建边界混合曲面 3 并编辑 | 【拉伸】命令、【草绘】命令、【点】命令、【平面】命令、【修剪】命令、【边界混合】命令、【合并】命令 | | 6）创建外表面的其他特征 | 【混合】命令、【复制】命令、【实体化】命令、【偏移】命令、【拉伸】命令、【倒圆角】命令、【投影】命令、【扫描】命令 | |

## 知识准备

### 一、曲面加厚

除使用曲面实体化构建实体特征外，还可以使用曲面加厚构建薄板模型。在创建曲面加厚特征时，对曲面的要求相对宽松许多，可以使用任意曲面来构建薄板模型。

例如，要对某一曲面进行加厚实体化，应先选取该曲面，然后在【编辑】选项组中单击【加厚】按钮，弹出如图 4-4-2 所示的【加厚】选项卡。

图 4-4-2　【加厚】选项卡

使用选项卡中默认的【填充实体】按钮，可以加厚任意曲面特征。此时在选项卡中的文本框输入加厚值即可加厚曲面。系统用粉红色箭头指示加厚方向，单击【方向】按钮可以改变加厚的方向。

单击【加厚】选项卡下方的【选项】按钮，弹出如图 4-4-3 所示的【选项】选项卡。再单击【垂直于曲面】下拉按钮，弹出如图 4-4-4 所示的【垂直于曲面】下拉列表，其中有 3 个选项，各选项的含义如下。

① 垂直于曲面：沿曲面法线方向使用指定厚度加厚曲面，这是默认选项。

② 自动拟合：系统自动确定最佳加厚方向。

③ 控制拟合：指定坐标系，选取 1～3 个坐标轴作为参考控制加厚方法。

图 4-4-3　【选项】选项卡　　　　　　图 4-4-4　【垂直于曲面】下拉列表

当实体特征中的内部有一曲面时，选取该曲面特征后，在【编辑】选项组中单击【加厚】按钮，弹出【加厚】选项卡。在选项卡中单击【移除材料】按钮，可以在实体内部进行加厚切除特征的添加。系统用箭头表示加厚切除的方向，单击【方向】按钮可以改变该方向，切除宽度可单独设置。

下面介绍加厚操作的具体过程。

1）将工作目录设置至 Creo9.0\work\original\ch4\ch4.4，打开如图 4-4-5 所示的模型文件 quilt_jiahou.prt。

2）单击选取如图 4-4-5 所示的面组。

3）在【编辑】选项组中单击【加厚】按钮，弹出【加厚】选项卡。

4）选取材料的加厚方向并输入薄板的厚度 5，选取偏距类型为【垂直于曲面】，此时的模型如图 4-4-6 所示。

视频：曲面加厚

5）单击【确定】按钮，完成如图 4-4-7 所示的加厚操作。

图 4-4-5　quilt_jiahou 模型　　　图 4-4-6　设置加厚参数　　　图 4-4-7　加厚结果

6）选择【文件】→【另存为】→【保存副本】选项，打开【保存副本】对话框，在【文件名】文本框中输入 quilt_jiahou1.prt，然后单击【确定】按钮完成文件的保存。

## 二、曲线编辑

当曲线特征创建完成后，可利用【操作】和【编辑】选项组中的多个命令来对其进行几何编辑，如【复制】/【粘贴】、【相交】、【合并】、【投影】、【修剪】、【延伸】等。

### 1. 曲线的复制

【复制】和【粘贴】命令的功能是将曲线进行复制，以产生新的曲线，其操作流程如下。

1）将工作目录设置至 Creo9.0\work\original\ch4\ch4.4，打开如图 4-4-8 所示的零件 fu_zhi.prt。

视频：曲线的复制

2）单击选取零件表面（红色加亮显示），将鼠标指针移到所需的线条后，单击选取，则被选到的线条会加亮显示，如图 4-4-9 所示。

图 4-4-8　fu_zhi.prt 零件

图 4-4-9　选取曲线

3）先单击【复制】按钮，再单击【粘贴】按钮，弹出如图 4-4-10 所示的【曲线:复合】选项卡，此时的模型如图 4-4-11 所示。

4）单击【曲线：复合】选项卡中的【确定】按钮，完成如图 4-4-12 所示的线条的复制。

图 4-4-10　【曲线:复合】选项卡

图 4-4-11　复制并粘贴曲线

图 4-4-12　复制的曲线

5）选择【文件】→【另存为】→【保存副本】选项，打开【保存副本】对话框，在【文件名】文本框中输入 fu_zhi1.prt，然后单击【确定】按钮完成文件的保存。

视频：曲线的相交

2. 曲线的相交

可以两条草绘曲线求取交线，其运作原理是由此两条草绘曲线分别垂直于其草绘平面并长出两个曲面，此两个曲面的交线即成为一条曲线。具体操作流程如下。

1）将工作目录设置至 Creo9.0\work\original\ch4\ch4.4，打开如图 4-4-13 所示的模型文件 xiang_jiao.prt。

2）按住 Ctrl 键选取两条草绘曲线。

3）在【编辑】选项组中单击【相交】按钮，即完成如图 4-4-14 所示的相交曲线。

4）选择【文件】→【另存为】→【保存副本】选项，打开【保存副本】对话框，在【文件名】文本框中输入 xiang_jiao1.prt，然后单击【确定】按钮完成文件的保存。

3. 曲线的投影

【投影】命令用于将曲线投影至一个曲面或基准平面上，得到投影曲线。具体操作流程如下。

1）将工作目录设置至 Creo9.0\work\original\ch4\ch4.4，打开如图 4-4-15 所示的模型文件 tou_ ying.prt。

视频：曲线的投影

图 4-4-13　xiang_ jiao.prt 模型　　　图 4-4-14　相交曲线　　　图 4-4-15　tou_ ying.prt 模型

2）单击选取曲线，然后在【编辑】选项组中单击【投影】按钮，弹出如图 4-4-16 所示的【投影】选项卡，并在信息区提示"选取一组曲面，以将曲线投影到其上"。

图 4-4-16　【投影】选项卡

3）选取模型的上表面为投影曲面，再单击选项卡下方的【参考】按钮，弹出如图 4-4-17 所示的【参考】选项卡。然后单击【方向参考】下的文本框，再在模型中单击选取 TOP 基准平面为方向参考，此时的模型如图 4-4-18 所示。

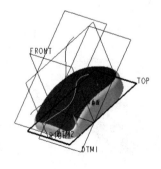

图 4-4-17　【参考】选项卡　　　　　　图 4-4-18　选取基准平面

4）单击【投影】选项卡中的【预览】按钮，观察所创建的特征效果。然后，单击【确定】按钮，完成如图 4-4-19 所示的投影曲线。

5）选择【文件】→【另存为】→【保存副本】选项，打开【保存副本】对话框，在【文件名】文本框中输入 tou_ying1.prt，然后单击【确定】按钮完成文件的保存。

4. 曲线的包络

视频：曲线的包络

【包络】命令用于将一条草绘曲线包络在实体或曲面上，以产生曲线。单击【编辑】下拉按钮，弹出如图 4-4-20 所示的【编辑】下拉列表。

图 4-4-19　投影曲线　　　　　　　　　　　　　图 4-4-20　【编辑】下拉列表

在【编辑】下拉列表中选择【包络】选项，弹出如图 4-4-21 所示的【包络】选项卡。下面以实例介绍其操作流程。

图 4-4-21　【包络】选项卡

1）将工作目录设置至 Creo9.0\work\original\ch4\ch4.4，打开如图 4-4-22 所示的模型文件 bao_luo.prt。

2）单击选取如图 4-4-22 所示模型中的曲线，然后单击【编辑】下拉按钮，在弹出的【编辑】下拉列表中选择【包络】选项，弹出【包络】选项卡，并在信息区提示"选取将在上面包络草绘曲线的实体或面组"。

3）选取模型为包络实体，接受系统的默认设置，此时的模型如图 4-4-23 所示。

4）单击【包络】选项卡中的【预览】按钮，观察所创建的特征效果。然后，单击【确定】按钮，完成如图 4-4-24 所示的包络曲线的创建。

图 4-4-22　bao_luo.prt 模型　　　　图 4-4-23　设置参数　　　　图 4-4-24　包络曲线

5）选择【文件】→【另存为】→【保存副本】选项，打开【保存副本】对话框，在【文件名】文本框中输入 bao_luo1.prt，然后单击【确定】按钮完成文件的保存。

5. 曲线的修剪

【修剪】命令的功能是利用一个修剪工具（可为曲线、平面或曲面）来修剪一个现有的曲线，其操作流程如下。

视频：曲线的修剪

1）将工作目录设置至 Creo9.0\work\original\ch4\ch4.4，打开如图 4-4-25 所示的模型文件 xiu_jian.prt。

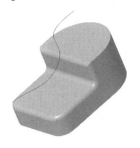

图 4-4-25　xiu_jian.prt 模型

2）单击选取如图 4-4-25 所示模型中的曲线，然后在【编辑】选项组中单击【修剪】按钮，弹出如图 4-4-26 所示的【修剪】选项卡，并在信息区提示"选取要用作修剪对象的任何点、曲线或平面"。

图 4-4-26　【修剪】选项卡

3）选取如图 4-4-27 所示模型的前侧面为修剪平面，单击【方向】按钮以选择保留的曲线。

4）单击【修剪】选项卡中的【预览】按钮，观察所创建的特征效果。然后，单击【确定】按钮，完成如图 4-4-28 所示的修剪曲线的创建。

图 4-4-27　选取修剪平面

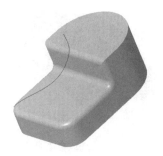

图 4-4-28　修剪曲线

5）选择【文件】→【另存为】→【保存副本】选项，打开【保存副本】对话框，在【文件名】文本框中输入 xiu_jian1.prt，然后单击【确定】按钮完成文件的保存。

### 6. 曲线的偏移

【偏移】命令的功能是将曲线偏移某个距离，以产生一条新的曲线，分为沿曲面和垂直曲面两种类型。具体操作流程介绍如下。

（1）沿参考曲面偏移曲线

1）将工作目录设置至 Creo9.0\work\original\ch4\ch4.4，打开如图 4-4-29 所示的模型文件 pian_yi.prt。

视频：沿参考曲面偏移曲线

图 4-4-29　pian_yi.prt 模型

2）单击选取如图 4-4-29 所示模型中的曲线，然后在【编辑】选项组中单击【偏移】按钮，弹出如图 4-4-30 所示的【偏移】选项卡，并在信息区提示"选择面组或曲面作为偏移方向参考"。

图 4-4-30　【偏移】选项卡

3）在【偏移】选项卡中单击【沿曲面】按钮，然后选取如图 4-4-31 所示模型的上表面为参考平面，再在文本框中输入偏移距离 20，并单击【方向】按钮调整偏移方向。

4）单击【偏移】选项卡中的【预览】按钮，观察所创建的特征效果。然后，单击【确定】按钮，完成如图 4-4-32 所示的偏移曲线的创建。

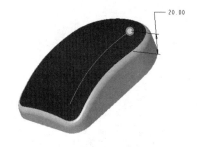

图 4-4-31　选取参考曲面 1

图 4-4-32　偏移曲线 1

5）选择【文件】→【另存为】→【保存副本】选项，打开【保存副本】对话框，在【文件名】文本框中输入 pian_yi_yan.prt，然后单击【确定】按钮完成文件的保存。

（2）垂直于参考曲面偏移曲线

1）将工作目录设置至 Creo9.0\work\original\ch4\ch4.4，打开如图 4-4-29 所示的模型文件 pian_ yi.prt。

视频：垂直于参考曲面偏移曲线

2）单击选取如图 4-4-29 所示模型中的曲线，然后在【编辑】选项组中单击【偏移】按钮，弹出如图 4-4-30 所示的【偏移】选项卡，并在信息区提示"选择面组或曲面作为偏移方向参考"。

3）在【偏移】选项卡中单击【垂直于曲面】按钮，然后选取如图 4-4-33 所示模型的上表面为参考平面，再在文本框中输入偏移距离 20，并单击【方向】按钮调整偏移方向。

4）单击【偏移】选项卡中的【预览】按钮，观察所创建的特征效果。然后，单击【确定】按钮，完成如图 4-4-34 所示的偏移曲线的创建。

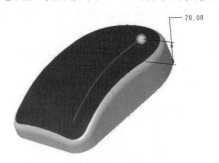

图 4-4-33　选取参考曲面 2

图 4-4-34　偏移曲线 2

5）选择【文件】→【另存为】→【保存副本】选项，打开【保存副本】对话框，在【文件名】文本框中输入 pian_ yi_chui.prt，然后单击【确定】按钮完成文件的保存。

## 任务实施

### 一、设置工作目录并新建文件

1）将工作目录设置至 Creo9.0\work\original\ch4\ch4.4。

2）单击工具栏中的【新建】按钮，在打开的【新建】对话框中选中【类型】选项组中的【零件】单选按钮，并选中【子类型】选项组中的【实体】

视频：台灯座

单选按钮；取消选中【使用默认模板】复选框以取消使用默认模板，在【名称】文本框中输入文件名 tai_deng_zuo。单击【确定】按钮，打开【新文件选项】对话框，选择【mmns_part_solid_abs】模板，单击【确定】按钮，进入零件的创建环境。

### 二、创建曲线 1

1）单击【草绘】按钮，打开【草绘】对话框。

2）选取 FRONT 基准平面为草绘平面，使用模型中默认的方向为草绘视图方向。选取 RIGHT 基准平面为参考平面，方向为【右】。单击对话框中的【草绘】按钮，进入草绘环境。再在【设置】选项组中单击【草绘视图】按钮，使草绘平面与屏幕平行。

3）在草绘环境下绘制如图 4-4-35 所示的截面草图，完成后单击【确定】按钮完成如

图 4-4-36 所示的曲线 1。

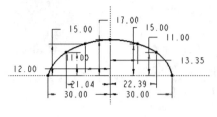

图 4-4-35　截面草图 1

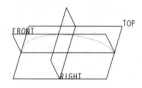

图 4-4-36　曲线 1

4）单击【基准】选项组中的【平面】按钮，打开【基准平面】对话框。

5）单击选取 RIGHT 基准平面，并【基准平面】对话框的【偏移】选项组中的【平移】文本框中输入数值 18。

6）单击【基准平面】对话框中的【确定】按钮，完成如图 4-4-37 所示的基准平面 DTM1 的创建。

7）重复步骤 4）～步骤 6），并在【平移】文本框中输入数值-18，完成如图 4-4-38 所示的基准平面 DTM2 的创建。

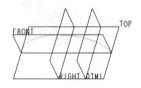

图 4-4-37　基准平面 DTM1

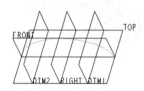

图 4-4-38　基准平面 DTM2

8）再次单击【草绘】按钮，打开【草绘】对话框。

9）选取 TOP 基准平面为草绘平面，使用模型中默认的方向为草绘视图方向。选取 RIGHT 基准平面为参考平面，方向为【右】。单击对话框中的【草绘】按钮，进入草绘环境。

10）在草绘环境下绘制如图 4-4-39 所示的截面草图，完成后单击【确定】按钮完成如图 4-4-40 所示的曲线 2。

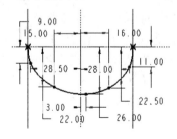

图 4-4-39　截面草图 2

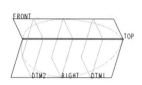

图 4-4-40　曲线 2

11）单击【基准】选项组中的【点】按钮，打开【基准点】对话框。

12）单击曲线 1，然后按照图 4-4-41 的设置创建基准点 PNT0（按住 Ctrl 键选取曲线 1 和 DTM1）。

图 4-4-41　创建基准点 PNT0

13）重复步骤 12），分别创建如图 4-4-42 所示的基准点 PNT1、PNT2、PNT3、PNT4、PNT5。

14）单击【草绘】按钮，打开【草绘】对话框。

15）选取 DTM1 基准平面为草绘平面，使用模型中默认的方向为草绘视图方向。选取 TOP 基准平面为参考平面，方向为【左】。单击对话框中的【草绘】按钮，进入草绘环境。

16）在草绘环境下绘制如图 4-4-43 所示的截面草图，完成后单击【确定】按钮完成如图 4-4-44 所示的曲线 3。

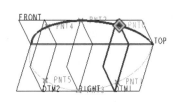

图 4-4-42　创建基准点

图 4-4-43　截面草图 3

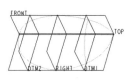

图 4-4-44　曲线 3

17）重复步骤 14）～步骤 16），分别绘制如图 4-4-45 和图 4-4-46 所示的截面草图，最后得到如图 4-4-47 所示的曲线。

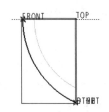

图 4-4-45　截面草图 4

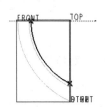

图 4-4-46　截面草图 5

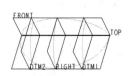

图 4-4-47　曲线 4 和曲线 5

### 三、创建边界混合曲面 1

1）在【曲面】选项组中单击【边界混合】按钮，弹出【边界混合】选项卡。按住 Ctrl 键，分别选取如图 4-4-48 所示的第一方向的两条边界曲线。

2）在【边界混合】选项卡中单击第二方向曲线选项组中的"单击此处添加…"字符，再按住 Ctrl 键，分别选取如图 4-4-49 所示的第二方向的 3 条边界曲线。

3）单击【边界混合】选项卡中的【确定】按钮，完成如图 4-4-50 所示的边界混合曲面的创建。

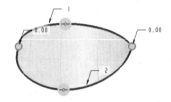 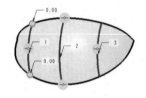 

图 4-4-48　选取曲线 1　　　　图 4-4-49　选取曲线 2　　　　图 4-4-50　边界混合曲面 1

### 四、镜像、合并曲面

1）单击选取刚创建的边界混合曲面，然后单击【编辑】选项组中的【镜像】按钮，弹出【镜像】选项卡。

2）选取 FRONT 基准平面为镜像平面，然后单击选项卡中的【确定】按钮，完成如图 4-4-51 所示的镜像特征的创建。

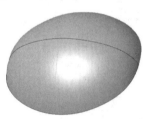

图 4-4-51　镜像特征

3）按住 Ctrl 键，选取如图 4-4-51 所示图形中的两个曲面。然后单击【编辑】选项组中的【合并】按钮，弹出【合并】选项卡。

4）接受默认的【相交】合并类型，单击【方向】按钮调整方向，然后单击【预览】按钮，观察合并结果，直到符合要求，最后单击【确定】按钮完成曲面合并操作。

### 五、拉伸切剪曲面 1

1）在【形状】选项组中单击【拉伸】按钮。

2）在弹出的【拉伸】选项卡中单击【曲面】按钮和【移除材料】按钮，并选取合并曲面。

3）在【拉伸】选项卡中单击【放置】按钮，然后在弹出的【放置】选项卡中单击【定义】按钮，打开【草绘】对话框。

4）选取 TOP 基准平面为草绘平面，使用系统中默认的方向为草绘视图方向。选取

RIGHT 基准平面为参考平面，方向为【右】。单击对话框中的【草绘】按钮，进入草绘环境。

5）在草绘环境下绘制如图 4-4-52 所示的截面草图，完成后单击【确定】按钮退出草绘环境。

6）在【拉伸】选项卡中单击【从草绘平面以指定的深度值拉伸】按钮，再在文本框中输入深度值 20，然后单击【确定】按钮，完成如图 4-4-53 所示的切剪特征的创建。

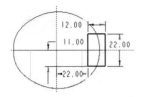

图 4-4-52　截面草图 6

图 4-4-53　切剪特征

## 六、创建曲线 2

1）单击选取如图 4-4-54 所示的曲面边线 1，然后依次单击【复制】按钮和【粘贴】按钮，弹出【曲线:复合】选项卡。

2）单击【曲线:复合】选项卡中的【确定】按钮，完成复制曲线 1 的创建。

3）重复步骤 1）和步骤 2），选取如图 4-4-55 所示的曲面边线 2 完成复制曲线 2 的创建。

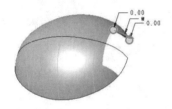

图 4-4-54　选取边线 1

图 4-4-55　选取边线 2

4）单击选取如图 4-4-56 所示的曲线 2，然后单击【编辑】选项组中的【镜像】按钮，弹出【镜像】选项卡。

5）选取 FRONT 基准平面作为镜像平面，然后单击选项卡中的【确定】按钮，完成如图 4-4-57 所示的镜像曲线 1 的创建。

图 4-4-56　选取曲线 3

图 4-4-57　镜像曲线 1

6）单击【基准】选项组中的【点】按钮，打开【基准点】对话框。

7）按住 Ctrl 键，单击镜像曲线 1 和复制曲线 1，创建如图 4-4-58 所示的基准点 PNT6。

8）重复步骤 7），分别创建如图 4-4-59 所示的基准点 PNT7、PNT8、PNT9。

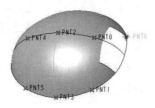 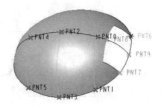

图 4-4-58　创建基准点 PNT6　　　　　　　　　图 4-4-59　创建基准点

## 七、修剪曲线

1）选取镜像曲线 1，然后在【编辑】选项组中单击【修剪】按钮，弹出【修剪】选项卡。

2）选取基准点 PNT6 为修剪对象，此时的模型如图 4-4-60 所示。

3）单击【方向】按钮以选择保留的曲线，单击【预览】按钮，观察所创建的特征效果。然后，单击【确定】按钮，完成如图 4-4-61 所示的修剪曲线 1 的创建。

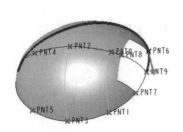 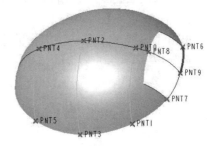

图 4-4-60　设置修剪参数 1　　　　　　　　　图 4-4-61　修剪曲线 1

4）重复步骤 1）～步骤 3），以曲线 2 为修剪的曲线，以基准点 PNT7 为修剪对象，完成如图 4-4-62 所示的修剪曲线 2 的创建。

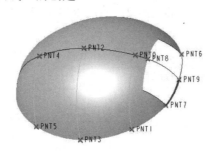

图 4-4-62　修剪曲线 2

5）在【基准】选项组中单击【草绘】按钮，打开【草绘】对话框。

6）选取 TOP 基准平面为草绘平面，使用模型中默认的方向为草绘视图方向。选取 RIGHT 基准平面为参考平面，方向为【右】。单击对话框中的【草绘】按钮，进入草绘环境。

7）在草绘环境下绘制如图 4-4-63 所示的截面草图，完成后单击【确定】按钮退出草绘环境。如图 4-4-64 所示为完成的曲线 6。

8）单击【基准】选项组中的【平面】按钮，打开【基准平面】对话框。

9）按住 Ctrl 键，单击选取 DTM1 基准平面和 PNT8 基准点，并在对话框中选择【行】和【穿过】选项。

10）单击【基准平面】对话框中的【确定】按钮，完成如图 4-4-65 所示基准平面 DTM3 的创建。

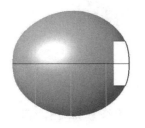

图 4-4-63　截面草图 7

图 4-4-64　曲线 6

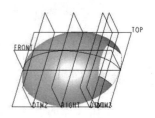

图 4-4-65　基准平面 DTM3

11）单击【草绘】按钮，打开【草绘】对话框。

12）选取 DTM3 基准平面为草绘平面，使用模型中默认的方向为草绘视图方向。选取 TOP 基准平面为参考平面，方向为【上】。单击对话框中的【草绘】按钮，进入草绘环境。

13）在草绘环境下绘制如图 4-4-66 所示的截面草图，完成后单击【确定】按钮退出草绘环境。如图 4-4-67 所示为完成的曲线 7。

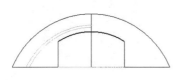

图 4-4-66　截面草图 8

图 4-4-67　曲线 7

14）单击【草绘】按钮，打开【草绘】对话框。

15）选取 FRONT 基准平面为草绘平面，使用模型中默认的方向为草绘视图方向。选取 RIGHT 基准平面为参考平面，方向为【右】。单击对话框中的【草绘】按钮，进入草绘环境。

16）在草绘环境下绘制如图 4-4-68 所示的截面草图，完成后单击【确定】按钮退出草绘环境。如图 4-4-69 所示为完成的曲线 8。

图 4-4-68　截面草图 9

图 4-4-69　曲线 8

17）单击选取曲线 8，然后单击【修剪】按钮，弹出【修剪】选项卡。

18）选取基准点 PNT8 为修剪对象，此时的模型如图 4-4-70 所示。

19）单击【方向】按钮以选择保留的曲线，单击【预览】按钮，观察所创建的特征效果。然后，单击【确定】按钮，完成如图 4-4-71 所示修剪曲线 3 的创建。

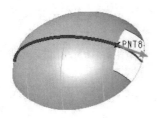

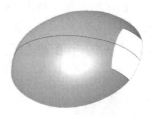

图 4-4-70　设置修剪参数 2　　　　　　　图 4-4-71　修剪曲线 3

## 八、创建边界混合曲面 2

1）单击【曲面】选项组中的【边界混合】按钮，弹出【边界混合】选项卡。再按住 Ctrl 键，分别选取如图 4-4-72 所示的第一方向的两条边界曲线。

2）在【边界混合】选项卡中单击第二方向曲线列表框中的"单击此处添加…"字符，按住 Ctrl 键，分别选取如图 4-4-72 所示的第二方向的 3 条边界曲线。

3）单击【边界混合】选项组中的【确定】按钮，完成如图 4-4-73 所示的边界混合曲面的创建。

图 4-4-72　选取曲线 4　　　　　　　　图 4-4-73　边界混合曲面 2

## 九、合并曲面

1）按住 Ctrl 键，选取如图 4-4-73 所示模型中需要合并的两个曲面。然后单击【合并】按钮，弹出【合并】选项卡，接受默认的【相交】合并类型。

2）单击【方向】按钮以调整方向，然后单击【预览】按钮，观察模型效果，直至得到满意的结果。最后单击【确定】按钮，完成如图 4-4-74 所示的曲面合并操作。

图 4-4-74　曲面合并的结果 1

## 十、拉伸切剪曲面 2

1）在【形状】选项组中单击【拉伸】按钮。

2）在弹出的【拉伸】选项卡中单击【曲面】按钮和【移除材料】按钮，并选取合并曲面。

3）在【拉伸】选项卡中单击【放置】按钮，然后在弹出的【放置】选项卡中单击【定义】按钮，打开【草绘】对话框。

4）选取 TOP 基准平面为草绘平面，使用系统中默认的方向为草绘视图方向。选取 RIGHT 基准平面为参考平面，方向为【右】。单击对话框中的【草绘】按钮，进入草绘环境。

5）在草绘环境下绘制如图 4-4-75 所示的截面草图，完成后单击【确定】按钮退出草绘环境。

6）在【拉伸】选项卡中单击【从草绘平面以指定的深度值拉伸】按钮，再在文本框中输入深度值 20，然后单击【确定】按钮，完成如图 4-4-76 所示的切剪特征的创建。

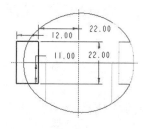

图 4-4-75　截面草图 10

图 4-4-76　切剪特征

## 十一、创建曲线 3

1）单击选取如图 4-4-77 所示的曲面边线 3，然后依次单击【复制】按钮和【粘贴】按钮，弹出【曲线:复合】选项卡。

2）单击【曲线:复合】选项卡中的【确定】按钮，完成复制曲线 3 的创建。

3）重复步骤 1）和步骤 2），选取如图 4-4-78 所示的曲面边线 4 完成复制曲线 4 的创建。

图 4-4-77　选取边线 3

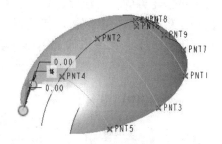

图 4-4-78　选取边线 4

4）单击选取曲线 2，然后单击【编辑】选项组中的【镜像】按钮，弹出【镜像】选项卡。

5）选取 FRONT 基准平面为镜像平面，然后单击【确定】按钮，完成如图 4-4-79 所示的镜像曲线 2 的创建。

6）单击刚创建的镜像曲线 2，然后单击【编辑】选项组中的【镜像】按钮，弹出【镜像】选项卡。

7）选取 FRONT 基准平面作为镜像平面，然后单击【确定】按钮，完成如图 4-4-80 所示的镜像曲线 3 的创建。

图 4-4-79　镜像曲线 2

图 4-4-80　镜像曲线 3

8）单击【基准】选项组中的【点】按钮，弹出【基准点】对话框。然后按住 Ctrl 键，单击镜像曲线 2 的端点，创建如图 4-4-81 所示的基准点 PNT10。

9）在【基准点】对话框中单击【新点】选项，然后单击镜像曲线 3 的端点，创建如图 4-4-82 所示的基准点 PNT11。

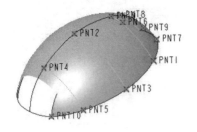

图 4-4-81　创建基准点 PNT10

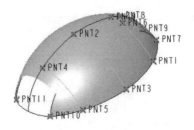

图 4-4-82　创建基准点 PNT11

10）单击选取镜像曲线 3，然后在【编辑】选项组中单击【修剪】按钮，弹出【修剪】选项卡。

11）选取基准点 PNT10 为修剪对象，此时的模型如图 4-4-83 所示。

12）单击【方向】按钮以选择保留的曲线，单击【预览】按钮，观察所创建的特征效果。然后，单击【确定】按钮，完成如图 4-4-84 所示的修剪曲线 4 的创建。

13）重复步骤 10）～步骤 12），以镜像曲线 2 为修剪的曲线，以基准点 PNT11 为修剪对象，完成如图 4-4-85 所示的修剪曲线 5 的创建。

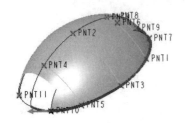

图 4-4-83　设置修剪参数 3

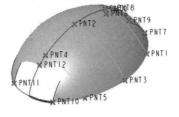

图 4-4-84　修剪曲线 4

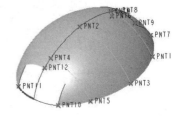

图 4-4-85　修剪曲线 5

14）单击【草绘】按钮，打开【草绘】对话框。

15）选取 TOP 基准平面为草绘平面，使用模型中默认的方向为草绘视图方向。选取 RIGHT 基准平面为参考平面，方向为【右】。单击对话框中的【草绘】按钮，进入草绘环境。

16）在草绘环境下绘制如图 4-4-86 所示的截面草图，完成后单击【确定】按钮退出草绘环境。如图 4-4-87 所示为完成的曲线 9。

17）单击【基准】选项组中的【点】按钮，打开【基准点】对话框。单击曲线 1 的端点，创建如图 4-4-88 所示的基准点 PNT12。

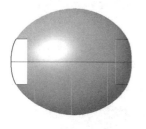

图 4-4-86　截面草图 11

图 4-4-87　曲线 9

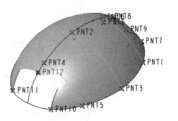

图 4-4-88　创建基准点 PNT12

18）单击选取镜像曲线 1，然后在【编辑】选项组中单击【修剪】按钮，弹出【修剪】选项卡。

19）选取基准点 PNT12 为修剪对象，此时的模型如图 4-4-89 所示。

20）单击【方向】按钮以选择保留的曲线。单击【修剪】选项卡中的【预览】按钮，观察所创建的特征效果。然后，单击【确定】按钮，完成如图 4-4-90 所示修剪曲线 6 的创建。

21）单击【基准】选项组中的【平面】按钮，打开【基准平面】对话框。

22）按住 Ctrl 键，单击选取 RIGHT 基准平面和 PNT12 基准点，并在对话框中选择【平行】和【穿过】选项。

23）单击【基准平面】对话框中的【确定】按钮，完成如图 4-4-91 所示的基准平面 DTM4 的创建。

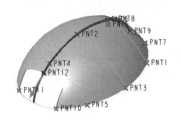

图 4-4-89　设置修剪参数 4

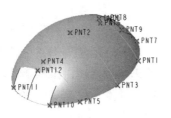

图 4-4-90　修剪曲线 6

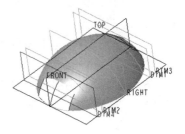

图 4-4-91　基准平面 DTM4

24）单击【草绘】按钮，打开【草绘】对话框。

25）选取 DTM4 基准平面为草绘平面，使用模型中默认的方向为草绘视图方向。选取 TOP 基准平面为参考平面，方向为【上】。单击对话框中的【草绘】按钮，进入草绘环境。

26）在草绘环境下绘制如图 4-4-92 所示的截面草图，完成后单击【确定】按钮退出草绘环境。如图 4-4-93 所示为完成的曲线 10。

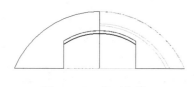

图 4-4-92　截面草图 12

图 4-4-93　曲线 10

### 十二、创建边界混合曲面 3

1）单击【曲面】选项组中的【边界混合】按钮，弹出【边界混合】选项卡。再按住 Ctrl 键，分别选取如图 4-4-94 所示的第一方向的两条边界曲线。

2）在【边界混合】选项卡中单击第二方向曲线列表框中的"单击此处添加…"字符，按住 Ctrl 键，分别选取如图 4-4-94 所示的第二方向的 3 条边界曲线。

3）单击【确定】按钮，完成如图 4-4-95 所示的边界混合曲面的创建。

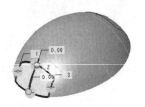
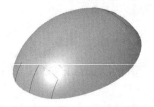

图 4-4-94　选取曲线 5　　　　　　　　　　图 4-4-95　边界混合曲面 3

### 十三、编辑曲面

1）按住 Ctrl 键，选取如图 4-4-95 所示模型中需要合并的两个曲面。然后单击【合并】按钮，弹出【合并】选项卡，接受默认的【相交】合并类型。

2）单击【方向】按钮以调整方向，然后单击【预览】按钮，观察模型效果，直至得到满意的结果。然后单击【确定】按钮，完成如图 4-4-96 所示的曲面合并的操作。

3）在【曲面】选项组中单击【填充】按钮，弹出【填充】选项卡。

4）在绘图区右击，在弹出的快捷菜单中选择【定义内部草绘】选项，打开【草绘】对话框。

5）选取 TOP 基准平面为草绘平面，使用模型中默认的方向为草绘视图方向。选取 RIGHT 基准平面为参考平面，方向为【右】。单击对话框中的【草绘】按钮，进入草绘环境。

6）在草绘环境中绘制如图 4-4-97 所示封闭截面草图，完成后单击【确定】按钮退出草绘环境。

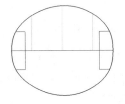

图 4-4-96　曲面合并的结果 2　　　　　　　图 4-4-97　封闭截面草图

7）在【填充】选项卡中单击【确定】按钮，完成如图 4-4-98 所示的填充曲面特征的创建。

8）按住 Ctrl 键，选取如图 4-4-98 所示模型中需要合并的两个曲面。然后单击【合并】按钮，弹出【合并】选项卡，接受默认的【相交】合并类型。

9）单击【方向】按钮，然后单击【预览】按钮，观察模型效果，直至得到满意的结果。最后单击【确定】按钮，完成如图 4-4-99 所示的曲面合并的操作。

图 4-4-98　填充曲面

图 4-4-99　曲面合并的结果 3

10）选取如图 4-4-99 所示的合并曲面，然后在【编辑】选项组中单击【实体化】按钮，弹出【实体化】选项卡。

11）单击【确定】按钮，完成实体化操作。

## 十四、创建壳特征

1）在【工程】选项组中单击【壳】按钮，弹出【壳】选项卡。

2）在零件上单击以选取底部需要移除的平面。

3）在【壳】选项卡的【厚度】文本框中，输入抽壳的壁厚值 1.6。

4）在【壳】选项卡中单击【确定】按钮，完成如图 4-4-100 所示的壳特征的创建。

图 4-4-100　壳特征

## 十五、创建拉伸特征 1

1）在【拉伸】选项组中单击【拉伸】按钮，弹出【拉伸】选项卡，接受默认的【拉伸为实体】按钮为按下状态。

2）在【拉伸】选项卡中单击【放置】按钮，然后在弹出的【放置】选项卡中单击【定义】按钮，打开【草绘】对话框。

3）选取 TOP 基准平面为草绘平面，使用系统中默认的方向为草绘视图方向。选取 RIGHT 基准平面为参考平面，方向为【右】。单击对话框中的【草绘】按钮，进入草绘环境。

4）在草绘环境下绘制如图 4-4-101 所示的截面草图，完成后单击【确定】按钮退出草绘环境。

5）在【拉伸】选项卡中单击【从草绘平面以指定的深度值拉伸】按钮，再在文本框中输入深度值 2，然后单击【确定】按钮，完成如图 4-4-102 所示的拉伸特征的创建。

图 4-4-101　截面草图 13

图 4-4-102　拉伸特征

## 十六、创建旋转特征

1）单击选取如图 4-4-103 所示的曲面，然后依次单击【复制】按钮和【粘贴】按钮，弹出【曲面:复制】选项卡。

2）单击【复制】选项卡中的【确定】按钮，完成复制曲面 1 的创建。

3）单击【基准】选项卡中的【平面】按钮，打开【基准平面】对话框。

4）单击选取 DTM2 基准平面，并在【基准平面】对话框的【偏移】选项组中的【平移】文本框中输入数值 5。

5）单击【基准平面】对话框中的【确定】按钮，完成如图 4-4-104 所示的基准平面 DTM5 的创建。

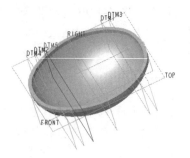

图 4-4-103　复制曲面 1　　　　　　　　　　　　图 4-4-104　基准平面 DTM5

6）单击【形状】选项组中的【旋转】按钮，弹出【旋转】选项卡。

7）直接右击绘图区，在弹出的快捷菜单中选择【定义内部草绘】选项，打开【草绘】对话框。

8）选择 DTM5 基准平面为草绘平面，TOP 基准平面为参考平面，参考方向取【上】。然后单击【草绘】按钮，进入草绘环境。

9）在草绘环境下绘制如图 4-4-105 所示的草绘图形和中心线，完成后单击【确定】按钮退出草绘环境。

10）在【旋转】选项卡中单击【从草绘平面以指定的角度值旋转】按钮，在角度文本框中输入数值 360。

11）单击【旋转】选项卡中的【预览】按钮，观察模型效果，然后单击【确定】按钮，完成如图 4-4-106 所示旋转特征的创建。

12）单击选取复制曲面 1，然后单击【编辑】选项组中的【实体化】按钮，弹出【实体化】选项卡。

13）单击【方向】按钮以调整方向，然后单击【预览】按钮，观察模型效果，直至得到满意的结果。

14）单击【确定】按钮，完成如图 4-4-107 所示的实体化特征的创建。

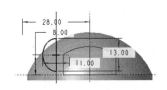

图 4-4-105　草绘图形和中心线 1　　　　图 4-4-106　旋转特征　　　　图 4-4-107　实体化特征 1

15）单击【形状】选项组中的【旋转】按钮，弹出【旋转】选项卡，然后单击【实体类型】按钮（默认选项）和【移除材料】按钮。

16）直接右击绘图区，在弹出的快捷菜单中选择【定义内部草绘】选项，打开【草绘】对话框。

17）选择 DTM5 基准平面为草绘平面，TOP 基准平面为参考平面，参考方向取【上】。然后单击【草绘】按钮，进入草绘环境。

18）在草绘环境下绘制如图 4-4-108 所示的草绘图形和中心线，完成后单击【确定】按钮退出草绘环境。

19）在【旋转】选项卡中单击【从草绘平面以指定的角度值旋转】按钮，然后在角度文本框中输入数值 360。

20）单击【预览】按钮，观察模型效果，然后单击【确定】按钮，完成如图 4-4-109 所示的旋转切剪特征的创建。

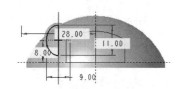

图 4-4-108　草绘图形和中心线 2

图 4-4-109　旋转切剪特征

## 十七、创建镜像特征

1）单击选取如图 4-4-110 所示的曲面，然后依次单击【复制】按钮和【粘贴】按钮，弹出【曲面:复制】选项卡。

2）单击【曲面:复制】选项卡中的【确定】按钮，完成复制曲面 2 的创建。

3）单击选取前面创建的第一个旋转特征，然后单击工具栏中的【镜像】按钮，弹出【镜像】选项卡。

4）选取 FRONT 基准平面为镜像平面，然后单击【镜像】选项卡中的【确定】按钮，完成如图 4-4-111 所示镜像特征的创建。

图 4-4-110　复制曲面 2

图 4-4-111　镜像特征

5）单击选取复制曲面 2，然后单击【编辑】选项组中的【实体化】按钮，弹出【实体化】选项卡。

6）单击【方向】按钮以调整方向，然后单击【预览】按钮，观察模型效果，直至得到满意的结果。

7）单击【确定】按钮，完成如图 4-4-112 所示实体化特征的创建。

8）单击选取前面创建的第二个旋转切剪特征，然后单击工具栏中的【镜像】按钮，弹出【镜像】选项卡。

9）选取 FRONT 基准平面作为镜像平面，然后单击【确定】按钮，完成如图 4-4-113 所示镜像特征的创建。

图 4-4-112　实体化特征 2　　　　　　　　图 4-4-113　镜像特征

## 十八、创建混合特征

1）单击【基准】选项组中的【平面】按钮，打开【基准平面】对话框。

2）单击选取 TOP 基准平面，并在【基准平面】对话框的【偏移】选项组中的【平移】文本框中输入数值 18。

3）单击【基准平面】对话框中的【确定】按钮，完成如图 4-4-114 所示的基准平面 DTM6 的创建。

4）按住 Ctrl 键，单击选取如图 4-4-115 所示的曲面，然后依次单击【复制】按钮和【粘贴】按钮，弹出【曲面:复制】选项卡。

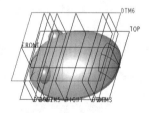

图 4-4-114　基准平面 DTM6　　　　　　　图 4-4-115　复制曲面 3

5）单击【曲面:复制】选项卡中的【确定】按钮，完成复制曲面 3 的创建。

6）单击【形状】下拉按钮，在弹出的【形状】下拉列表中选择【混合】选项，弹出【混合】选项卡，单击【混合为曲面】按钮。

7）在【混合】选项卡中单击下方的【截面】按钮，弹出【截面】选项卡。

8）在【截面】选项卡中单击【定义】按钮，打开【草绘】对话框。

9）选取基准平面 DTM6 为草绘平面，使用系统中默认的方向为草绘视图方向。选取 RIGHT 基准平面为参考平面，方向为【右】。单击对话框中的【草绘】按钮，进入草绘环境。

10）在草绘环境下绘制如图 4-4-116 所示的截面草图，完成后单击【确定】按钮退出草绘环境。

11）在【截面】选项卡中单击【插入】按钮，截面下方的文本框中增加了"截面2"。

12）在【截面】选项卡右下侧的【截面1】文本框中输入数值22，再单击下方的【草绘】按钮，进入草绘环境。

13）在草绘环境下绘制如图4-4-117所示的截面草图，完成后单击【确定】按钮退出草绘环境。

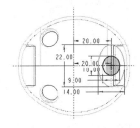

图 4-4-116　截面草图 14

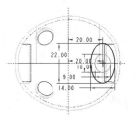

图 4-4-117　截面草图 15

14）单击【混合】选项卡中的【预览】按钮，预览所创建的混合特征。

15）最后单击【确定】按钮，完成如图4-4-118所示混合特征的创建。

16）单击选取复制曲面 3，然后单击【编辑】选项组中的【实体化】按钮，弹出【实体化】选项卡。

17）单击【方向】按钮以调整方向，然后单击【预览】按钮，观察模型效果，直至得到满意的结果。

18）单击【确定】按钮，完成如图4-4-119所示的实体化特征的创建。

图 4-4-118　混合特征

图 4-4-119　实体化特征 3

## 十九、创建偏移特征

1）按住 Ctrl 键，单击选取模型表面上两个旋转特征的表面，然后在【编辑】选项组中单击【偏移】按钮，弹出【偏移】选项卡。

2）在【偏移】选项卡的偏移类型中选择【具有拔模】选项，再打开【选项】选项卡并选择【草绘】、【直】等选项。

3）单击选项卡下方的【参考】按钮，并在弹出的【参考】选项卡中单击【定义】按钮，打开【草绘】对话框。

4）选取 DTM4 基准平面为草绘平面，使用模型中默认的方向为草绘视图方向。选取 TOP 基准平面为参考平面，方向为【上】。单击对话框中的【草绘】按钮，进入草绘环境。

5）在草绘环境中绘制如图4-4-120所示的截面草图，完成后单击【确定】按钮退出草绘环境。

6）在选项卡中输入偏移值 0.5，输入侧面的拔模角度 10。

7）单击【确定】按钮，完成如图 4-4-121 所示的偏移特征的创建。

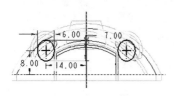

图 4-4-120　截面草图 16

图 4-4-121　偏移特征

## 二十、创建拉伸特征 2

1）在【形状】选项组中单击【拉伸】按钮。

2）在弹出的【拉伸】选项卡中单击【实体类型】按钮（默认选项）和【移除材料】按钮。

3）在【拉伸】选项卡中单击【放置】按钮，然后在弹出的【放置】选项卡中单击【定义】按钮，打开【草绘】对话框。

4）选取模型混合特征的上表面为草绘平面，使用系统中默认的方向为草绘视图方向。选取 RIGHT 基准平面为参考平面，方向为【右】。单击对话框中的【草绘】按钮，进入草绘环境。

5）在草绘环境下绘制如图 4-4-122 所示的截面草图，完成后单击【确定】按钮退出草绘环境。

6）在【拉伸】选项卡中单击【拉伸至与所有曲面相交】按钮，然后单击【确定】按钮，完成如图 4-4-123 所示的切剪特征的创建。

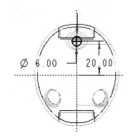

图 4-4-122　截面草图 17

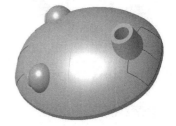

图 4-4-123　切剪特征 1

## 二十一、创建倒圆角特征 1

1）在【工程】选项组中单击【倒圆角】按钮。

2）在弹出的【倒圆角】选项卡的文本框中输入圆角半径 2，再选取如图 4-4-124 所示的边线。

3）在【倒圆角】选项卡中单击【确定】按钮，完成倒圆角特征的创建。

4）重复步骤 1）～步骤 3），在【倒圆角】选项卡的文本框中分别输入圆角半径 0.5 和 1，最后完成的模型如图 4-4-125 所示。

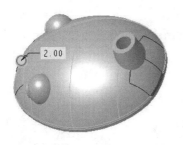

图 4-4-124　选取倒圆角边线

图 4-4-125　倒圆角特征

## 二十二、创建拉伸特征 3

1）在【形状】选项组中单击【拉伸】按钮。

2）在弹出的【拉伸】选项卡中单击【实体类型】按钮（默认选项）和【移除材料】按钮。

3）在【拉伸】选项卡中单击【放置】按钮，然后在弹出的【放置】选项卡中单击【定义】按钮，打开【草绘】对话框。

4）选取 DTM6 基准平面为草绘平面，使用系统中默认的方向为草绘视图方向。选取 RIGHT 基准平面为参考平面，方向为【右】。单击对话框中的【草绘】按钮，进入草绘环境。

5）在草绘环境下绘制如图 4-4-126 所示的截面草图，完成后单击【确定】按钮退出草绘环境。

6）在【拉伸】中单击【拉伸至与所有曲面相交】按钮，然后单击【确定】按钮，完成如图 4-4-127 所示的切剪特征的创建。

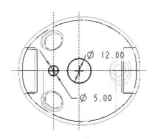

图 4-4-126　截面草图 18

图 4-4-127　切剪特征 2

## 二十三、创建投影曲线

1）单击【草绘】按钮，打开【草绘】对话框。

2）选取 DTM6 基准平面为草绘平面，使用模型中默认的方向为草绘视图方向。选取 RIGHT 基准平面为参考平面，方向为【右】。单击对话框中的【草绘】按钮，进入草绘环境。

3）在草绘环境下绘制如图 4-4-128 所示的截面草图，完成后单击【确定】按钮退出草绘环境。如图 4-4-129 所示为完成的曲线 11。

4）单击选取曲线 11，然后在【编辑】选项组中单击【投影】按钮，弹出【投影】选项卡。

5）选取模型的上表面为投影曲面，再单击激活【方向参考】下的列表框，然后选取

DTM6 基准平面为方向参考，接受系统默认的投影方向。

6）单击【投影】选项卡中的【预览】按钮，观察所创建的特征效果。最后，单击【确定】按钮，完成如图 4-4-130 所示投影曲线的创建。

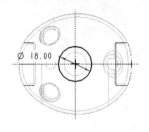

图 4-4-128　截面草图 19　　　　　图 4-4-129　曲线 11　　　　　图 4-4-130　投影曲线

## 二十四、创建扫描切剪特征

1）在【模型】选项卡的【形状】选项组中单击【扫描】按钮，弹出【扫描】选项卡，单击【移除材料】按钮。

2）单击【扫描】选项卡下方的【参考】按钮，在弹出的【参考】选项卡中单击【选择项】选项，然后选取刚创建的投影曲线。

3）在【扫描】选项卡中单击激活的【草绘】按钮，弹出【草绘】选项卡。再单击【草绘视图】按钮，使草绘平面与屏幕平行。

4）在草绘环境下，在十字中心处绘制如图 4-4-131 所示的圆形截面，完成后单击【确定】按钮退出草绘环境。再在【扫描】选项卡中单击【确定】按钮，完成如图 4-4-132 所示扫描模型的创建。

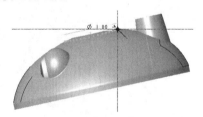

图 4-4-131　圆形截面　　　　　　　　　　图 4-4-132　扫描模型

## 二十五、创建倒圆角特征 2

1）在【工程】选项组中单击【倒圆角】按钮。

2）在弹出的【倒圆角】选项卡的文本框中输入圆角半径 1，再选取如图 4-4-133 所示的边线。

3）在【倒圆角】选项卡中单击【确定】按钮，完成倒圆角特征的创建。

4）重复步骤 1）～步骤 3），在【倒圆角】选项卡的文本框中分别输入圆角半径 1.5、1、0.5，最后完成的模型如图 4-4-134 所示。

5）单击快速访问工具栏中的【保存】按钮，打开【保存对象】对话框，使用默认名称并单击【确定】按钮完成文件的保存。

图 4-4-133 选取倒圆角边线

图 4-4-134 倒圆角特征

 **任务评价**

本任务的任务评价表如表 4-4-2 所示。

表 4-4-2 任务评价表

| 序号 | 评价内容 | 评价标准 | 评价结果（是/否） |
|---|---|---|---|
| 1 | 知识与技能 | 能实体化曲面 | □是 □否 |
| | | 能加厚曲面 | □是 □否 |
| | | 能使用【复制】、【相交】、【合并】等命令编辑曲线 | □是 □否 |
| | | 能使用【投影】、【修剪】、【延伸】等命令编辑曲线 | □是 □否 |
| 2 | 职业素养 | 具有专注、负责的工作态度 | □是 □否 |
| | | 具有勤劳于思考、善于总结、勇于探索的精神 | □是 □否 |
| 3 | 总评 | "是"与"否"在本次评价中所占的百分比 | "是"占__%<br>"否"占__% |

 **任务巩固**

在 Creo 9.0 软件的零件模块中完成如图 4-4-135 所示零件模型的创建。

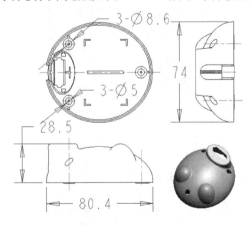

图 4-4-135 零件模型

# 工作领域五

## 组件的装配建模

◎ **学习目标**

➤ **知识目标**　　1）掌握 Creo 9.0 软件中创建装配体模型的一般过程。

　　　　　　　　2）掌握配对、对齐、插入等装配约束的特点及应用
　　　　　　　　　　方法。

　　　　　　　　3）掌握绘制装配体分解图（爆炸图）的方法。

　　　　　　　　4）掌握装配体中元件的编辑方法。

　　　　　　　　5）掌握元件重复装配、元件阵列装配的方法。

　　　　　　　　6）了解隐含与恢复的概念及应用方法。

　　　　　　　　7）了解装配环境下的视图管理功能。

➤ **技能目标**　　1）能在 Creo 9.0 软件中创建装配体模型。

　　　　　　　　2）能使用配对、对齐、插入等方法装配零件。

　　　　　　　　3）能绘制装配体分解图（爆炸图）。

　　　　　　　　4）能编辑装配体中的元件。

　　　　　　　　5）会使用元件重复、元件阵列等装配方法。

➤ **素养目标**　　1）培养严谨求实的工作态度。

　　　　　　　　2）培养团队协作的意识。

◎ **工作内容**

➤ **工作领域**　　组件的装配建模。

➤ **工作任务**　　1）脚轮模型的装配建模。

　　　　　　　　2）太阳花模型的装配建模。

# 工作任务 一　脚轮模型的装配建模

## 任务目标

1）掌握 Creo 9.0 软件中创建装配体模型的一般过程。

2）掌握常见的配对、对齐、插入、固定等装配约束的特点及应用方法。

3）掌握绘制装配体分解图（爆炸图）的方法。

## 任务描述

在 Creo 9.0 软件的装配模块中完成如图 5-1-1 所示脚轮模型装配体的创建。

图 5-1-1　脚轮模型

## 任务分析

该脚轮模型由杆、小轮、连接架、销轴和轴套等 5 个零件组成，装配中需要综合运用坐标系、配对、对齐和插入等多种装配约束方法。如表 5-1-1 所示为脚轮模型的装配思路。

表 5-1-1　脚轮模型的装配思路

| 步骤名称 | 应用功能 | 示意图 | 步骤名称 | 应用功能 | 示意图 |
|---|---|---|---|---|---|
| 1）装配小轮 | 【组装】命令、【默认】命令 | | 4）装配销轴 | 【组装】命令、【重合】命令 | |
| 2）装配轴套 | 【组装】命令、【距离】命令、【重合】命令 | | 5）装配杆 | 【组装】命令、【重合】命令 | |
| 3）装配连接架 | 【组装】命令、【距离】命令、【重合】命令 | | 6）创建爆炸图 | 【编辑位置】命令、【分解线】命令 | |

### 🔧 知识准备

装配就是把加工好的零件按一定的顺序和技术要求连接成完整产品的过程。在 Creo 9.0 软件中，模型的装配操作是通过【元件放置】选项卡来实现的。在使用 Creo 9.0 软件进行产品设计时，可以通过指定零件之间的相互配合关系来将零件装配在一起，而且可以通过爆炸视图更清楚地观察零件的组成结构、装配形式。

### 一、Creo 9.0 装配环境概述

装配模型设计与零件模型设计的过程类似，零件模型通过向模型中增加特征完成零件设计，而装配通过向模型中增加零件（或部件）完成产品的设计，使其能够完成一定的使用功能。装配模式的启动方法如下。

选择【文件】→【新建】选项，或单击快速访问工具栏中的【新建】按钮，打开【新建】对话框。在【新建】对话框的【类型】选项组中选中【装配】单选按钮，在【子类型】选项组选中【设计】单选按钮，在【名称】文本框中输入装配文件的名称，然后取消选中【使用默认模板】复选框。单击【确定】按钮，打开【新文件选项】对话框，选择【mmns_asm_design_abs】模板，单击【确定】按钮，进入如图 5-1-2 所示的装配模块的工作界面。

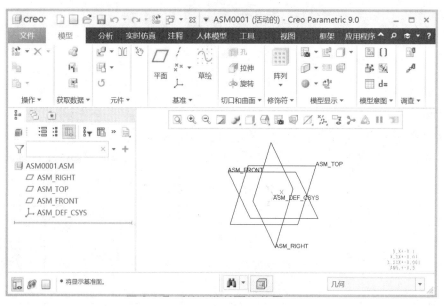

图 5-1-2　装配模块的工作界面

在装配模式下，系统会自动创建 3 个基准平面（ASM_TOP、ASM_RIGHT、ASM_FRONT）与一个坐标系（ASM_DEF_CSYS），使用方法与零件模式相同。

装配模块的工作界面与零件设计模块非常相似，Creo 9.0 软件的装配模块主要是在【模型】选项卡中多了【元件】选项组，如图 5-1-3 所示。单击【组装】下拉按钮，在弹出的【组装】下拉列表中有【组装】、【包括】、【封装】、【挠性】等选项。【元件】选项组的几个按钮和【组装】下拉列表中的选项的含义如下。

图 5-1-3 【元件】选项组

① 【组装】按钮：将已有的元件（零件、子装配件或骨架模型）装配到装配环境中。

② 【创建】按钮：在装配环境中创建不同类型的元件，如零件、子装配件、骨架模型及主体项目，也可以创建一个空元件。

③ 【封装】选项：将元件不加装配约束地放置在装配环境中。

④ 【包括】选项：在活动组件中包括未放置的元件。

⑤ 【挠性】选项：向所选的组件中添加挠性元件。

⑥ 【重复】选项：使用现有的约束信息在装配中添加一个当前选中零件的新实例，但是当选中零件以"默认"或"固定"约束定位时，无法使用此功能。

**二、【元件放置】选项卡介绍**

在【元件】选项组单击【组装】按钮，打开【打开】对话框，选择好要装配的零件并单击该对话框中的【打开】按钮，弹出如图 5-1-4 所示的【元件放置】选项卡。

图 5-1-4 【元件放置】选项卡

在该选项卡中，可以设置放置元件，显示元件的屏幕窗口、组装的约束类型、参考特征的选择，以及组合状态的显示等。该选项卡中的主要选项的含义如下。

① 【按照界面】：使用界面来放置组件。

② 【手动】：使用手动方式来放置组件。

③ 【单独窗口】：指定约束时在单独的窗口中显示元件。

④ 【主窗口】：指定约束时在组件窗口中显示元件。

⑤ 【连接类型】：单击【连接类型】文本框后的下拉按钮，弹出如图 5-1-5 所示的【连接类型】下拉列表。该下拉列表主要用来显示预定义的连接类型，包括【刚性】、【销】、【滑块】、【圆柱】、【平面】、【球】、【焊缝】、【轴承】、【常规】、【6DOF】、【万向】和【槽】12种机械设计中常见的连接类型。如表 5-1-2 所示为连接类型的含义。

⑥ 【当前约束】：将约束转换为机构连接，反之亦然。单击【当前约束】文本框后的下拉按钮，弹出如图 5-1-6 所示的【当前约束】下拉列表。该下拉列表主要用来显示预定义的约束类型，包括【自动】、【距离】、【角度偏移】、【平行】、【重合】、【法向】、【共面】、【居中】、【相切】、【固定】和【默认】11 种约束类型。如表 5-1-3 所示为 11 种当前约束的含义。

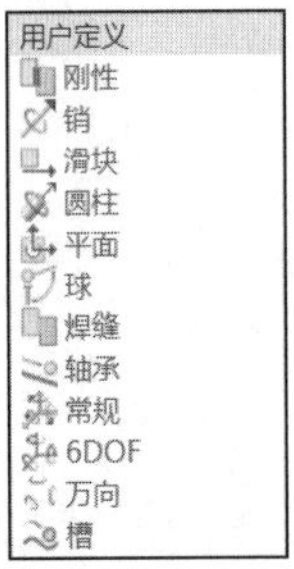

图 5-1-5 【连接类型】下拉列表

图 5-1-6 【当前约束】下拉列表

表 5-1-2 连接类型的含义

| 序号 | 连接类型 | 含义 |
|---|---|---|
| 1 | 刚性 | 不得移动组件内的组件 |
| 2 | 销 | 包含移动轴和平移约束 |
| 3 | 滑块 | 包含移动轴和旋转约束 |
| 4 | 圆柱 | 包含旋转轴，只能进行360°的移动 |
| 5 | 平面 | 包含平面约束，可沿参考平面进行旋转和平移 |
| 6 | 球 | 包含点对齐约束，可进行360°的移动 |
| 7 | 焊缝 | 包含一个坐标系和一个偏移值，可将固定方位的组件"焊缝"到组件中 |
| 8 | 轴承 | 包含点对齐约束，可沿着轨迹进行旋转 |
| 9 | 常规 | 创建两个约束的用户定义结合 |
| 10 | 6DOF | 包含一个坐标和一个偏移值，可朝所有方向移动 |
| 11 | 万向 | 对齐两个坐标系的中心 |
| 12 | 槽 | 包含点对齐，可沿着非直线轨迹进行旋转 |

表 5-1-3 当前约束的含义

| 序号 | 当前约束 | 含义 |
|---|---|---|
| 1 | 自动 | 系统默认的约束类型。将导入元件放置到组件中时，仅需要选择元件与组件参考，系统会根据有效参考，猜测设计意图而自动设置适当约束 |
| 2 | 距离 | 使用"距离"约束可以定义两个装配元件中的点、线和平面之间的距离值。约束对象可以是元件中的平整表面、边线、顶点、基准点、基准平面和基准轴，所选对象不必是同一类型 |
| 3 | 角度偏移 | 使用"角度偏移"约束可以定义两个装配元件中的平面之间的角度，也可以约束线与线、线与面之间的角度。该约束通常需要与其他约束配合使用，才能准确地定位角度 |
| 4 | 平行 | 使用"平行"约束可以定义两个装配元件中的平面平行，也可以约束线与线、线与面平行 |
| 5 | 重合 | 使用"重合"约束可以定义两个装配元件中的点、线和面重合，约束的对象可以是实体的顶点、边线和平面，也可以是基准特征，还可以是具有中心轴线的旋转面（柱面、锥面和球面等） |
| 6 | 法向 | 使用"法向"约束可以定义两个装配元件中的直线或平面垂直 |
| 7 | 共面 | 使用"共面"约束可以定义两个装配元件中的两条直线或基准轴处于同一平面 |
| 8 | 居中 | 使用"居中"约束可以控制两个坐标系的原点相重合，但各坐标轴不重合，因此两个零件可以绕重合的原点进行旋转 |
| 9 | 相切 | 使用"相切"约束可以控制两个曲面相切 |
| 10 | 固定 | 使用"固定"约束可以将元件固定在图形区的当前位置。当向装配环境中引入第一个元件（零件）时，也可以对该元件实施这种约束形式 |
| 11 | 默认 | 将元件坐标系与默认的组件坐标系加以对齐 |

⑦ 【状况】：显示零件之间的约束状态，包括【无约束】、【部分约束】和【完全约束】3 种类型。只有处于【完全约束】状态时，两个零件之间的空间位置关系才完全确定。

⑧ 【元件显示】：包含【单独窗口】和【主窗口】两种形式。前者表示指定约束时，在单独的窗口中显示导入元件。后者表示指定约束时，在装配窗口中显示导入元件。当上述两个按钮同时被单击时，被导入元件将同时显示在主窗口及子窗口中。

⑨ 【放置】：在【元件放置】选项卡中单击【放置】按钮，弹出如图 5-1-7 所示的【放置】选项卡。该选项卡用来详细建立组件之间的约束关系及连接状态。激活【选择元件项】和【选择装配项】选项后可以分别对元件的约束参考和组件的约束参考进行设置。

⑩ 【移动】：在【元件放置】旋转卡中单击【移动】按钮，弹出如图 5-1-8 所示的【移动】选项卡。该选项卡用来移动要组装的组件，以便轻松地存取该组件。

图 5-1-7 【放置】选项卡

图 5-1-8 【移动】选项卡

### 三、元件装配的基本过程

组件模式下的主要操作是利用【元件】选项组中的相关按钮来添加新元件。添加新元件的方式有两种，即装配元件和创建元件。前者将一个已有的元件调入后进行装配，后者则是在组件模式下直接创建新的元件。下面分别介绍其操作过程。

1. 装配元件

1）将工作目录设置至 Creo9.0\work\original\ch5ch5.1，单击【新建】按钮，打开【新建】对话框。

2）在【新建】对话框的【类型】选项组中选中【组件】单选按钮，然后在【名称】文本框中输入 zhuang_pei1，取消选中【使用默认模板】复选框，再单击【确定】按钮。

视频：元件的装配

3）打开【新文件选项】对话框，在对话框中选择【mmns_asm_design_abs】模板，最后单击【确定】按钮，进入装配环境。

4）在【模型】选项卡的【元件】选项组中单击【组装】按钮，打开【打开】对话框。在该对话框中选择文件 kong，单击【打开】按钮，弹出【元件放置】选项卡，同时所选取的文件出现在组件环境中。

5）在【元件放置】选项卡的【当前约束】下拉列表中选择【默认】选项，再单击【确定】按钮，完成如图 5-1-9 所示的第一个零件的装配。

6）再次单击【组装】按钮，打开【打开】对话框。在该对话框中选择文件 zhou，单击【打开】按钮，弹出【元件放置】选项卡，同时所选取的文件出现在组件环境中。

7）在【元件放置】选项卡的【当前约束】下拉列表中选择【重合】选项，分别单击选取 zhou 和 kong 的轴线为元件的约束参考和组件的约束参考，此时的模型如图 5-1-10 所示。单击选项卡中的【确定】按钮，完成如图 5-1-11 所示零件 zhou 的初步装配。

图 5-1-9　装配第一个零件　　　　　图 5-1-10　选取轴线　　　　　图 5-1-11　零件的初步装配

8）在【元件放置】选项卡中单击【放置】按钮，再在弹出的【放置】选项卡中选择【新建约束】选项，新建重合约束。然后分别选取两个元件相对应的端面，此时的模型如图 5-1-12 所示，而装配状况显示为完全约束。

9）单击【元件放置】选项卡中的【确定】按钮，完成如图 5-1-13 所示的两个零件的装配。最后保存文件。

图 5-1-12　选取端平面　　　　　　　　　　图 5-1-13　完成的装配体

2. 创建元件

1）在【元件】选项组中单击【创建】按钮，打开如图 5-1-14 所示的【创建元件】对话框。

2）在【类型】选项组中选中【零件】单选按钮，在【子类型】选项组中选中【实体】单选按钮，在【名称】文本框中输入文件名，单击【确定】按钮，打开如图 5-1-15 所示的【创建选项】对话框。创建元件的方法有以下 4 种。

①　【从现有项复制】：创建模型的副本并将其定位在组件中。

②　【定位默认基准】：创建元件并自动将其装配到所选参考。

③　【空】：创建不具有初始几何的元件。

④ 【创建特征】：使用现有组件参考创建新零件几何。

图 5-1-14 【创建元件】对话框

图 5-1-15 【创建选项】对话框

3）选择一种创建方法再单击【确定】按钮，然后就可以像在零件模式下一样进行各种特征的创建。完成特征及零件的创建后，仍然可以回到组件模式下，定位元件位置及相对关系，进行装配约束设置。

## 四、分解视图

装配好零件模型后，有时需要重新分解组件以便清楚地表达组件的内部结构，查看组件中各零件的位置状态及位置关系，这种重新分解而得到的视图称为分解图，又称爆炸图。

在【模型显示】选项组中单击【管理视图】按钮，打开如图 5-1-16 所示的【视图管理器】对话框，在该对话框的【分解】选项卡下可以创建分解视图。

### 1. 默认分解视图

创建或打开一个完整的装配体后，在【模型显示】选项组中单击【分解视图】按钮或在【视图管理器】对话框的【分解】选项卡中双击【默认分解】选项，系统将执行自动分解操作，如图 5-1-17 所示。

图 5-1-16 【视图管理器】对话框　　　图 5-1-17 默认分解视图

2. 自定义分解视图

在【模型显示】选项组中单击【编辑位置】按钮，弹出如图 5-1-18 所示的【分解工具】选项卡。该选项卡中包含以下工具。

图 5-1-18　【分解工具】选项卡

1）【平移】：沿所选轴平移。

2）【旋转】：绕所选参考旋转。

3）【视图平面】：沿视图平面移动。

4）【切换分解状态】：用来切换选定元件的分解状态，将视图状态设置为已分解或未分解。

5）【创建偏移线】：创建偏移线。

6）【参考】：在【分解工具】选项卡中单击【参考】按钮，弹出如图 5-1-19 所示的【参考】选项卡。使用该选项卡可收集并显示已分解元件的运动参考。

① 【要移动的元件】：显示对应于所选运动参考的元件。

② 【移动参考】：激活运动参考收集器并显示所选择的运动参考。

7）【选项】：在【分解工具】选项卡中单击【选项】按钮，弹出如图 5-1-20 所示的【选项】选项卡。使用该选项卡可以将复制的位置应用于元件、定义运动增量，以及移动带有已分解元件的元件子项。

① 【复制位置】：单击【复制位置】按钮，打开如图 5-1-21 所示的【复制位置】对话框。在该对话框中可将另一个元件位置应用于所选的已分解元件。已分解元件在【要移动的元件】列表框中定义，位置参考在【复制位置自】列表框中定义。

图 5-1-19　【参考】选项卡

图 5-1-20　【选项】选项卡

图 5-1-21　【复制位置】对话框

② 【运动增量】：设置运动增量值或指定【平滑】运动。系统提供了平滑、1、5、10等 4 种选项供选择。也可以在文本框中直接输入其他数值。例如，在文本框中输入数值 6后，元件将以每隔 6 个单位的距离移动。

③ 【随子项移动】：选中此复选框后，子组件将随组件主体的移动而移动，但移动子组件不影响主元件的存在状态。

8）【分解线】：在【分解工具】选项卡中单击【分解线】按钮，弹出如图 5-1-22 所示的【分解线】选项卡。使用该选项卡可以创建、修改和删除元件之间的分解线。

① 【创建分解线】：创建修饰偏移线，以说明分解元件的运动。单击该按钮，打开如图 5-1-23 所示的【修饰偏移线】对话框，该对话框包含两个参考收集器，可用于收集创建已分解元件轨迹偏移线所需的参考对象。单击每个参考收集器右侧的【反向】按钮可以切换参考方向。

图 5-1-22 　【分解线】选项卡　　　　图 5-1-23 　【修饰偏移线】对话框

② 【编辑分解线】：编辑分解线或偏移线。

③ 【删除分解线】：删除所选的分解线或偏移线。

④ 【编辑线型】：单击该按钮，在打开的【线型】对话框中更改所选的分解线或偏移线的外观。

⑤ 【默认线型】：单击该按钮，在打开的【线型】对话框中设置分解线或偏移线的默认外观。

## 任务实施

### 一、设置工作目录并新建文件

1）将工作目录设置至 Creo9.0\work\original\ch5\ch5.1。

2）单击工具栏中的【新建】按钮，在打开的【新建】对话框中选中【类型】选项组中的【装配】单选按钮，并选中【子类型】选项组

视频：脚轮模型装配

中的【设计】单选按钮；取消选中【使用默认模板】复选框以取消使用默认模板，在【名称】文本框中输入文件名 jiao_lun。然后单击【确定】按钮，打开【新文件选项】对话框，选择【mmns_asm_design_abs】模板，单击【确定】按钮，进入组件的创建环境。

### 二、装配元件 XIAO_LUN

1）在【模型】选项卡的【元件】选项组中单击【组装】按钮，打开【打开】对话框。在该对话框中选择文件 XIAO_LUN，单击【打开】按钮，弹出【元件放置】选项卡，同时所选取的模型出现在组件环境中。

2）在【元件放置】选项卡的【当前约束】下拉列表中选择【默认】选项，再单击【确定】按钮，完成如图 5-1-24 所示的第一个零件的装配。

图 5-1-24　装配元件 XIAO_LUN

### 三、装配元件 ZHOU_TAO

1）在【模型】选项卡的【元件】选项组中单击【组装】按钮，打开【打开】对话框。在该对话框中选择文件 ZHOU_TAO，单击【打开】按钮，弹出【元件放置】选项卡，同时所选取的模型出现在组件环境中。

2）在【元件放置】选项卡的【当前约束】下拉列表中选择【距离】选项，并单击【单独窗口】按钮，打开显示元件的子窗口。然后，分别选取 XIAO_LUN 和 ZHOU_TAO 相配合的端面，如图 5-1-25 所示，在距离文本框中输入数值 0，完成距离约束的设置。此时的状态栏显示为部分约束，模型状态如图 5-1-26 所示。

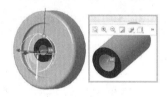

图 5-1-25　选取端面 1　　　　　　　　　　　图 5-1-26　距离约束

3）在【元件放置】选项卡中单击【放置】按钮，再在弹出的【放置】选项卡中单击【新建约束】按钮，新建重合约束。然后，分别选取两个元件相对应的圆柱面，如图 5-1-27 所示，此时的装配状况为完全约束。

4）单击【元件放置】选项卡中的【确定】按钮，完成如图 5-1-28 所示的元件 ZHOU_TAO 的装配。

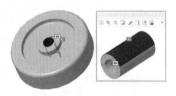

图 5-1-27　选取圆柱面 1　　　　　　　　　　图 5-1-28　装配元件 ZHOU_TAO

### 四、装配元件 LIAN_JI_JIA

1）在【模型】选项卡的【元件】选项组中单击【组装】按钮，打开【打开】对话框。在该对话框中选择文件 LIAN_JI_JIA，单击【打开】按钮，弹出【元件放置】选项卡，同时所选取的模型出现在组件环境中。

2）在【元件放置】选项卡的【当前约束】下拉列表中选择【重合】选项，并单击【单独窗口】按钮，打开显示元件的子窗口。然后，分别选取 ZHOU_TAO 和 LIAN_JI_JIA 相配合的小圆柱面，如图 5-1-29 所示，完成重合约束的设置。此时的状态栏显示为部分约束，模型的状态如图 5-1-30 所示。

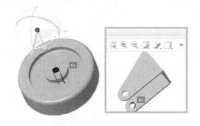

图 5-1-29　选取外小圆柱面 1　　　　　　　　图 5-1-30　重合约束 1

3）在【元件放置】选项卡中单击【放置】按钮，再在弹出的【放置】选项卡中单击【新建约束】按钮，新建距离约束。然后，分别选取两个元件相对应的端面，如图 5-1-31 所示，在距离文本框中输入数值 2。适当调整方向，确保两元件之间的对称关系，此时的装配状况为完全约束。

4）单击【元件放置】选项卡中的【确定】按钮，完成如图 5-1-32 所示的元件 LIAN_JI_JIA 的装配。

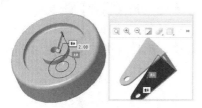

图 5-1-31　选取端面 2　　　　　　　　　图 5-1-32　装配元件 LIAN_JI_JIA

## 五、装配元件 XIAO_ZHOU

1）在【模型】选项卡的【元件】选项组中单击【组装】按钮，打开【打开】对话框。在该对话框中选择文件 XIAO_ZHOU，单击【打开】按钮，弹出【元件放置】选项卡，同时所选取的模型出现在组件环境中。

2）在【元件放置】选项卡的【当前约束】下拉列表中选择【重合】选项，并单击【单独窗口】按钮，打开显示元件的子窗口。然后，分别选取 XIAO_ZHOU 和 LIAN_JI_JIA 相配合的小圆柱面，如图 5-1-33 所示，完成重合约束的设置。此时的状态栏显示为部分约束，模型的状态如图 5-1-34 所示。

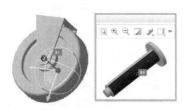

图 5-1-33　选取外小圆柱面 2　　　　　　　　图 5-1-34　重合约束 2

3）在【元件放置】选项卡中单击【放置】按钮，再在弹出的【放置】选项卡中单击【新建约束】按钮，新建重合约束。然后，分别选取 XIAO_ZHOU 头部的底平面和 LIAN_JI_JIA 的外侧面，如图 5-1-35 所示，此时的装配状况为完全约束。

4）最后，单击【元件放置】选项卡中的【确定】按钮，完成如图 5-1-36 所示的元件 XIAO_ZHOU 的装配。

图 5-1-35　选取外侧面和底平面　　　　　　图 5-1-36　装配元件 XIAO_ZHOU

## 六、装配元件 GAN

1）在【模型】选项卡的【元件】选项组单击【组装】按钮，打开【打开】对话框。在该对话框中选择文件 GAN，单击【打开】按钮，弹出【元件放置】选项卡，同时所选取的模型出现在组件环境中。

2）在【元件放置】选项卡的【当前约束】下拉列表中选择【重合】选项，并单击【单独窗口】按钮打开显示元件的子窗口。然后，分别选取 GAN 的端部外圆柱面和 LIAN_JI_JIA 顶部的圆柱面，如图 5-1-37 所示，完成重合约束的设置。此时的状态栏显示为部分约束，模型的状态如图 5-1-38 所示。

图 5-1-37　选取圆柱面 2　　　　　　　　图 5-1-38　重合约束 3

3）在【元件放置】选项卡中单击【放置】按钮，再在弹出的【放置】选项卡中单击【新建约束】按钮，新建重合约束。然后，分别选取 GAN 的端部小平面和 LIAN_JI_JIA 顶部的平面，如图 5-1-39 所示，完成重合约束的设置，此时的装配状况为完全约束。

4）单击【元件放置】选项卡中的【确定】按钮，完成如图 5-1-40 所示的元件 GAN 的装配。

图 5-1-39　选取平面　　　　　　　　　图 5-1-40　装配元件 GAN

**七、创建分解视图**

1）在【模型显示】选项组中单击【管理视图】按钮，打开【视图管理器】对话框。在【分解】选项卡中单击【新建】按钮，输入分解的名称 jiaolun，并按 Enter 键。

2）右击"jiaolun"，在弹出的快捷菜单中选择【编辑位置】选项，弹出【分解工具】选项卡。

3）在【分解工具】选项卡中单击【平移】按钮，然后激活【单击此处添加项目】选项，再选取 LIAN_JI_JIA 元件的垂直边线为运动参考。

4）单击【分解工具】选项卡中的【选项】按钮，然后在弹出的【选项】选项卡中选中【随子项移动】复选框。

5）选取 GAN 元件，此时系统会在该元件上显示一个参考坐标系，选择好坐标系的方向后单击并移动鼠标指针即可拖动 GAN 元件。调整后的模型如图 5-1-41 所示。

6）同理，选择其余的 XIAO_LUN、ZHOU_TAO、XIAO_ZHOU 等元件，并分别将其调整至合适位置，如图 5-1-42 所示。

图 5-1-41　移动 GAN　　　　　　　　　　图 5-1-42　移动元件

7）单击【分解工具】选项卡中的【分界线】按钮，再在弹出的【分界线】选项卡中单击【修饰偏移线】按钮。

8）打开【修饰偏移线】对话框，分别选取 ZHOU_TAO 和 XIAO_ZHOUHEAD 的外圆柱面后，单击对话框中的【应用】按钮，此时的模型如图 5-1-43 所示。

9）同理，分别创建其余的分解偏距线，完成后的模型如图 5-1-44 所示。

图 5-1-43　创建偏距线　　　　　　　　　图 5-1-44　具有偏距线的分解图形

10）完成以上分解运动后，单击【分解工具】选项卡中的【确定】按钮。再在【视图管理器】对话框中右击"jiaolun"，在弹出的快捷菜单中选择【保存】选项，打开【保存显示元素】对话框。

11）在【保存显示元素】对话框中单击【确定】按钮，完成分解图形 jiaolun 的保存。最后单击【视图管理器】对话框中的【关闭】按钮。

12）单击工具栏中的【保存】按钮，打开【保存对象】对话框，使用默认名称并单击【确定】按钮完成文件的保存。

## 任务评价

本任务的任务评价表如表 5-1-4 所示。

表 5-1-4　任务评价表

| 序号 | 评价内容 | 评价标准 | 评价结果（是/否） |
| --- | --- | --- | --- |
| 1 | 知识与技能 | 能熟练地创建装配体模型和爆炸图 | □是　□否 |
| | | 能创建配对装配约束 | □是　□否 |
| | | 能创建对齐装配约束 | □是　□否 |
| | | 能创建插入装配约束 | □是　□否 |
| | | 能创建固定装配约束 | □是　□否 |
| 2 | 职业素养 | 具有严谨求实的学习态度 | □是　□否 |
| | | 具有团队协作的意识 | □是　□否 |
| 3 | 总评 | "是"与"否"在本次评价中所占的百分比 | "是"占__%<br>"否"占__% |

## 任务巩固

在 Creo 9.0 软件的装配模块中完成如图 5-1-45 所示微型机器人模型的装配并生成爆炸图。

图 5-1-45　微型机器人模型

# 工作任务 二　太阳花模型的装配建模

## 任务目标

1）掌握装配体中元件的编辑方法。

2）掌握元件重复装配的方法。

3）掌握元件阵列装配的方法。

4）了解隐含与恢复的概念及应用方法。

5）了解装配环境下的视图管理功能。

### 📝 任务描述

在 Creo 9.0 软件的装配模块中完成如图 5-2-1 所示太阳花模型的装配。

图 5-2-1　太阳花模型

### 📖 任务分析

该太阳花模型由摆杆、连接件、支架、壳体、半盖等 9 个零件组成，在装配过程中需要综合运用默认、配对、对齐和插入等多种装配约束方法。如表 5-2-1 所示为太阳花模型的装配思路。

表 5-2-1　太阳花模型的装配思路

| 步骤名称 | 应用功能 | 示意图 | 步骤名称 | 应用功能 | 示意图 |
|---|---|---|---|---|---|
| 1）装配上支架 | 【组装】命令、【默认】命令 | | 4）装配下支架 | 【组装】命令、【重合】命令 | |
| 2）装配主、副摆杆 | 【组装】命令、【重合】命令、【距离】命令、【角度偏移】命令 | | 5）装配左、右半盖 | 【组装】命令、【重合】命令 | |
| 3）装配连接件 | 【组装】命令、【重合】命令 | | 6）装配左、右壳体并编辑元件 | 【组装】命令、【重合】命令、【拉伸】命令、【视图管理器】命令 | |

###  知识准备

#### 一、装配体中元件的编辑

和实体零件设计一样，当组件装配完成后，可以使用以下方法对各组成零件进行编辑。

1）在导航树（或绘图窗口）中选择零件，然后右击，在弹出的快捷菜单中选择【激活】选项以进入该零件的设计模式。在该模式下可以修改零件的尺寸，对现有特征进行修改或创建新的特征。

2）从导航树（或绘图窗口）中选择零件或装配特征，右击，在弹出的快捷菜单中选择【编辑】选项，可以修改零件中的任何一个尺寸，包括零件尺寸、装配特征尺寸或零件装配时的偏移尺寸。

3）在导航树（或绘图窗口）中选择零件，然后右击，在弹出的快捷菜单中选择【打开】选项，系统将打开一个包含该元件的新窗口。在该窗口中可以对零件进行编辑。

### 二、元件重复装配

在进行组件装配时，有时候需要多次对一个相同的结构进行装配，并在装配时使用相同类型的约束，所不同的仅仅是在组件上的约束参考。这时，可以使用重复装配的方法来完成。例如，一般产品中会有为数不少的螺钉，用于连接和固定，这些螺钉的装配就需要大量的重复装配。

重复装配的原理和普通装配完全一样，但由于在重复装配中，约束类型和元件上的约束参考都已经确定，只需要定义组件中的约束参考即可，因此可以大大减轻工作量，提高工作效率。元件重复装配的方法与步骤如下。

1）选中组件中的某个元件后，在【元件】选项组中单击【重复】按钮，打开如图 5-2-2 所示的【重复元件】对话框，用于重复对所选元件进行装配。

图 5-2-2 【重复元件】对话框

**注意**：当选择组件导航树中的第一个元件时，【编辑】菜单中的【重复】选项不可用。

【重复元件】对话框从上到下可以分为 3 个部分，下面依次介绍。

① 【元件】选项组：用于选择需要重复装配的元件，默认情况下，系统会选择在执行【重复元件】命令前所选择的元件，其名称会显示在【选择】按钮右侧的文本框中。用户也可以单击【选择】按钮，在打开的图形窗口或导航树中自由选择所需要重复装配的元件。而所选择元件的名称也同时显示在【选择】按钮右侧的文本框中。

② 【可变装配参考】选项组：用于显示和选择所需要的组件参考。在【可变装配参考】

列表框中，列出了组件与所选需要重复装配元件的所有参考，使用鼠标选中后，会在图形窗口中加亮显示边线。

③【放置元件】选项组：由【放置元件】列表框和【添加】、【移除】按钮组成。

2）使用鼠标在【可变组件参考】列表框中选择所需要的参考后，单击【添加】按钮，开始从组件中选择参考。用户在组件中完成一组【可变装配参考】列表框中的参考选项后，系统自动在【放置元件】列表框中添加元件信息，同时在图形窗口中添加新加入的元件。

3）定义一组组件参考完成后，系统自动转向下一组参考定义。当完成所有参考定义后，单击【确定】按钮，退出【重复元件】选项卡。

如果定义组件参考错误导致重复装配错误，那么可以在【放置元件】列表框中选中错误加入的元件，然后单击【移除】按钮，该元件即被删除。再添加【添加】按钮，可继续添加组件参考。

### 三、元件阵列装配

1．元件阵列装配简介

前面介绍的重复装配可以快速地在组件中重复装配同一元件，但这样做还是需要一步步地在组件中定义组件参考。在某些特殊情况下，某一元件需要大量地重复插入，且组件参考也是有着特殊的排布规律时，可以使用阵列装配元件的方法来装配大量重复元件。

阵列装配工具和特征阵列工具的调用方法、使用界面、使用方法等基本相同。在导航树中选取需要阵列的元件，再单击【修饰符】选项组中的【阵列】按钮，弹出如图 5-2-3 所示的【阵列】选项卡，可以使用不同的阵列方法阵列装配体中均匀分布的元件。以下为几种阵列方法的操作步骤。

图 5-2-3　【阵列】选项卡

（1）【参考】

一个元件在被装配到组件中某一阵列的参考上后，可以通过参考此阵列来阵列化该元件。当弹出【阵列】选项卡后，系统自动选择【参考】选项。该方法只有在阵列已经存在时才可用。

（2）【尺寸】

在曲面上使用重合或距离等偏移约束装配第一个元件。使用所应用约束的偏移值作为参考尺寸以创建非表达式的独立阵列。

（3）【方向】

沿指定方向装配元件。选取平面、平整曲面、线性曲线、坐标系或轴以定义第一方向，选取类似的参考定义第二方向。

（4）【轴】

将元件装配到阵列中心。选取一个要定义的基准轴，然后输入阵列成员之间的角度及阵列中成员的数量。

（5）【填充】

在曲面上装配第一个元件，然后使用同一曲面上的草绘生成元件填充阵列。

（6）【表】

在曲面上使用重合或距离等偏移约束装配第一个元件。使用所应用约束的偏移值作为尺寸。单击【编辑】按钮创建表，或单击【表】按钮并从列表中选取现有的表阵列。

（7）【曲线】

将元件装配到组件中的参考曲线上。如果在组件中不存在现有的曲线，则可以从【参考】选项卡中打开草绘器以草绘曲线。

（8）【点】

将元件装配到组件中的参考点上。如果在组件中不存在现有的点，则可以从【参考】选项卡中打开草绘器以草绘点。

**注意：** 阵列装配元件时，阵列导引用空心黄圆点表示，阵列成员用空心黑圆点表示。要排除某个阵列成员，只要单击相应空心黑圆点并使其变为小的空心黑圆点即可。再次单击该点则可以增加该阵列成员。

视频：参考阵列（二）

2. 元件阵列装配实例

常用的元件阵列装配类型主要包括参考阵列、尺寸阵列和轴阵列。

（1）参考阵列

参考阵列是以装配体中某一零件中的特征阵列为参考来进行元件的阵列的。

1）将工作目录设置至 Creo9.0\work\original\ch5\ch5.2，打开如图 5-2-4 所示的模型文件 canzhao_zp.asm。

2）在装配导航树界面中右击元件 luoding1，在弹出的快捷菜单中选择【阵列】选项。

3）在弹出的【阵列】选项卡的阵列类型下拉列表中选择【参考】选项，并单击【确定】按钮。

4）系统自动参考 di_ban 元件中孔的阵列，创建如图 5-2-5 所示的元件参考阵列。

图 5-2-4　canzhao_zp.asm　　　　　　　图 5-2-5　元件参考阵列

5）选择【文件】→【另存为】→【保存副本】选项，打开【保存副本】对话框，在【文件名】文本框中输入 canzhao_zp1.asm，然后单击【确定】按钮完成文件的保存。

（2）尺寸阵列

元件的尺寸阵列是指使用装配中的约束尺寸创建阵列，只有使用诸如"配对偏距"或"对齐偏距"这样的约束类型才能创建元件的尺寸阵列。

视频：尺寸阵列

1）将工作目录设置至 Creo9.0\work\original\ch5\ch5.2，打开如图 5-2-6 所示的模型文件 chicun_zp.asm。

2）在装配导航树界面中右击元件 huan，在弹出的快捷菜单中选择【阵列】选项。

3）在弹出的【阵列】选项卡的阵列类型下拉列表中选择【尺寸】选项，系统提示"选取要在第一方向上改变的尺寸"。

4）选取图 5-2-7 中的尺寸 1.00，再在出现的增量尺寸文本框中输入数值 15 并按 Enter 键。

5）在【阵列】选项卡中输入阵列数目 6，然后单击【确定】按钮，完成如图 5-2-8 所示的元件尺寸阵列。

图 5-2-6　chicun_zp.asm 模型　　　图 5-2-7　选取阵列尺寸　　　图 5-2-8　元件尺寸阵列

6）选择【文件】→【另存为】→【保存副本】选项，打开【保存副本】对话框，在【文件名】文本框中输入 chicun_zp1.asm，然后单击【确定】按钮完成文件的保存。

（3）轴阵列

1）将工作目录设置至 Creo9.0\work\original\ch5\ch5.2，打开如图 5-2-9 所示的模型文件 zhou_zp.asm。

2）在装配导航树界面中右击元件 luoding1，在弹出的快捷菜单中选择【阵列】选项。

视频：轴阵列

3）在弹出的【阵列】选项卡的阵列类型下拉列表中选择【轴】选项，系统提示"选取基准轴、坐标系轴来定义阵列中心"。

4）选取如图 5-2-10 中的轴线 A_1，再在出现的角度增量文本框中输入数值 60 并按 Enter 键。

5）在【阵列】选项卡中输入阵列数目 6，然后单击【确定】按钮，完成如图 5-2-11 所示的元件轴阵列。

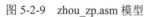
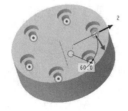

图 5-2-9　zhou_zp.asm 模型　　　图 5-2-10　选取轴线　　　图 5-2-11　元件轴阵列

6）选择【文件】→【另存为】→【保存副本】选项，打开【保存副本】对话框，在【文件名】文本框中输入 zhou_zp1.asm，然后单击【确定】按钮完成文件的保存。

#### 四、隐含与恢复

在装配环境中，隐含特征类似于将元件或组件从再生中暂时删除，而执行恢复操作，可以随时解除已隐含的特征。通过设置隐含特征，不仅简化了装配体中的元件或组件，而且减少了再生时间。

##### 1. 隐含元件或组件

在创建复杂装配体时，为方便对部分组件执行创建或编辑元件操作，可将其他单个或多个元件或组件隐含。这样可便于用户更专注于当前工作区。此外，因为减少了更新及显示的内容，所以缩短了修改和显示的过程，达到了提高工作效率的目的。

在导航树中选取需隐含的对象，右击，在弹出的快捷菜单中选择【隐含】选项，即可将对象从导航树及图形窗口中移除。

##### 2. 显示隐含对象

在【导航树】选项卡中，单击【树过滤器】按钮，打开如图 5-2-12 所示的【树过滤器】对话框。选中【隐含的】复选框，单击【确定】按钮，此时所有被隐含的对象将显示在导航树上。

图 5-2-12　【树过滤器】对话框

##### 3. 恢复隐含对象

在导航树中选取要恢复的隐含对象，右击，在弹出的快捷菜单中选择【恢复】选项，即可将隐含的对象显示在当前环境中。

#### 五、视图管理

在实际装配过程中，为了避免设置约束时多个参考影响选取，同时也为了更清晰地查看元件的结构特征，可使用视图管理功能对这些视图进行有效管理，从而提高设计的工作效率。

1. 简化视图

简化视图就是暂时移除当前装配不需要的元件，从而减少装配复杂元件时重绘、再生和检索的时间，避免局部元件装配设计时产生缺陷，使工作更为高效。

在【视图】或【模型显示】选项卡中单击【管理视图】按钮，打开【视图管理器】对话框，然后选择【简化表示】选项卡，如图 5-2-13 所示。

图 5-2-13　【简化表示】选项卡

（1）原始窗口

在【简化表示】选项卡中，可自定义和编辑多个简化显示名称，并且可以设置显示方式。

1）【新建】。单击该按钮，可以新定义一个或多个简化显示名称，如图 5-2-14 所示。在【名称】下的文本框中输入"SHITU"并按 Enter 键，打开如图 5-2-15 所示的【编辑:SHITU】对话框，可以显示定义名称的包括、排除、替代方式。

图 5-2-14　新建"SHITU"

图 5-2-15    【编辑:SHITU】对话框

2）【编辑】。单击【编辑】按钮，弹出如图 5-2-16 所示的【编辑】下拉列表。选择下拉列表中的选项可以对简化视图进行保存、重定义、移除等操作。选择【编辑定义】选项可以重新定义显示名称的包括、排除和替代方式。

3）【选项】。单击【选项】按钮，弹出如图 5-2-17 所示的【选项】下拉列表，选择【激活】选项时，将在选取的简化视图名称前显示一个绿色箭头；选择【添加列】选项时，可以在导航树中增加选定简化名称的列表，再通过选择【移除列】选项就可以移除该列表；选择【列表】选项时，可以显示简化名称的信息窗口。

图 5-2-16    【编辑】下拉列表          图 5-2-17    【选项】下拉列表

4）【主表示】：指选取的元件以实体的方式显示，是系统默认的显示方式。

5）【符号表示】：指选取的元件以符号的方式显示。

6）【几何表示】：指选取的元件以几何的方式显示。

7）【图形表示】：指选取的元件以图形的方式显示。

（2）属性窗口

单击【简化表示】选项卡下方的【属性】按钮，可切换到如图 5-2-18 所示的【视图管理器】对话框。其中，各选项的含义说明如下。

1）【排除】：在装配窗口中选取一个元件，再单击该按钮可将选取的元件在装配窗口中暂时隐藏起来。通过该方法可以暂时隐藏更多的元件，而所有被隐藏的元件将显示在对话框的项目列表框中。

2）【主表示】：其含义与原始对话框中主表示的含义相同。

图 5-2-18　简化表示的【视图管理器】对话框

3)【几何表示】：其含义与原始对话框中几何表示的含义相同。

4)【图形表示】：其含义与原始对话框中图形表示的含义相同。

5)【符号表示】：其含义与原始对话框中符号表示的含义相同。

2. 样式

在【视图管理器】对话框中选择【样式】选项卡，如图 5-2-19 所示。在该选项卡中，单击下方的【属性】按钮即可打开如图 5-2-20 所示的界面。再在装配视图中选取装配体元件，其各显示样式按钮即被激活，单击相应的按钮可设置元件的显示方式。各显示样式按钮的含义说明如下。

1)【线框】：选取的元件以线框模式在装配体中显示出来。

2)【着色】：选取的元件以着色模式在装配体中显示出来。

3)【透明】：选取的元件以透明模式在装配体中显示出来。

4)【隐藏线】：选取的元件以隐藏线模式在装配体中显示出来。

5)【消隐】：选取的元件以消隐模式在装配体中显示出来。

6)【遮蔽】：选取的元件不在装配体中显示出来。

图 5-2-19　【样式】选项卡

图 5-2-20　样式的属性界面

## 任务实施

### 一、设置工作目录并新建文件

1）将工作目录设置至 Creo9.0\work\original\ch5\ch5.2。

视频：太阳花模型装配

2）单击工具栏中的【新建】按钮，在打开的【新建】对话框中选中【类型】选项组中的【装配】单选按钮，并选中【子类型】选项组中的【设计】单选按钮；取消选中【使用默认模板】复选框以取消使用默认模板，在【名称】文本框中输入文件名 tai_yang_hua。然后单击【确定】按钮，打开【新文件选项】对话框。选择【mmns_asm_design_abs】模板，单击【确定】按钮，进入组件的创建环境。

### 二、装配元件 SHANG_ZHI_JIA

1）在【模型】选项卡的【元件】选项组中单击【组装】按钮，打开【打开】对话框。在该对话框中选择文件 SHANG_ZHI_JIA，单击【打开】按钮，弹出【元件放置】选项卡，同时所选取的模型出现在组件环境中。

2）在【元件放置】选项卡的【当前约束】下拉列表中选择【默认】选项，此时的状态栏显示为完全约束。

3）单击【确定】按钮，完成第一个零件 SHANG_ZHI_JIA 的装配，如图 5-2-21 所示。

### 三、装配元件 ZHU_BAI_GAN

图 5-2-21　装配元件 SHANG_ZHI_JIA

1）在【模型】选项卡的【元件】选项组中单击【组装】按钮，打开【打开】对话框。在该对话框中选择文件 ZHU_BAI_GAN，单击【打开】按钮，弹出【元件放置】选项卡，同时所选取的模型出现在组件环境中。

2）在【元件放置】选项卡的【当前约束】下拉列表中选择【重合】选项，并单击【单独窗口】按钮，打开显示元件的子窗口。然后，分别选取 ZHU_BAI_GAN 的轴线 A_4 和 SHANG_ZHI_JIA 的轴线 A_9，如图 5-2-22 所示，完成重合约束的设置。此时的状态栏显示为部分约束，模型的状态如图 5-2-23 所示。

图 5-2-22　选取对齐轴线 1　　　　　　　　　　图 5-2-23　重合约束 1

3）在【元件放置】选项卡中单击【放置】按钮，再在弹出的【放置】选项卡中单击【新建约束】按钮，新增距离约束。然后，分别选取 ZHU_BAI_GAN 和 SHANG_ZHI_JIA 的配对平面，如图 5-2-24 所示，再在【偏移】选项组中的文本框中输入数值 2，此时的【放置】选项卡如图 5-2-25 所示，模型如图 5-2-26 所示。状态栏显示为完全约束。但元件

ZHU_BAI_GAN 的位置不正确，需要调整。

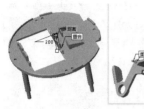

图 5-2-24　选取配对平面 1　　　图 5-2-25　【放置】选项卡（距离）1　　　图 5-2-26　距离约束 1

4）再在【放置】选项卡中单击【新建约束】按钮，新建角度偏移约束。然后，分别选取 SHANG_ZHI_JIA 的上表面和 ZHU_BAI_GAN 的小侧面作为配对平面，如图 5-2-27 所示，再在【偏移】选项组中的文本框中输入角度值 333（或移动图形中的白色方形控制块也可以改变角度），此时的【放置】选项卡如图 5-2-28 所示。

5）最后单击【元件放置】选项卡中的【确定】按钮，完成如图 5-2-29 所示的元件 ZHU_BAI_GAN 的装配。

图 5-2-27　选取角度配对平面 1　　　图 5-2-28　【放置】选项卡（角度偏移）1　　　图 5-2-29　装配元件 ZHU_BAI_GAN

## 四、装配元件 FU_BAI_GAN

1）在【模型】选项卡【元件】选项组中单击【组装】按钮，打开【打开】对话框。在该对话框中选择文件 FU_BAI_GAN，单击【打开】按钮，弹出【元件放置】选项卡，同时所选取的模型出现在组件环境中。

2）在【元件放置】选项卡的【当前约束】下拉列表中选择【重合】选项，并单击【单独窗口】按钮，打开显示元件的子窗口。然后，分别选取 FU_BAI_GAN 的轴线 A_2 和 SHANG_ZHI_JIA 的轴线 A_4，如图 5-2-30 所示，完成重合约束的设置。此时的状态栏显示为部分约束，模型的状态如图 5-2-31 所示。

图 5-2-30　选取对齐轴线 2　　　　　　　图 5-2-31　重合约束 2

3）在【元件放置】选项卡中单击【放置】按钮，再在弹出的【放置】选项卡中单击【新建约束】按钮，新增距离约束。然后，分别选取 FU_BAI_GAN 和 SHANG_ZHI_JIA 的配对平面，如图 5-2-32 所示，再在【偏移】选项组中的文本框中输入数值 2，此时的【放置】选项卡如图 5-2-33 所示，模型的状态如图 5-2-34 所示。此时的状态栏显示为完全约束，但元件 ZFU_BAI_GAN 的位置不正确，需要调整。

图 5-2-32　选取配对平面 2　　　图 5-2-33　【放置】选项卡（距离）2　　图 5-2-34　距离约束 2

4）在【元件放置】选项卡中单击【放置】按钮，再在弹出的【放置】选项卡中单击【新建约束】按钮，新建角度偏移约束。然后，分别选取 SHANG_ZHI_JIA 的上表面和 FU_BAI_GAN 的小侧面作为配对平面，如图 5-2-35 所示，再在【偏移】选项组中的文本框中输入角度值 198（或移动图形中的白色方形控制块也可以改变角度），此时的【放置】选项卡如图 5-2-36 所示。

5）单击【元件放置】选项卡中的【确定】按钮，完成如图 5-2-37 所示的元件 FU_BAI_GAN 的装配。

图 5-2-35　选取角度配对平面 2　　　图 5-2-36　【放置】选项卡（角度偏移）2　　图 5-2-37　装配元件
　　　　　　　　　　　　　　　　　　　　　　　　　　　　　　　　　　　　　　　　　FU_BAI_GAN

## 五、装配元件 LIAN_JI_JIAN

1）在【模型】选项卡的【元件】选项组中单击【组装】按钮，打开【打开】对话框。在该对话框中选择文件 LIAN_JI_JIAN，单击【打开】按钮，弹出【元件放置】选项卡，同时所选取的模型出现在组件环境中。

2）在【元件放置】选项卡中单击【放置】按钮，再在弹出的【放置】选项卡中单击【新建约束】按钮，新建重合约束。然后，分别选取 FU_BAI_GAN 和 LIAN_JI_JIAN 的配对平面，如图 5-2-38 所示，完成重合约束的设置。此时的状态栏显示为部分约束，模型的状态如图 5-2-39 所示。

图 5-2-38　选取对齐轴线 3　　　　　　　　　图 5-2-39　重合约束 3

3）在【放置】选项卡中单击【新建约束】按钮，新建重合约束。然后，分别选取 FU_BAI_GAN 的轴线 A_3 和 LIAN_JI_JIAN 的轴线 A_1，如图 5-2-40 所示，完成重合约束的设置。此时的状态栏显示为部分约束，模型的状态如图 5-2-41 所示。

图 5-2-40　选取对齐轴线 4　　　　　　　　　图 5-2-41　重合约束 4

4）在【放置】选项卡中单击【新建约束】按钮，新建重合约束。然后，分别选取 FU_BAI_GAN 和 LIAN_JI_JIAN 元件的配对平面，如图 5-2-42 所示，完成配对约束的设置，此时的状态栏显示为完全约束。

5）单击【元件放置】选项卡中的【确定】按钮，完成如图 5-2-43 所示的元件 LIAN_JI_ JIAN 的装配。

图 5-2-42　选取配对平面 3　　　　　　　　　图 5-2-43　装配元件 LIAN_JI_JIAN

## 六、创建样式视图

1）单击【管理视图】按钮，打开【视图管理器】对话框，在【样式】选项卡中单击【新建】按钮，输入样式视图的名称"zhuangpei"，并按 Enter 键。

2）在打开的【编辑】对话框中选择【显示】选项卡，在【方法】选项组中选中【线框】单选按钮，然后在装配导航树或图形中选取元件 ZHU_BAI_GAN 和 FU_BAI_GAN，此时

【视图管理器】中的【样式】选项卡如图 5-2-44 所示。

3）单击【编辑】对话框中的【确定】按钮，完成视图的编辑，再单击【视图管理器】对话框中的【关闭】按钮完成样式视图的设置。此时的模型如图 5-2-45 所示。最后，恢复视图的着色显示。

图 5-2-44　视图管理器

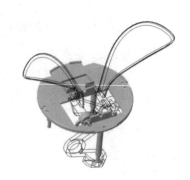

图 5-2-45　样式视图

## 七、装配元件 XIA_ZHI_JIA

1）在【模型】选项卡的【元件】选项组中单击【组装】按钮，打开【打开】对话框。在该对话框中选择文件 XIA_ZHI_JIA，单击【打开】按钮，弹出【元件放置】选项卡，同时所选取的模型出现在组件环境中。

2）在【元件放置】选项卡中单击【放置】按钮，再在弹出的【放置】选项卡中单击【新建约束】按钮，新建重合约束。然后，分别选取 XIA_ZHI_JIA 的轴线 A_3 和 SHANG_ZHI_JIA 的轴线 A_3，如图 5-2-46 所示，完成重合约束的设置。此时的状态栏显示为部分约束。

图 5-2-46　选取对齐轴线 5

3）在【放置】选项卡中单击【新建约束】按钮，新建重合约束。然后，分别选取 XIA_ZHI_JIA 和 SHANG_ZHI_JIA 元件的配对平面，如图 5-2-47 所示，完成配对约束的设置。此时的状态栏显示为完全约束。

4）单击【元件放置】选项卡中的【确定】按钮，完成如图 5-2-48 所示的元件 XIA_ZHI_JIA 的装配。

图 5-2-47 选取配对平面 4

图 5-2-48 装配元件 XIA_ZHI_JIA

## 八、装配元件 ZUO_BAN_GAI

1）在【模型】选项卡的【元件】选项组中单击【组装】按钮，打开【打开】对话框。在该对话框中选择文件 ZUO_BAN_GAI，单击【打开】按钮，弹出【元件放置】选项卡，同时所选取的模型出现在组件环境中。

2）在【元件放置】选项卡中单击【放置】按钮，再在弹出的【放置】选项卡中单击【新建约束】按钮，新建重合约束。然后，分别选取 ZUO_BAN_GAI 和 SHANG_ZHI_JIA 元件的配对平面，如图 5-2-49 所示，完成重合约束的设置。此时的状态栏显示为部分约束。

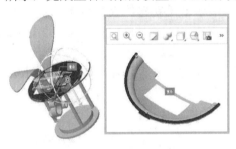

图 5-2-49 选取配对平面 5

3）在【放置】选项卡中单击【新建约束】按钮，新建重合约束。然后，分别选取 ZUO_BAN_GAI 和 SHANG_ZHI_JIA 元件的配对平面，如图 5-2-50 所示，完成配对约束的设置。此时的状态栏显示为完全约束。

4）单击【元件放置】选项卡中的【确定】按钮，完成如图 5-2-51 所示的元件 ZUO_BAN_GAI 的装配。

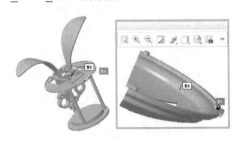

图 5-2-50 选取配对圆柱面

图 5-2-51 装配元件 ZUO_BAN_GAI

### 九、装配元件 YOU_BAN_GAI

1）在【模型】选项卡的【元件】选项组中单击【组装】按钮，打开【打开】对话框。在该对话框中选择文件 YOU_BAN_GAI，单击【打开】按钮，弹出【元件放置】选项卡，同时所选取的模型出现在组件环境中。

2）在【元件放置】选项卡中单击【放置】按钮，再在弹出的【放置】选项卡中单击【新建约束】按钮，新建重合约束。然后，分别选取 YOU_BAN_GAI 和 SHANG_ZHI_JIA 元件的配对平面，如图 5-2-52 所示，完成重合约束的设置。此时的状态栏显示为部分约束。

图 5-2-52　选取配对平面 6

3）在【放置】选项卡中单击【新建约束】按钮，新建重合约束。然后，分别选取 YOU_BAN_GAI 和 SHANG_ZHI_JIA 元件的配对平面，如图 5-2-53 所示，完成配对约束的设置。此时的状态栏显示为完全约束。

4）单击【元件放置】选项卡中的【确定】按钮，完成如图 5-2-54 所示的元件 YOU_BAN_GAI 的装配。

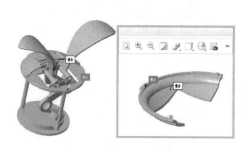

图 5-2-53　选取配对平面 7

图 5-2-54　装配元件
YOU_BAN_GAI

### 十、装配元件 ZUO_KE_TI

1）在【模型】选项卡的【元件】选项组中单击【组装】按钮，打开【打开】对话框。在该对话框中选择文件 ZUO_KE_TI，单击【打开】按钮，弹出【元件放置】选项卡，同时所选取的模型出现在组件环境中。

2）在【元件放置】选项卡中单击【放置】按钮，再在弹出的【放置】选项卡中单击【新建约束】按钮，新建重合约束。然后，分别选取 ZUO_KE_TI 和 SHANG_ZHI_JIA 元件的配对平面，如图 5-2-55 所示，完成重合约束的设置。此时的状态栏显示为部分约束。

3）在【放置】选项卡中单击【新建约束】按钮，新建重合约束。然后，分别选取 ZUO_

KE_TI 的 DTM1 基准平面和组件的 ASM_RIGHT 基准平面，如图 5-2-56 所示，完成配对约束的设置。此时的状态栏显示为部分约束。

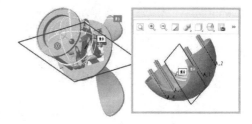

图 5-2-55  选取配对平面 8　　　　　　　　图 5-2-56  选取配对基准平面 1

4）在【放置】选项卡中单击【新建约束】按钮，新建重合约束。然后，分别选取 ZUO_KE_TI 的 DTM2 基准平面和组件的 ASM_TOP 基准平面，如图 5-2-57 所示，完成配对约束的设置。此时的状态栏显示为完全约束。

5）最后单击【元件放置】选项卡中的【确定】按钮，完成如图 5-2-58 所示的元件 ZUO_KE_TI 的装配。

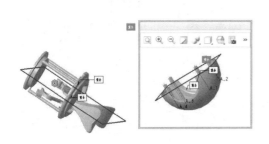

图 5-2-57  选取配对基准平面 2　　　　　　　图 5-2-58  装配元件 ZUO_KE_TI

## 十一、装配元件 YOU_KE_TI

1）在【模型】选项卡的【元件】选项组中单击【组装】按钮，打开【打开】对话框。在该对话框中选择文件 YOU_KE_TI，单击【打开】按钮，弹出【元件放置】选项卡，同时所选取的模型出现在组件环境中。

2）在【元件放置】选项卡中单击【放置】按钮，再在弹出的【放置】选项卡中单击【新建约束】按钮，新建重合约束。然后，分别选取 YOU_KE_TI 和 ZUO_KE_TI 元件的配对平面，如图 5-2-59 所示，完成重合约束的设置。此时的状态栏显示为部分约束。

3）在【放置】选项卡中单击【新建约束】按钮，新建重合约束。然后，分别选取 YOU_KE_TI 的轴线 A_3 和 ZUO_KE_TI 的轴线 A_2，如图 5-2-60 所示，完成配对约束的设置。此时的状态栏显示为完全约束。

4）单击【元件放置】选项卡中的【确定】按钮，完成如图 5-2-61 所示的元件 YOU_KE_TI 的装配。

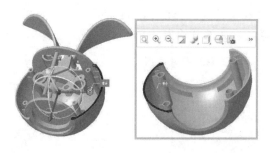

图 5-2-59　选取配对平面 9

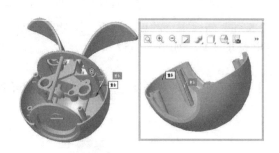

图 5-2-60　选取对齐轴线 6

图 5-2-61　装配元件 YOU_KE_TI

## 十二、编辑元件

1）单击【管理视图】按钮，在打开的【视图管理器】对话框中选择【样式】选项卡。再激活"zhuangpei"视图，单击【编辑】下拉按钮，在弹出的下拉列表中选择【重新定义】选项，打开【编辑：ZHUANGPEI】对话框。

2）选择【显示】选项卡，再选择【着色】选项，然后分别选取元件 ZHU_BAI_GAN 和 FU_BAI_GAN，使它们着色显示。

3）单击【确定】按钮和【视图管理器】对话框中的【关闭】按钮，完成视图的编辑。此时的模型如图 5-2-62 所示。

4）在装配导航树中，选中元件 ZHU_BAI_GAN 并右击，在弹出的快捷菜单中选择【隐含】选项，该元件随即从导航树和图形中消失，此时的模型如图 5-2-63 所示。

图 5-2-62　TAI_YANG_HUA 模型

图 5-2-63　隐含 ZHU_BAI_GAN 元件

5）单击【导航树】选项卡，再单击【树过滤器】按钮，打开【树过滤器】对话框。

6）选中【基于状态的项】选项组中的【隐含的】单选按钮，然后单击对话框中的【确定】按钮。此时的导航树如图 5-2-64 所示，被隐含的 ZHU_BAI_GAN 元件前有一个黑色方框。

7）在导航树中右击 ZHU_BAI_GAN 元件，在弹出的快捷菜单中选择【恢复】选项，被隐含的 ZHU_BAI_GAN 元件即被恢复。

8）在导航树中右击 ZHU_BAI_GAN 元件，在弹出的快捷菜单中选择【打开】选项，进入该元件的设计界面。

9）在 ZHU_BAI_GAN 零件的设计界面中，使用【拉伸】按钮创建如图 5-2-65 所示的圆孔，然后在【拉伸】选项卡中单击【确定】按钮，返回该元件的设计界面。再单击软件窗口右上角的【关闭】按钮，返回装配体界面。此时的模型如图 5-2-66 所示。

图 5-2-64　显示隐含的对象　　　　图 5-2-65　创建圆孔　　　　图 5-2-66　修改后的装配体

10）重新进入 ZHU_BAI_GAN 零件的设计界面，删除刚创建的圆孔并返回装配体界面。最后完成的模型如图 5-2-67 所示。

图 5-2-67　TAI_YANG_HUA 模型

11）单击工具栏中的【保存】按钮，打开【保存对象】对话框，使用默认名称并单击【确定】按钮完成文件的保存。

## 任务评价

本任务的任务评价表如表 5-2-2 所示。

表 5-2-2  任务评价表

| 序号 | 评价内容 | 评价标准 | 评价结果（是/否） |
|---|---|---|---|
| 1 | 知识与技能 | 能编辑装配体中的元件 | □是　□否 |
|  |  | 能创建元件的重复装配 | □是　□否 |
|  |  | 能创建元件的阵列装配 | □是　□否 |
|  |  | 能隐含与恢复元件 | □是　□否 |
|  |  | 能管理装配环境下的视图 | □是　□否 |
| 2 | 职业素养 | 具有严谨求实的学习态度 | □是　□否 |
|  |  | 具有团队协作的意识 | □是　□否 |
| 3 | 总评 | "是"与"否"在本次评价中所占的百分比 | "是"占__%<br>"否"占__% |

📖 **任务巩固**

在 Creo 9.0 软件的装配模块中完成如图 5-2-68 所示夹紧卡爪装配模型的创建并生成爆炸图。

图 5-2-68　夹紧卡爪装配模型

# 工作领域六
## 模型的渲染

◎ **学习目标**

> 知识目标　　1）了解渲染界面。
>
> 2）掌握场景的设置方法。
>
> 3）掌握外观的设置方法。
>
> 4）掌握实时渲染的创建方法。
>
> 5）掌握渲染输出的操作方法。

> 技能目标　　1）能解释渲染界面的特点。
>
> 2）能设置合理的场景。
>
> 3）能设置合适的外观。
>
> 4）能创建实时渲染。
>
> 5）能输出渲染效果。

> 素养目标　　1）培养美学意识和编导意识。
>
> 2）树立创新意识，勇于进行创新设计。

◎ **工作内容**

> 工作领域　　模型的渲染。

> 工作任务　　1）脚轮模型的渲染。
>
> 2）太阳花模型的渲染。

# 工作任务 — 脚轮模型的渲染

## 任务目标

1）了解渲染界面。
2）掌握场景的设置方法。
3）掌握外观的设置方法。
4）掌握实时渲染的创建方法。
5）掌握渲染输出的操作方法。

## 任务描述

在 Creo 9.0 软件的渲染模块中完成如图 6-1-1 所示脚轮模型的渲染。

图 6-1-1　脚轮模型

## 任务分析

该脚轮模型由杆、小轮、连接架、销轴和轴套等 5 个零件组成，渲染时需要综合运用【场景】、【外观】、【已保存方向】、【透视图】、【实时渲染】、【屏幕截图】、【渲染】等命令。如表 6-1-1 所示为脚轮模型的渲染思路。

表 6-1-1　脚轮模型的渲染思路

| 步骤名称 | 应用功能 | 示意图 | 步骤名称 | 应用功能 | 示意图 |
|---|---|---|---|---|---|
| 1）设置外观 | 【外观】命令 |  | 3）渲染模型 | 【已保存方向】命令、【透视图】命令、【实时渲染】命令 |  |
| 2）设置场景 | 【场景】命令、【编辑场景】命令 |  | 4）输出图片 | 【屏幕截图】命令、【渲染输出】命令 |  |

### 知识准备

## 一、进入渲染界面

Creo Render Studio 是集成在 Creo Parametric 中的一个实用的专业模块，使用它可以对诸如模型外观、场景和光照等元素进行编译来创建渲染图像。

Render Studio 位于功能区【应用程序】选项卡的【渲染】选项组中，如图 6-1-2 所示。

图 6-1-2　【渲染】选项组

单击【应用程序】选项卡【渲染】选项组中的【Render Studio】按钮，弹出如图 6-1-3 所示的【Render Studio】选项卡。该选项卡中包含【场景】、【外观】、【已保存方向】、【透视图】、【实时渲染】、【屏幕截图】、【渲染】等多个命令。其中，【已保存方向】命令用于设置或修改视图的视角方向，【透视图】命令用于将模型设置为透视图。

图 6-1-3　【Render Studio】选项卡

## 二、场景的设置

单击【场景】下拉按钮，弹出如图 6-1-4 所示的下拉列表，单击场景图标即可即时设置场景，并可以通过编辑场景来修改默认场景、环境、光源和背景。

图 6-1-4　【场景】下拉列表

选择图 6-1-4 中下方的【编辑场景】选项，打开如图 6-1-5 所示的【场景编辑器】对话框，其中有【场景】、【环境】、【光源】、【背景】4 个选项卡，可以详细编辑场景。

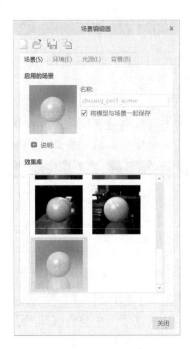

图 6-1-5　【场景编辑器】对话框

## 三、外观的设置

单击【外观】下拉按钮，弹出如图 6-1-6 所示的下拉列表。可选择某个外观应用到模型，或者修改模型中使用的现有外观，还可以清除外观和清除所有外观等。

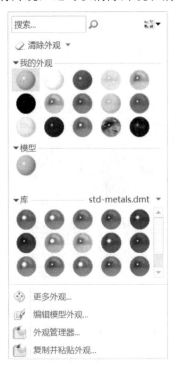

图 6-1-6　【外观】下拉列表

### 任务实施

**一、设置工作目录并打开文件**

1）将工作目录设置至 Creo9.0\work\original\ch6\ch6.1。

2）打开文件 jiao_lun.asm 并关闭分解视图。

**二、进入渲染界面**

单击【应用程序】选项卡【渲染】选项组中的【Render Studio】按钮，弹出如图 6-1-3 所示的【Render Studio】选项卡。关闭【实时渲染】按钮，此时的模型如图 6-1-7 所示。

图 6-1-7　进入渲染界面

**三、设置零件外观**

1）单击【外观】下拉按钮，在弹出的【外观】下拉列表中选择需要设置的颜色，此时鼠标指针变为毛笔的外形，同时打开如图 6-1-8 所示的【选择】对话框。

2）单击需要设置颜色的零件模型，此时的模型如图 6-1-9 所示，再单击【选择】对话框中的【确定】按钮，此时的模型如图 6-1-10 所示。

3）重复步骤 1）和步骤 2）的操作，完成其余 4 个零件的颜色设置，完成后的模型如图 6-1-11 所示。

图 6-1-8　【选择】对话框　　图 6-1-9　选取零件　　图 6-1-10　设置小轮颜色　　图 6-1-11　脚轮的

外观设置

#### 四、设置模型场景

1）单击【场景】下按钮，在弹出的下拉列表中，单击选取左侧第一个场景图标并单击打开【实时渲染】按钮，此时的模型如图 6-1-12 所示。

2）选择图 6-1-4 下方的【编辑场景】选项，打开如图 6-1-5 所示的【场景编辑器】对话框。依次选择【场景】、【环境】、【光源】、【背景】4 个选项卡，对场景进行详细的编辑，然后单击【关闭】按钮。完成后的模型效果如图 6-1-13 所示。

图 6-1-12　设置场景　　　　　　　　　　图 6-1-13　场景的设置

#### 五、调整模型方向

单击【已保存方向】下拉按钮，弹出如图 6-1-14 所示的【已保存方向】下拉列表，选择"222"方向视图，此时的模型如图 6-1-15 所示。

图 6-1-14　【已保存方向】下拉列表　　　　图 6-1-15　"222"方向视图

#### 六、渲染并输出

调整视图的位置，然后单击【屏幕截图】按钮，打开如图 6-1-16 所示的【保存屏幕截图】对话框。选择储存目录并在文本框中输入文件名 222，然后单击【保存】按钮即可得到保存的.png 格式图片。如图 6-1-17 所示为所保存的屏幕截图（适当修剪后）。

图 6-1-16　【保存屏幕截图】对话框

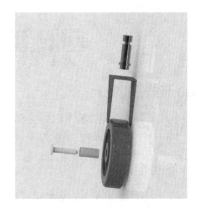

图 6-1-17　实时渲染图片

## 任务评价

本任务的任务评价表如表 6-1-2 所示。

表 6-1-2　任务评价表

| 序号 | 评价内容 | 评价标准 | 评价结果（是/否） |
|---|---|---|---|
| 1 | 知识与技能 | 能解释渲染界面 | □是　□否 |
| | | 能设置场景 | □是　□否 |
| | | 能设置产品外观 | □是　□否 |
| | | 能创建实时渲染 | □是　□否 |
| | | 能输出渲染图片 | □是　□否 |
| 2 | 职业素养 | 具有美学意识和编导意识 | □是　□否 |
| | | 具有创新意识 | □是　□否 |
| 3 | 总评 | "是"与"否"在本次评价中所占的百分比 | "是"占__%<br>"否"占__% |

## 任务巩固

在 Creo 9.0 软件的渲染模块中完成如图 6-1-18 所示微型机器人模型的渲染。

图 6-1-18　微型机器人模型

# 工作任务 二　太阳花模型的渲染

 **任务目标**

1）掌握实时渲染的创建方法。

2）掌握渲染输出的操作方法。

**任务描述**

在 Creo 9.0 软件的渲染模块中完成如图 6-2-1 所示太阳花模型的渲染。

图 6-2-1　太阳花模型

 **任务分析**

该太阳花模型由摆杆、连接件、支架、壳体、半盖等 9 个零件组成，渲染时需要综合运用【场景】、【外观】、【已保存方向】、【透视图】、【实时渲染】、【屏幕截图】、【渲染】等命令。如表 6-2-1 所示为太阳花模型的渲染思路。

表 6-2-1　太阳花模型的渲染思路

| 步骤名称 | 应用功能 | 示意图 | 步骤名称 | 应用功能 | 示意图 |
|---|---|---|---|---|---|
| 1）设置外观 | 【外观】命令 | | 3）渲染模型 | 【已保存方向】命令、【透视图】命令、【实时渲染】命令 | |
| 2）设置场景 | 【场景】命令、【编辑场景】命令 | | 4）输出图片 | 【屏幕截图】命令、【渲染输出】命令 | |

### 知识准备

#### 一、实时渲染

【实时渲染】按钮用于打开或关闭实时光线跟踪处理。当【实时渲染】按钮处于活动状态时，用户可以更改模型或场景环境的外观来实时查看所做的更改，可以通过选择【实时】→【场景信息】选项来查看实时场景信息，可以修改场景属性，还可以单击【屏幕截图】按钮将渲染文件保存为.png 格式，或者单击【渲染】按钮将渲染文件保存为其他格式。有关实时渲染的设置可以参看如图 6-2-2 所示的【实时渲染设置】对话框。

图 6-2-2　【实时渲染设置】对话框

#### 二、渲染输出

【渲染输出】命令主要用于保存具有已定义设置的渲染，进行渲染结果的输出，如图 6-2-3 所示；【屏幕截图】按钮用于保存实时窗口的屏幕截图；【渲染】按钮用于渲染到文件；【导出到 KeyShot】命令用于将当前场景导出为.bip 文件。

图 6-2-3　渲染输出

**注意：**Creo Render Studio 由 Luxion KeyShot 渲染引擎提供支持，因此可以使用 KeyShot 渲染模型，为模型定义好场景和外观后，可以将模型保存为可在独立的 KeyShot 应用程序中打开的.bip 文件，从而使用 KeyShot 对产品模型进行渲染。

🔧 **任务实施**

## 一、设置工作目录并打开文件

将工作目录设置至 Creo9.0\work\original\ch6\ch6.2，打开文件 tai_yang_ hua.asm 并关闭分解视图。

## 二、进入渲染界面

单击【应用程序】选项卡【渲染】选项组中的【Render Studio】按钮，弹出【Render Studio】选项卡。此时的模型显示如图 6-2-4 所示。

视频：太阳花模型渲染

图 6-2-4　渲染界面中的模型

## 三、设置零件外观

1）单击【外观】下拉按钮，在弹出的【外观】下拉列表中选取需要设置的颜色，此时鼠标指针变为毛笔的外形，同时打开如图 6-2-5 所示的【选择】对话框。

2）单击需要设置颜色的零件模型，此时的模型如图 6-2-6 所示，再单击【选择】对话框中的【确定】按钮，此时的模型如图 6-2-7 所示。

3）重复步骤 1）和步骤 2）的操作，完成其余零件的颜色设置，完成后的模型如图 6-2-8 所示。

图 6-2-5　【选择】对话框　　图 6-2-6　选取零件　　图 6-2-7　设置左半　　图 6-1-8　设置太阳花
外壳的颜色　　　　模型的外观

## 四、设置模型场景

1）单击【场景】下拉按钮，在弹出的下拉列表中选择左侧第二个场景，再单击【实时渲染】按钮，并适当调整模型的大小、位置。此时的模型如图 6-2-9 所示。

2）选择【场景】下拉列表中的【编辑场景】选项，打开【场景编辑器】对话框，在【场景】、【环境】、【光源】、【背景】4个选项卡中，对场景进行详细的编辑。完成后的模型如图6-2-10所示。

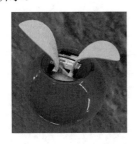

图6-2-9　设置场景

图6-2-10　场景设置后的效果

## 五、调整模型方向

单击【已保存方向】下拉按钮，弹出如图6-2-11所示的【已保存方向】下拉列表，选择"111"方向视图，此时的模型如图6-2-12所示。

图6-2-11　【已保存方向】下拉列表

图6-2-12　"111"方向视图

## 六、渲染并输出

调整视图的位置，然后单击【屏幕截图】按钮，打开如图6-2-13所示的【保存屏幕截图】对话框。选择储存目录并在文本框中输入文件名 111，然后单击【保存】按钮，即可得到保存的.png 格式图片。如图6-1-14所示为保存的屏幕截图（适当修剪后）。

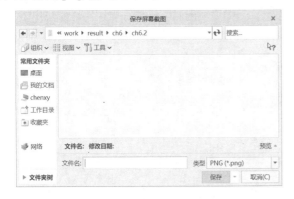

图6-2-13　【保存屏幕截图】对话框

图6-2-14　保存的渲染图片

产品数字化设计（Creo 9.0）

 任务评价

本任务的任务评价表如表 6-2-2 所示。

表 6-2-2　任务评价表

| 序号 | 评价内容 | 评价标准 | 评价结果（是/否） |
|---|---|---|---|
| 1 | 知识与技能 | 能创建实时渲染的模型 | □是　□否 |
| | | 能输出渲染模型的图片 | □是　□否 |
| 2 | 职业素养 | 具有美学意识和编导意识 | □是　□否 |
| | | 具有创新意识 | □是　□否 |
| 3 | 总评 | "是"与"否"在本次评价中所占的百分比 | "是"占__%<br>"否"占__% |

任务巩固

在 Creo 9.0 软件的渲染模块中完成如图 6-2-15 所示鲁班锁模型的渲染。

图 6-2-15　鲁班锁模型

# 工作领域七
## 工程图的创建

◎ **学习目标**

➤ **知识目标**
1）了解 Creo 9.0 软件的工程图环境。
2）了解工程图文件的创建方法。
3）掌握基本视图的创建及编辑方法。
4）掌握简单剖视图、详细视图等的创建方法。
5）掌握文本、尺寸公差的创建方法。
6）掌握尺寸、几何公差的标注方法。
7）掌握表面粗糙度的创建方法。

➤ **技能目标**
1）能解释 Creo 9.0 软件工程图界面的特点。
2）能创建工程图文件。
3）能创建及编辑基本视图。
4）能创建简单剖视图、详细视图等视图。
5）能标注尺寸、几何公差及表面粗糙度。
6）能创建尺寸公差及文本。

➤ **素养目标**
1）强化规范意识、标准意识，自觉践行行业标准规范。
2）培养认真细致的工作态度和严谨的工作作风。

◎ **工作内容**

➤ **工作领域**　工程图的创建。

➤ **工作任务**
1）名片盒零件工程图的创建。
2）阶梯轴零件工程图的创建。

# 工作任务 一  名片盒零件工程图的创建

## 任务目标

1）了解 Creo 9.0 软件的工程图环境。

2）了解工程图文件的创建方法。

3）掌握基本视图的创建及编辑方法。

4）掌握简单剖视图的创建方法。

5）掌握尺寸标注及文本创建的方法。

6）掌握尺寸公差的创建方法。

## 任务描述

在 Creo 9.0 软件的工程图模块中完成如图 7-1-1 所示名片盒工程图的创建。

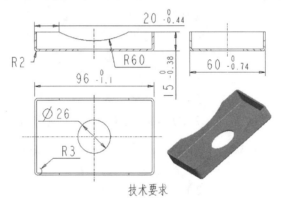

技术要求

1. 未注圆角R1，壁厚均为15mm。
2. 塑件材料为ABS，未注公差尺寸精度等级取MT7级。
3. 制件表面要求光亮、无毛刺。

图 7-1-1  名片盒工程图

## 任务分析

该名片盒工程图为简单的三视图。其主视图和左视图为全剖视图，图形中含有尺寸、公差及技术要求等内容。该工程图的创建需要综合运用【布局】、【一般】、【投影】、【绘图视图】、【注释】、【注解】、【插入】和【模型基准轴】等命令。如表 7-1-1 所示为名片盒工程图的创建思路。

表 7-1-1　名片盒工程图的创建思路

| 步骤名称 | 应用功能 | 示意图 | 步骤名称 | 应用功能 | 示意图 |
|---|---|---|---|---|---|
| 1）创建基本视图 | 【布局】命令、【常规视图】命令、【投影视图】命令、【绘图视图】命令 | | 3）标注尺寸 | 【注释】命令、【尺寸】命令、【尺寸属性】命令 | |
| 2）编辑基本视图 | 【绘图视图】命令 | | 4）添加技术要求和中心线 | 【注解】命令、【独立注解】命令、【模型基准轴】命令 | |

### 知识准备

## 一、工程图模块概述

使用 Creo 9.0 软件的工程图模块，可创建 Creo 9.0 软件三维模型的工程图，可以用注解来注释工程图、处理尺寸，以及使用层来管理不同项目的显示。工程图中的所有视图都是相关的，如改变一个视图中的尺寸值，系统就相应地更新其他工程图视图。

工程图环境中的选项卡有【布局】、【表】、【注释】、【草绘】、【继承迁移】、【分析】、【审阅】、【工具】、【视图】、【框架】等。

1）【布局】选项卡。该选项卡中的按钮主要用于设置绘图模型、模型视图的放置及视图的线型显示等，如图 7-1-2 所示。

图 7-1-2　【布局】选项卡

2）【表】选项卡。该选项卡中的按钮主要用于创建、编辑表格等，如图 7-1-3 所示。

图 7-1-3　【表】选项卡

3）【注释】选项卡。该选项卡中的按钮主要用于添加尺寸及文本注释等，如图 7-1-4 所示。

图 7-1-4 【注释】选项卡

4）【草绘】选项卡。该选项卡中的按钮主要用于在工程图中绘制及编辑所需要的视图等，如图 7-1-5 所示。

图 7-1-5 【草绘】选项卡

5）【继承迁移】选项卡。该选项卡中的按钮主要用于对所创建的工程图视图进行转换、创建匹配符号等，如图 7-1-6 所示。

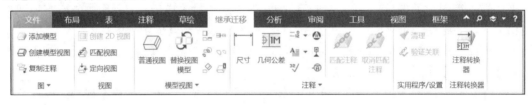

图 7-1-6 【继承迁移】选项卡

6）【分析】选项卡。该选项卡中的按钮主要用于对所创建的工程图视图进行测量、检查几何等，如图 7-1-7 所示。

图 7-1-7 【分析】选项卡

7）【审阅】选项卡。该选项卡中的按钮主要用于对所创建的工程图视图进行更新、比较等，如图 7-1-8 所示。

图 7-1-8 【审阅】选项卡

8）【工具】选项卡。该选项卡中的按钮主要用于对工程图进行调查、参数化设置等操作，如图 7-1-9 所示。

图 7-1-9　【工具】选项卡

9）【视图】选项卡。该选项卡中的按钮主要用于对创建的工程图进行可见性、模型显示等操作，如图 7-1-10 所示。

图 7-1-10　【视图】选项卡

10）【框架】选项卡。该选项卡中的按钮主要用于辅助创建视图、尺寸和表格等，如图 7-1-11 所示。

图 7-1-11　【框架】选项卡

## 二、绘图模板的设置

创建绘图模板时，有 3 种方式，分别是【使用模板】、【格式为空】和【空】。

1）创建绘图模板时，在【新建绘图】对话框中，选中【使用模板】单选按钮，如图 7-1-12 所示。在对话框的【模板】列表框中选择所需要的模板，即选择使用图纸的大小和格式，然后单击【确定】按钮，进入工程图绘图界面。

2）创建绘图模板时，在【新建绘图】对话框中，选中【格式为空】单选按钮，如图 7-1-13 所示。单击【格式】选项组中的【浏览】按钮，可在打开的对话框中选择要使用的格式，然后单击【确定】按钮，即可使用指定格式创建一个新绘图。

图 7-1-12　选择模板　　　　　　　　　　　　　　　图 7-1-13　选择格式

3）创建绘图模板时，在【新建绘图】对话框中，选中【空】单选按钮，如图 7-1-14 所示。可以在【方向】选项组中选择【纵向】、【横向】、【可变】选项，以确定图纸的放置方向。在选择【纵向】和【横向】选项时，尺寸大小由所选择的标准图纸尺寸决定。对于【可变】选项，可以使用【宽度】和【高度】选项指定尺寸，并可以选择【毫米】或【英寸】选项为单位。在设定完模板的方向和大小后，单击【确定】按钮，进入绘图模式。

图 7-1-14　选择绘图方向

### 三、配置工程图文件

使用系统默认设置建立的工程图格式与国家标准有较大的差别，我国国标中规定了投影时使用第一视角投影法，而软件默认的是第三视角投影法。

可以通过更改绘图属性的方法来设置将要生成的工程图格式，操作方式如下。

选择【文件】→【准备】→【绘图属性】选项，打开如图 7-1-15 所示的【绘图属性】对话框。再单击【细节选项】右侧的【更改】按钮，打开如图 7-1-16 所示的【选项】对话框。

图 7-1-15　【绘图属性】对话框

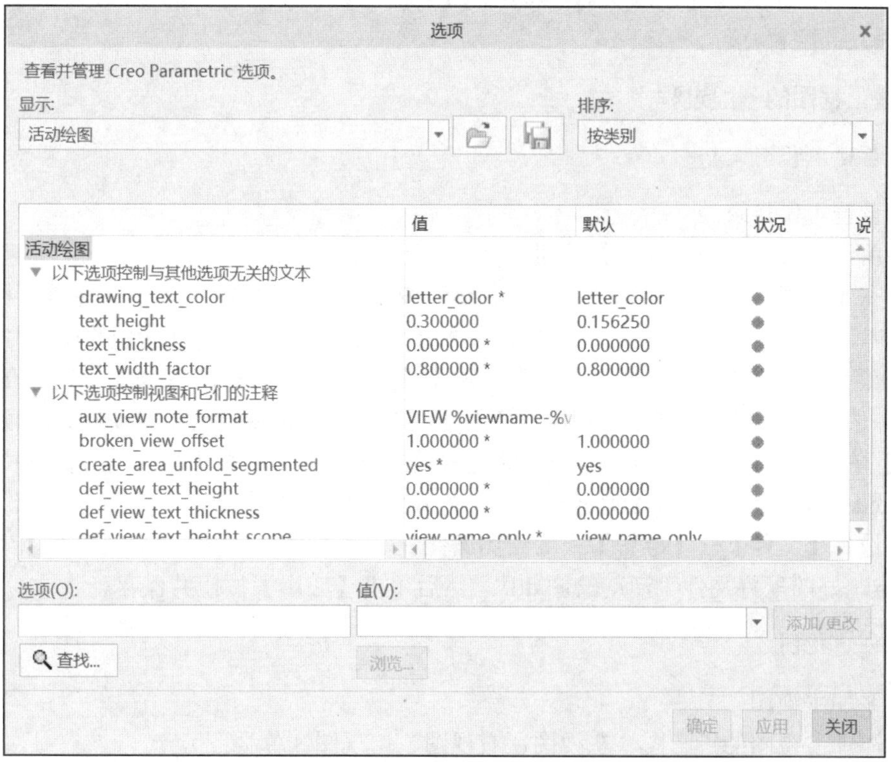

图 7-1-16　【选项】对话框

单击选中要更改的选项，然后在下面的【值】文本框中输入或选择需要的值。要把工程图修改成我国标准的工程图，必须要修改的选项有：投影图生成的视角、箭头高度、箭头宽度、箭头样式、尺寸单位、文字高度等，如表 7-1-2 所示。

表 7-1-2　配置文件

| 序号 | 选项 | 默认值 | 修改值 | 备注 |
|---|---|---|---|---|
| 1 | text_height | 0.15625 | 0.3 | 文本的默认高度 |
| 2 | draw_arrow_length | 0.1875 | 0.35 | 尺寸标注中的箭头长度 |
| 3 | draw_arrow_width | 0.0625 | 0.1 | 尺寸标注中的箭头宽度 |
| 4 | arrow_style | closed | filled | 箭头样式 |
| 5 | drawing_units | inch | mm | 绘图参数的单位 |
| 6 | projection_type | third_angle | first_angle | 视图投影视角 |
| 7 | crossec_arrow_width | 0.0625 | 0.15 | 横截面切割平面箭头宽度 |
| 8 | crossec_arrow_length | 0.1875 | 0.3 | 横截面切割平面箭头长度 |
| 9 | allow_3d_dimensions | yes | no | 是否在三维图中标注尺寸 |
| 10 | show_total_unfold_seam | yes | no | 确定剖视图中切割平面的边是否显示 |

修改好参数后，单击【选项】对话框中的【保存】按钮，在打开的【另存为】对话框中选择要保存的位置，然后输入文件名称，单击【确定】按钮，系统生成格式为.dtl 的绘图配置文件。

此外，也可以单击【选项】对话框中的【打开】按钮，在打开的【打开】对话框中选择需要导入的配置文件。

## 四、创建工程图的一般过程

### 1. 新建工程图文档

1）设置工作目录。

2）单击工具栏中的【新建】按钮，打开【新建】对话框。

3）在【类型】选项组中选中【绘图】单选按钮，在【名称】文本框中输入文档名称。取消选中【使用默认模板】复选框，然后单击【确定】按钮，打开【新建绘图】对话框。

4）在【新建绘图】对话框中单击【默认模型】文本框右侧的【浏览】按钮，在打开的对话框中选取该塑件的三维模型。再在【新建绘图】对话框中的【指定模板】选项组中选中【空】单选按钮，在【方向】选项组中选择【横向】选项，在【标准大小】下拉列表中选择图纸大小。最后，单击【确定】按钮，进入工程图绘图界面。

5）选择【文件】→【准备】→【绘图属性】→【更改】选项，打开【选项】对话框，打开已定制好的配置文件"活动绘图.dtl"，然后单击【应用】按钮并保存。

### 2. 创建视图

1）添加主视图。

2）添加主视图的投影图（左视图、右视图、俯视图和仰视图）。

3）如有必要，可添加详细视图（放大图）和辅助视图等。

4）利用视图移动命令调整视图的位置。

5）设置视图的显示模式，如视图中不可见的孔，可进行消隐或使用虚线显示。

3. 标注尺寸

1）显示模型尺寸，将多余的尺寸拭除。

2）添加必要的草绘尺寸。

3）添加尺寸公差。

4）创建基准，进行几何公差标注，标注表面粗糙度。

## 五、创建基本视图

1. 创建主视图

1）设置工作目录。

2）新建绘图文件，选取三维模型，进入工程图模块。

3）在绘图区中右击，弹出如图 7-1-17 所示的快捷菜单，在该快捷菜单中选择【普通视图】选项。

**注意：** 也可以在【布局】选项卡中单击【普通视图】按钮。

4）在系统"选取绘制视图的中心点"的提示下，在屏幕图形区选择一点，并打开如图 7-1-18 所示的【绘图视图】对话框。

图 7-1-17　快捷菜单 1

图 7-1-18　【绘图视图】对话框

5）定向视图。视图的定向一般使用以下两种方法。

方法 1：使用参考进行定向。

① 在【绘图视图】对话框中，选择【类别】列表框中的【视图类型】选项；在【视图方向】选项组中，选中【选择定向方法】中的【几何参考】单选按钮，如图 7-1-19 所示。

② 单击对话框中的【参考 1】下拉按钮，在弹出的下拉列表中选择【前】选项，再选择三维模型中的模型表面。

③ 单击对话框中【参考 2】下拉按钮，在弹出的下拉列表中选择【上】选项，再选择

三维模型中的相应表面。此时，模型按前面操作的方向要求摆放在屏幕中。

方法 2：使用已保存的视图方位进行定向。

① 通过窗口切换，进入模型的零件或装配环境中，将模型摆放到工程图视图所需的方位。然后在【视图】选项卡中单击【已保存方向】下拉按钮，在弹出的下拉列表中选择【重定向】选项，打开如图 7-1-20 所示的【视图】对话框。按照方法 1 中同样的操作步骤将模型在空间摆放好，在【视图名称】文本框中输入视图名称 A，然后单击【确定】按钮。

图 7-1-19　选择【视图类型】选项

图 7-1-20　【视图】对话框

② 重新回到绘图环境，在【绘图视图】对话框中，选择【类别】列表框中的【视图类型】选项；在【视图方向】选项组中，选中【选择定向方法】中的【查看来自模型的名称】单选按钮，在【模型视图名】列表框中找到保存的视图名称 A，然后单击【确定】按钮，则系统即按 A 的方位定向视图。

6）单击【绘图视图】对话框中的【确定】按钮，关闭对话框，完成主视图的创建。

**2. 创建投影视图**

在 Creo 9.0 软件中可以创建投影视图，投影视图包括左视图、俯视图、右视图和仰视图等。各种投影视图的创建过程是一样的。

1）选中已创建的主视图，然后右击，弹出如图 7-1-21 所示的快捷菜单，然后单击最右上方的【投影视图】按钮。

2）在系统"选取绘制视图的中心点"的提示下，在图形区的相应位置选择一点，系统就自动创建相应的视图。

**3. 创建其他视图**

在绘图区空白区域右击，弹出如图 7-1-22 所示的快捷菜单，选择相应的选项，就可以创建普通视图、局部放大图、辅助视图了。

图 7-1-21　快捷菜单 2　　　　　　　　　图 7-1-22　快捷菜单 3

## 六、编辑工程图

### 1. 移动视图与锁定视图移动

视图创建好后，如果在图纸上的位置不合适、视图间距太紧或太松，那么用户可以移动视图。操作过程如下。

1）选择图 7-1-21 中的【锁定视图移动】选项，使该选项处于不激活的状态。

2）单击选中需要移动的视图，然后使用鼠标拖动即可移动视图。如果移动的视图有子视图，那么子视图也会随着移动。

3）重新锁定视图移动。

### 2. 删除视图

在创建工程图的过程中，可以使用以下两种方法删除视图。

1）选中要删除的视图，右击，在弹出的快捷菜单中选择【删除】选项。

2）选中要删除的视图，直接按键盘上的 Delete 键即可。

### 3. 视图重定义

视图建立完成后，双击视图或右击视图，在弹出的图 7-1-21 所示的快捷菜单中单击最左上方的【属性】按钮，打开【绘图视图】对话框，在此对话框中可以完成视图的重定义。

（1）比例

在确定工程图所关联的模型文件时，系统对比模型的大小与图纸尺寸为该工程图指定一个默认比例，这个比例显示在图形窗口的左下角，双击可以对视图比例进行修改。修改后，使用默认比例所生成的视图都会发生变化。除视图中创建的详细视图外，其他视图插入时均为默认比例。

在插入或修改视图时，可以在【绘图视图】对话框中选择【比例】选项，以定制适当的比例。在使用【定制比例】选项确定视图的显示大小后，所生成的视图下方会显示所设定比例的注释。

（2）对齐视图

为了使工程图中视图的布局更为美观，可将视图对齐，操作步骤如下。

1）双击将要与其他视图对齐的视图，在打开的【绘图视图】对话框中选择【对齐】类别。

2）选择【将此视图与其他视图对齐】选项，在后面的收集器中选择要对齐的视图，再选择【水平】或【垂直】选项用于指定对齐方式。在【对齐参考】选项组中，可以指定两个视图上的几何图元来对齐。

（3）修改视图的显示模式

可设置 5 种视图的显示模式：隐藏线、线框、消隐、着色、带边着色。

1）选中视图后双击视图，打开【绘图视图】对话框，在该对话框中选择【类别】列表框中的【视图显示】选项。

**注意：** 也可以选中视图后右击，在弹出的快捷菜单中选择【属性】选项，打开【绘图视图】对话框。

2）在【显示样式】下拉列表中选择需要的显示模式，如消隐，如图 7-1-23 所示。

图 7-1-23　选择【视图显示】选项

3）在【相切边显示样式】下拉列表中选择【无】选项，然后单击【确定】按钮完成设置。

（4）添加横截面

1）选择需要添加横截面的视图，双击，打开【绘图视图】对话框。

2）在【绘图视图】对话框中，选择【类别】列表框中的【截面】选项。

3）将【剖面选项】设置为【2D 横截面】，将【模型边可见性】设置为【总计】。

4）然后单击【+】按钮。

5）在【名称】下拉列表中选择【创建新】选项，弹出【横截面创建】快捷菜单，如图 7-1-24 所示。

6）选择【完成】选项，在弹出的如图 7-1-25 所示的文本框中输入剖面名称，并单击【确定】按钮，弹出如图 7-1-26 所示的【设置平面】快捷菜单。

图 7-1-24　【横截面创建】快捷菜单　　　　图 7-1-25　输入横截面名称　　　　图 7-1-26　【设置平面】快捷菜单

7）在相对应的其他视图上选择需要的平面，如 FRONT。

8）在【剖切区域】下拉列表中选择需要的剖切样式，如【完全】，然后单击【确定】按钮完成剖切面的添加。

**注意：**也可以预先在零件模块或装配体模块下直接创建好横截面，然后在【名称】下拉列表中选择相应的名称即可。

## 七、尺寸的标注与编辑

尺寸标注是工程图模块中的重要工作之一。需要注意的是，Creo 9.0 软件中的工程图是基于统一数据建立的，所有数据均来源于零件模型，工程图与零件模型之间相互关联。

**1. 尺寸类型**

（1）驱动尺寸

驱动尺寸来源于零件模型中的三维模型的尺寸，它们来源于统一的内部数据库。在工程图模式下，可以将驱动尺寸在工程图中自动地显现出来或拭除（隐藏），但它们不能被删除。

（2）参考尺寸

默认情况下，参考尺寸后一般带有"参考"文字，从而与其他尺寸相区别。

**2. 驱动尺寸的显示与拭除**

显示驱动尺寸的操作过程如下。

1）在【注释】选项卡中单击【显示模型注释】按钮，打开如图 7-1-27 所示的【显示模型注释】对话框。

2）单击需要显示尺寸的图形。此时，图形上以红色显示许多尺寸，【显示模型注释】对话框中也相应地出现了许多选项，如图 7-1-28 所示。

3）选中需要保留的尺寸前的复选框，再单击【确定】按钮，则图形上保留了需要的尺寸。

图 7-1-27　【显示模型注释】对话框　　　　　图 7-1-28　尺寸显示的设置

拭除驱动尺寸的操作方法如下：选择需要拭除的尺寸，右击，在弹出的快捷菜单中选择【拭除】选项，再单击，所选的尺寸就被拭除了。

3. 参考尺寸的插入与删除

在【注释】选项卡中单击【尺寸】按钮，打开如图 7-1-29 所示的【选择参考】对话框，并在信息区提示"选择一个图元，或单击鼠标中键取消"。按住 Ctrl 键，选取两个对象并在要放置尺寸的位置单击鼠标中键，生成参考尺寸。

删除尺寸的方法有两种：一种是选中后直接按 Delete 键删除；另一种是选中后右击，在弹出的快捷菜单中选择【删除】选项。

此外，在【注释】选项卡中单击下方的【注释】下拉按钮，弹出如图 7-1-30 所示的【注释】下拉列表。选择【纵坐标参考尺寸】选项，也会打开【选择参考】对话框，从而添加纵坐标参考尺寸。

图 7-1-29　【选择参考】对话框　　　　　图 7-1-30　【注释】下拉列表

4. 尺寸的操作

（1）尺寸的移动
单击选中尺寸，拖动至合适的位置即可完成尺寸的移动。
（2）反向箭头
单击选中尺寸并右击，在弹出的快捷菜单中选择【反向箭头】选项，箭头移动到与原来方向相反的位置。

（3）尺寸属性的修改

双击需要修改的尺寸后，弹出如图 7-1-31 所示的【尺寸】选项卡，可以在该选项卡中修改尺寸的值、公差、精度、样式、字体等内容。

图 7-1-31　【尺寸】选项卡

**注意**：由于系统自动生成的尺寸很多且不符合图纸的位置要求，实践中一般采用手动方法按照图纸的具体要求标注尺寸。

## 八、注释文本的创建与编辑

在【注释】选项卡中单击【注解】下拉按钮，弹出如图 7-1-32 所示的【注解】下拉列表。利用该下拉列表可以创建独立注解、偏移注解、项上注解、引线注解等注解。最常用的为独立注解和引线注解两种。

1. 创建独立注解

1）在【注解】下拉列表中，选择【独立注解】选项，打开如图 7-1-33 所示的【选择点】对话框，并在信息区提示"选择注解的位置"。

图 7-1-32　【注解】下拉列表　　　　图 7-1-33　【选择点】对话框

2）在屏幕上选中一点作为注解的放置点，弹出如图 7-1-34 所示的【格式】选项卡，并显示光标闪烁的输入文本框。

图 7-1-34　【格式】选项卡

3）借助【格式】选项卡中的相关按钮，可在光标闪烁的文本框中输入具体的文字或符号。

4）设置完成后，单击即可完成该条注解的输入。

2. 创建引线注解

1）在【注解】下拉列表中，选择【引线注解】选项，打开如图 7-1-35 所示的【选择参考】对话框，并在信息区提示"选择多边、多个图元、尺寸界线、基准点、坐标系、多个坐标系矢量、轴心、多个轴线、曲线、模型轴、曲面点、顶点、截面图元或起点"。

图 7-1-35　【选择参考】对话框

　　2）在图元上单击选中一点作为注解的放置点，再移动文本框至合适位置后单击鼠标中键完成注解的放置。此时弹出【格式】选项卡，并显示带有箭头且光标闪烁的输入文本框。

3）借助【格式】选项卡中的相关按钮，可在光标闪烁的文本框中输入具体的文字或符号。

4）设置完成后，单击即可完成该条注解的输入。

3. 注解的编辑

双击需要编辑的注解，弹出【格式】选项卡。在该选项卡的【文本】选项组中可以修改注解文本，在【样式】选项组中可以修改文本的字型、字高及字的粗细、颜色等属性。

## 九、横截面的创建

横截面也称 X 截面，它的主要作用是查看模型剖切的内部形状和结构，在零件模块或装配模块中创建的横截面，可用于在工程图模块中生成剖视图。

横截面分为以下两种类型。

【平面】横截面：使用单个平面对模型进行剖切。

　　【偏距】横截面：使用草绘的曲面对模型进行剖切。

视频：创建【平面】横截面

　　1. 创建一个平面横截面

　　1）将工作目录设置至 Creo9.0\work\original\ch7\ch7.1，打开如图 7-1-36 所示的模型文件 section.prt。

　　2）在【视图】选项卡中单击【管理视图】按钮，打开【视图管理器】对话框。选择【截面】选项卡，如图 7-1-37 所示。

3）单击【新建】下拉按钮，弹出如图 7-1-38 所示的【新建】下拉列表。也可以在【视图】选项卡中直接单击【截面】下拉按钮，也会弹出如图 7-1-38 所示的下拉列表。

图 7-1-36　section 模型

图 7-1-37　【截面】选项卡

图 7-1-38　【新建】下拉列表

4）单击【平面】按钮，系统提示"放置截面。可以选择平面、平面曲面、坐标系或坐标系轴"，并弹出如图 7-1-39 所示的【截面】选项卡。

图 7-1-39　【截面】选项卡 1

5）单击选取 DTM2 基准平面，再在【截面】选项卡中单击【显示剖面线图案】按钮，此时的模型如图 7-1-40 所示。拖动图中的棕色箭头即可调整剖面线的位置。

6）在【截面】选项卡中单击【辅助显示】按钮，系统会在右上方的小窗口中显示如图 7-1-41 所示的 2D 截面图。

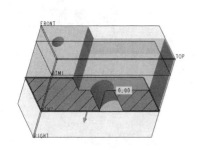

图 7-1-40　选取 DTM2 基准平面

图 7-1-41　2D 截面图

7）在【截面】选项卡中单击【确定】按钮，返回【视图管理器】对话框并完成如图 7-1-42 所示的平面横截面。

8）在对话框中选取横截面 "Xsec0001"，然后右击，在弹出的快捷菜单中选择【编辑定义】选项，又回到【截面】选项卡。当在快捷菜单中选择【编辑剖面线】选项时，打开如图 7-1-43 所示的【编辑剖面线】对话框。

9）在【编辑剖面线】对话框下方的【角度】文本框中输入 45，并调整剖面线的显示比例，此时的模型如图 7-1-44 所示。最后依次单击【应用】按钮和【关闭】按钮完成横截面的创建。

**注意**：在图 7-1-43 所示的【编辑剖面线】对话框中，还可以对剖面线图案、颜色等进行修改。

10）选择【文件】→【另存为】→【保存副本】选项，打开【保存副本】对话框，在【文件名】文本框中输入 section_pingmian.prt，然后单击【确定】按钮完成文件的保存。

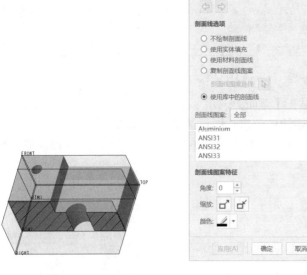

图 7-1-42　平面横截面　　图 7-1-43　【编辑剖面线】对话框　　图 7-1-44　修改剖面线

**2. 创建一个偏距横截面**

视频：创建偏距
横截面

1）将工作目录设置至 Creo9.0\work\original\ch7\ch7.1，打开如图 7-1-36 所示的模型文件 section.prt。

2）在【视图】选项卡中单击【管理视图】按钮，打开【视图管理器】对话框，选择【截面】选项卡。

3）单击【新建】下拉按钮，在弹出的下拉列表中选择【偏移截面】选项，系统自动弹出默认名称为 Xsec0001 的文本框。

4）在文本框中输入"Xsec0002"后按鼠标中键或 Enter 键，弹出如图 7-1-45 所示的【截面】选项卡。也可以在【视图】选项卡中单击【截面】下拉按钮，在弹出的下拉列表中选择【偏移截面】选项，也会弹出【截面】选项卡。

图 7-1-45　【截面】选项卡 2

5）在选项卡中单击下方的【草绘】按钮，再在弹出的【草绘】选项卡中单击【定义】按钮，打开【草绘】对话框。

6）选取模型的上部大表面为草绘平面，使用系统中默认的方向为草绘视图方向。选取里侧的端面为参考平面，方向为【上】。单击对话框中的【草绘】按钮，进入草绘环境。

7）在草绘环境下绘制如图 7-1-46 所示的截面草图，完成后单击【确定】按钮退出草绘环境。

8）在【截面】选项卡中单击【确定】按钮，完成如图 7-1-47 所示的偏距横截面的创建。

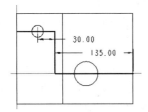

图 7-1-46　截面草图

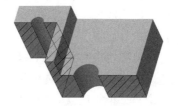

图 7-1-47　偏距横截面

9）选择【文件】→【另存为】→【保存副本】选项，打开【保存副本】对话框，在【文件名】文本框中输入 section_pianju.prt，然后单击【确定】按钮完成文件的保存。

## 🔧 任务实施

### 一、新建工程图文档

1）将工作目录设置至 Creo9.0\work\original\ch7\ch7.1，打开模型文件 ming_pian_he.prt。

视频：名片盒工程图

2）单击工具栏中的【新建】按钮，打开如图 7-1-48 所示的【新建】对话框。

3）设置文件类型为【绘图】，在【名称】文本框中输入文档名称 ming_pian_he。取消选中【使用默认模板】复选框，然后单击【确定】按钮，打开如图 7-1-49 所示的【新建绘图】对话框。

图 7-1-48　【新建】对话框

图 7-1-49　【新建绘图】对话框

4）单击【默认模型】文本框右侧的【浏览】按钮，在打开的对话框中选择该塑件的三维模型。再在对话框的【指定模板】选项组中选中【空】单选按钮，在【标准大小】下拉列表中选择【A0】选项，然后单击【确定】按钮，进入工程图绘图界面。

5）选择【文件】→【准备】→【绘图属性】→【更改】选项，在打开的【选项】对话框，打开已定制好的配置文件"活动绘图.dtl"，然后单击【应用】按钮并保存。

## 二、创建基本视图

1）在绘图区右击，在弹出的快捷菜单中选择【普通视图】选项。

2）在系统"选择绘图视图的中心点"的提示下，在屏幕图形区选择一点，打开【绘图视图】对话框。

3）定向视图。在【绘图视图】对话框中，选择【类别】列表框中的【视图类型】选项；在【视图方向】选项组中，选中【选择定向方法】中的【几何参考】单选按钮。

4）单击对话框中的【参考1】下拉按钮，在弹出的下拉列表中选择【前】选项，此时其后的文本框被激活。选择模型的前侧面。

5）再单击对话框中的【参考2】下拉按钮，在弹出的下拉列表中选择【下】选项，此时其后的文本框被激活。选择模型的底面，再单击【确定】按钮，此时，主视图创建成功。

6）单击选择主视图，再右击，在弹出的快捷菜单中选择【投影视图】选项，将鼠标指针右移，选择一点并单击生成左视图。

7）重复步骤6），在主视图的下方生成俯视图。

8）插入三维辅助视图。在空白处右击，在弹出的快捷菜单中选择【普通视图】选项，再在图形右下方单击，打开【绘图视图】对话框。选择【类别】列表框中的【视图类型】选项，在【视图方向】选项组中选中【查看来自模型的名称】单选按钮，在【模型视图名】列表框中选择【CXY】选项，单击【应用】按钮。然后在【类别】列表框中选择【比例】选项，将【定制比例】值改为【0.8000】，单击【应用】按钮后，再单击【关闭】按钮，完成辅助视图的插入。

最终生成的视图如图7-1-50所示。

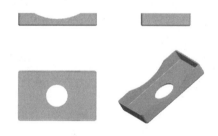

图 7-1-50　初始视图

## 三、编辑基本视图

### 1. 改变视图的显示模式

1）双击主视图，在打开的【绘图视图】对话框中选择【类别】列表框中的【视图显示】选项。

2）在【显示样式】下拉列表中选择【消隐】模式。

3）在【相切边显示样式中】下拉列表中选择【无】样式。

4）单击【确定】按钮，完成视图的设置。

5）重复步骤2）～步骤4）完成左视图和俯视图的显示样式设置。

2. 移动视图

1）选择需要移动的左视图并右击，在弹出的快捷菜单中选择【锁定视图移动】选项，允许该视图移动。

2）单击选中该视图，移动鼠标指针即可左右移动视图。

3）同理，调整俯视图的位置。

3. 添加剖面线

1）双击主视图，打开【绘图视图】对话框。

2）在【绘图视图】对话框中，选择【类别】列表框中的【截面】选项。

3）将【剖面选项】设置为【2D 剖面】，将【模型边可见性】设置为【总计】。

4）单击【+】按钮。

5）在【名称】下拉列表中选择【创建新】选项，在弹出的【横截面创建】快捷菜单中接受默认设置后选择【确定】选项，在弹出的文本框中输入横截面名称 A，然后单击【确定】按钮，弹出【设置平面】快捷菜单。在俯视图上选择 FRONT 平面。

6）在【剖切区域】下拉列表中选择【完整】剖切样式，然后单击【确定】按钮完成剖面线的添加。

7）同理，双击左视图，重复步骤 2）～步骤 6），创建横截面 B 并在左视图上添加剖面线。

8）删除图中的"截面 A—A"、"截面 B—B"、"比例 0.800"等多余的文字，此时的图形如图 7-1-51 所示。

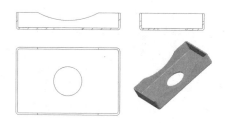

图 7-1-51　添加剖面线

## 四、标注尺寸

1）在【注释】选项卡中单击【尺寸】按钮，打开【选择参考】对话框。根据系统提示，按住 Ctrl 键，选取俯视图上的左边线和右边线（系统加绿显示），在图形上方中间合适位置单击鼠标中键放置尺寸 96，再次单击完成尺寸的标注。

2）双击尺寸 96，打开【尺寸属性】对话框并弹出【格式】选项卡。在【尺寸属性】对话框的【属性】选项卡中，单击下方【公差模式】文本框后的下拉按钮，在弹出的下拉列表中选择【加-减】选项，再在下方【上偏差】后的文本框中输入 0，在【下偏差】后的文本框中输入-1.10，完成尺寸公差的修改。

3）重复步骤 1）和步骤 2），完成其余几个尺寸的标注。

如图 7-1-52 所示为完成尺寸标注后的视图。

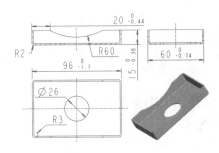

图 7-1-52　标注尺寸

## 五、添加技术要求

1）在【注解】下拉列表中，选择【独立注解】选项，打开【选择点】对话框，并在信息区提示"选择注解的位置"。

2）在屏幕下方选中一点作为注解的放置点，此时弹出【格式】选项卡并显示光标闪烁的输入文本框。

3）在光标闪烁的文本框中输入"技术要求"。

4）单击完成该条注解的输入。

5）重复步骤1）～步骤4），输入剩余的文字，完成全部技术要求的输入。

## 六、显示中心线

1）在【注释】选项组中单击【绘制基准轴】按钮，打开如图 7-1-53 所示的【选择点】对话框，并在信息区提示"选择起点"。

图 7-1-53　【选择点】对话框

2）在左视图中单击孔的中心点使其为起点，系统提示"选择终点"，再次单击选择一点使其为终点，并弹出如图 7-1-54 所示的【输入轴名】文本框。在文本框中输入 A，单击【输入轴名】文本框中的【确定】按钮，完成如图 7-1-55 所示基准轴 A 的添加。

图 7-1-54　【输入轴名】文本框

图 7-1-55　添加基准轴 A

3）单击图中的中心线，移动鼠标指针将中心线拖动至合适位置。

4）重复步骤1）～步骤3），在其他两个视图中添加需要的中心线。至此，完成整个工程图的绘制。

5）单击工具栏中的【保存】按钮，打开【保存对象】对话框，使用默认名称并单击【确定】按钮完成文件的保存。此时的图形如图 7-1-56 所示。

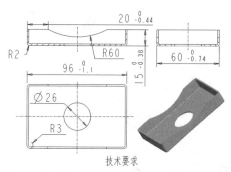

技术要求

1. 未注圆角R1，壁厚均为1.5mm。
2. 塑件材料为ABS，未注公差尺寸精度等级取MT7级。
3. 制件表面要求光亮、无毛刺。

图 7-1-56  工程图

## 任务评价

本任务的任务评价表如表 7-1-3 所示。

表 7-1-3  任务评价表

| 序号 | 评价内容 | 评价标准 | 评价结果（是/否） |
|---|---|---|---|
| 1 | 知识与技能 | 能解释 Creo 9.0 软件的工程图环境创建 | □是  □否 |
| | | 能创建工程图文件 | □是  □否 |
| | | 能创建和编辑基本视图、简单剖视图 | □是  □否 |
| | | 能标注尺寸和创建文本 | □是  □否 |
| | | 能创建尺寸公差 | □是  □否 |
| 2 | 职业素养 | 具有规范意识、标准意识 | □是  □否 |
| | | 具有认真细致的工作态度 | □是  □否 |
| 3 | 总评 | "是"与"否"在本次评价中所占的百分比 | "是"占__%<br>"否"占__% |

## 任务巩固

在 Creo 9.0 软件的工程图模块中完成如图 7-1-57 所示塑料壳体零件图的创建。

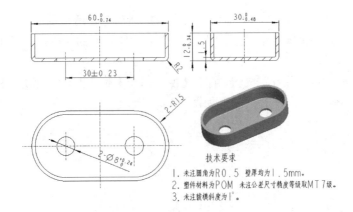

图 7-1-57 塑料壳体

# 工作任务 二 阶梯轴零件工程图的创建

## 任务目标

1）掌握详细视图的创建方法。
2）掌握辅助视图的创建方法。
3）掌握局部视图、破断视图的生成方法。
4）掌握几何公差的标注方法。
5）掌握表面粗糙度的创建方法。

## 任务描述

在 Creo 9.0 软件的工程图模块中完成如图 7-2-1 所示阶梯轴工程图的创建。

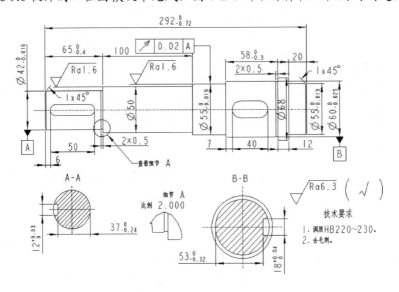

图 7-2-1 阶梯轴工程图

### 任务分析

该阶梯轴工程图较复杂，包含一个主视图、两个辅助视图和一个详细视图。图形中还含有尺寸及尺寸公差、几何公差、表面粗糙度和技术要求等内容。该工程图的创建需要综合运用工程图模块的多种功能。如表 7-2-1 所示为阶梯轴工程图的创建思路。

表 7-2-1　阶梯轴工程图的创建思路

| 步骤名称 | 应用功能 | 示意图 | 步骤名称 | 应用功能 | 示意图 |
|---|---|---|---|---|---|
| 1）创建主视图 | 【布局】命令、【常规视图】命令、【绘图视图】命令 | | 3）创建详细视图 | 【布局】命令、【详细视图】命令、【绘图视图】命令 | 细节 A<br>比例 2.000 |
| 2）创建辅助视图 | 【布局】命令、【辅助视图】命令、【绘图视图】命令 | A-A　　B-B | 4）添加尺寸、公差、表面粗糙度及技术要求 | 【注释】命令、【尺寸】命令、【尺寸属性】命令、【几何公差】命令、【注解】命令、【表】命令、【球标注解】命令、【表面粗糙度】命令、【模型基准轴】命令、【草绘】命令、【独立注解】命令 | A-A　　B-B |

### 知识准备

#### 一、局部放大视图的创建

局部放大图也叫详细视图。在一般的视图中，若某部位太小，不易进行标注尺寸或标明形状，则可在该部位画一个细实线圆，然后适当地放大比例，在此视图附近绘制出该部位的详细视图。

1）在【布局】选项卡的【模型视图】选项组中单击【局部放大图】按钮（也可以右击绘图区，在弹出的快捷菜单中选择【局部放大图】选项），系统在信息区提示"在现有视图上选取要查看细节的中心点"。在图形上选择一点为放大中心，此时图形上出现一大的绿色叉号。

2）系统提示"草绘样条，不相交其他样条，来定义一轮廓线"，单击要绘制局部放大图的区域，单击鼠标中键结束绘制。系统产生局部放大注释：查看细节。

3）系统提示"选取绘图的中心点"，在空白位置单击，系统自动生成如图 7-2-2 所示的局部放大图。

图 7-2-2　局部放大图

4）双击局部放大图，打开【绘图视图】对话框，可以完成视图名更改和比例设定等编辑工作。

## 二、辅助视图的创建

一般在 6 个主要投影面——前视图、后视图、左视图、右视图、俯视图和仰视图以外的斜面上的投影图称为辅助视图，辅助视图需要表达的只是零件的倾斜部分。它的投影方向为要表达的倾斜面的法线方向，因为这类视图是向不平行于基本投影面的平面投影所得的视图，所以在机械制图中也称为斜视图。

1）在【布局】选项卡的【模型视图】选项组中单击【辅助视图】按钮（也可以右击绘图区，在弹出的快捷菜单中选择【辅助视图】选项），系统提示"在主视图上选取穿过前侧曲面的轴或作为基准曲面的前侧曲面的基准平面"。

2）在图形上选择合适的轴线或基准平面，系统提示"选取绘制视图的中心点"。在合适的位置单击，系统自动生成辅助视图。

3）双击刚生成的辅助视图，打开【绘图视图】对话框，可以编辑辅助视图。

## 三、生成局部视图

1）双击需要编辑的视图，打开【绘图视图】对话框。在【类别】列表框中选择【可见区域】选项，在【视图可见性】下拉列表中选择【局部视图】选项，如图 7-2-3 所示。

2）系统提示"选取新的参考点，单击确定完成"，在图形中选择一点作为局部视图的中心点。

3）系统提示"在当前视图上草绘样条来定义外部边界"，绕着中心点绘制一条封闭的样条曲线，单击鼠标中键结束。

4）单击【绘图视图】对话框中的【确定】按钮，结果如图 7-2-4 所示。

图 7-2-3　设置局部视图选项

图 7-2-4　局部视图

## 四、生成破断视图

对于一些比较长的零件，在长度方向形状一致或存在规律性变化时，如轴类零件，可以将其断开后缩短来表示。

1）双击需要编辑的视图，打开【绘图视图】对话框。在【类别】列表框中选择【可见区域】选项，在【视图可见性】下拉列表中选择【破断视图】选项，如图 7-2-5 所示。

2）单击【增加】按钮+，系统提示"草绘一条水平或垂直的破断线"，在边线上选择垂直线的第一点，并绘制垂直线。系统提示"拾取一个点定义第二条破断线"，选取另一位置并绘制垂直线。

3）单击【绘图视图】对话框中的【确定】按钮，结果如图 7-2-6 所示。

图 7-2-5　设置破断视图

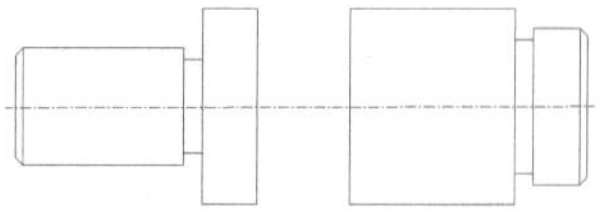

图 7-2-6　破断视图

## 五、标注几何公差

在【注释】选项卡中单击【几何公差】按钮，系统提示"选择几何，尺寸，几何公差，注解，尺寸界线，坐标系，轴，基准，已设置的基准标记，点、修饰草绘图元或自由点。"，在图中合适位置单击，弹出如图 7-2-7 所示的【几何公差】选项卡，选项卡中有【参考】、【符号】、【公差和基准】、【符号】、【指示符】、【修饰符】、【附加文本】、【引线】和【选项】选项组。

图 7-2-7　【几何公差】选项卡

1）在【符号】选项组中单击【几何特性】下拉按钮，弹出如图 7-2-8 所示的下拉列表。选择需要的公差符号，即可选择具体的公差符号。

2）在【公差和基准】选项组中可依据提示设置具体的公差数值，并可从模型中依据需要选择基准符号。单击【复合框架】按钮，打开如图 7-2-9 所示的【复合公差】对话框，在该对话框中可以设置复合公差，并定义多个公差基准。

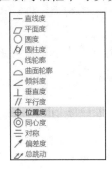

图 7-2-8　公差符号

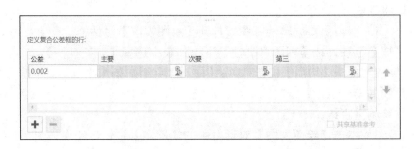

图 7-2-9　【复合公差】对话框

3）在第二个【符号】选项组中单击【符号】按钮，打开如图 7-2-10 所示的【符号】对话框，可在该对话框中选择需要的各种符号。

4）在【附加文本】选项组中单击【附加文本】按钮，打开如图 7-2-11 所示的【附加文本】对话框，可将文本添加到框的任意一侧。

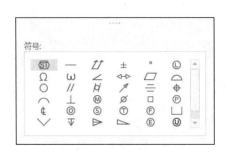

图 7-2-10　【符号】对话框

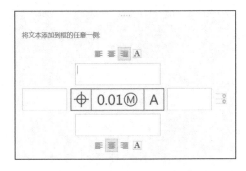

图 7-2-11　【附加文本】对话框

5）在【选项】选项组中单击【选项】按钮，打开如图 7-2-12 所示的【选项】对话框，可对【放置位置】、【连接】等选项进行设置。

6）在【修饰符】选项组中单击【修饰符】下拉按钮，弹出如图 7-2-13 所示的【修饰符】下拉列表，可以设置修饰符的属性。

图 7-2-12　【选项】对话框

图 7-2-13　【修饰符】下拉列表

### 六、标注表面粗糙度

1）在【注释】选项卡单击【表面粗糙度】按钮，弹出如图 7-2-14 所示的【表面粗糙度】选项卡，同时打开【选择参考】对话框，并提示"选择几何、尺寸界线或自由点。"。

图 7-2-14　【表面粗糙度】选项卡

2）在合适位置单击，即可完成表面粗糙度的创建。

3）双击刚生成的表面粗糙度符号，弹出【表面粗糙度】选项卡，在其中可以编辑表面粗糙度。

 **任务实施**

### 一、设置工作目录并打开三维零件模型

将工作目录设置至 Creo9.0\work\original\ch7\ch7.2，打开模型文件 jie_ti_zhou.prt。

视频：阶梯轴工程图

### 二、新建工程图

1）单击工具栏中的【新建】按钮，打开【新建】对话框。在【类型】选项组中选择【绘图】单选按钮，在【名称】文本框中输入文件名 jie_ti_zhou，取消选中【使用默认模板】复选框，然后单击【确定】按钮。

2）打开【新建绘图】对话框中，单击【默认模型】右下方的【浏览】按钮，在打开的对话框中选择该塑件的三维模型 jie_ti_zhou.prt。再在对话框的【模板】列表框中选择【空】选项，在【标准大小】下拉列表中选择【A0】选项。单击【确定】按钮，进入工程图绘图界面。

3）选择【文件】→【准备】→【绘图属性】→【更改】选项，在打开的【选项】对话框中，打开已定制好的配置文件"活动绘图.dtl"，然后单击【应用】按钮并保存。

### 三、创建主视图

**1. 在零件模式下，确定主视图方向**

1）单击【窗口】下拉按钮，在弹出的下拉列表中选择【1.jie_ti_zhou.prt】选项。

2）在【视图】选项卡中单击【已保存方向】下拉按钮，在弹出的下拉列表中选择【重定向】选项，打开如图 7-2-15 所示的【视图】对话框。

3）在【视图】对话框的【类型】下拉列表中选择【按参考定向】选项。

4）使用默认的方位【前】作为【参考 1】的方位，选取如图 7-2-16 所示模型的右侧键槽底面为参考 1。

5）在【参考 2】的下拉列表中选择【左】选项，为参考 2 的方位，选取如图 7-2-16 所示模型的左端面为参考 2。此时，系统立即按照两个参考定义的方位重新对模型进行定向。

6）在下方的【名称】对话框中输入 zhu，单击【保存】按钮保存该视图，然后单击【确

定】按钮关闭【视图】对话框。

图 7-2-15　【视图】对话框

图 7-2-16　jie_ti_zhou 模型

2. 在工程图模式下，创建主视图

1）单击【窗口】下拉按钮，在弹出的下拉列表中选择【2.JIE_TI_ZHOU.DRW】选项。

2）在绘图区右击，在弹出的快捷菜单中选择【普通视图】选项。

3）在系统"选择绘图视图的中心点"的提示下，在屏幕图形区选择一点，同时打开【绘图视图】对话框。

4）在【绘图视图】对话框中，选择【类别】列表框中的【视图类型】选项。在其界面的【视图方向】选项组中，选中【查看来自模型的名称】单选按钮。

5）在【模型视图名】下拉列表中选择视图名【zhu】，单击【应用】按钮，则系统即按zhu 的方位定向视图。

6）在【类别】列表框中选择【视图显示】选项，在【显示样式】下拉列表中选择【消隐】选项，在【相切边显示样式中】下拉列表中选择【无】选项，最后单击【确定】按钮。如图 7-2-17 所示为创建的主视图。

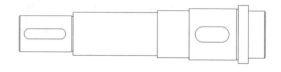

图 7-2-17　主视图

## 四、创建其他视图

1. 在零件模块中创建辅助平面

1）单击【窗口】下拉按钮，在弹出的下拉列表中选择【1.jie_ti_zhou.prt】选项。

2）单击【基准】选项组中的【平面】按钮，打开【基准平面】对话框，分别在两个键槽处创建和端面平行的辅助平面 DTM3 和 DTM4。

2. 在工程图模式下，创建辅助视图

1）单击【窗口】下拉按钮，在弹出的下拉列表中选择【2.jie_ti_zhou.drw】选项。

2）右击绘图区，在弹出的快捷菜单中选择【辅助视图】选项，系统提示"在主视图上选取穿过前侧曲面的轴或作为基准曲面的前侧曲面的基准平面"，在主视图中选择辅助平面DTM3，系统加亮显示矩形线框，然后在主视图的左侧单击，生成视图。

3）双击该视图，打开【绘图视图】对话框，在【类别】列表框中选择【视图显示】选项，在【显示样式】下拉列表中选择【消隐】模式，在【相切边显示样式中】下拉列表中选择【无】样式。

4）在【绘图视图】对话框中，选择【类别】列表框中的【截面】选项。将【剖面选项】设置为【2D剖面】，单击【+】按钮。在【名称】下拉列表中选择【创建新】选项，在弹出的【横截面创建】快捷菜单中选择【确定】选项，在弹出的文本框中输入剖面名称 A，然后单击【确定】按钮，弹出【设置剖面】快捷菜单，在主视图上选择辅助平面 DTM3。

5）在【剖切区域】下拉列表中选择【完整】剖切样式，然后单击【确定】按钮完成剖面线的添加。

6）同理，在主视图的右侧生成右侧键槽的辅助视图。

7）单击【关闭】按钮，退出【绘图视图】对话框，完成辅助视图的创建。

**3．移动辅助视图**

1）双击左侧的辅助视图，打开【绘图视图】对话框，在【类别】列表框中选择【对齐】选项，取消选中【将此视图与其他视图对齐】复选框。

2）单击左侧的辅助视图，再右击，在弹出的快捷菜单中取消选择【锁定视图移动】选项，移动视图至主视图下方的合适位置。

3）重复步骤1）和步骤2），移动右侧的辅助视图至主视图下方的合适位置。

4）删除原有的注释"截面 A—A"和"截面 B—B"，再分别在两个辅助视图的上方添加注释"A—A"和"B—B"。如图 7-2-18 所示为完成的辅助视图。

**4．创建局部放大视图**

1）右击绘图区，在弹出的快捷菜单中选择【局部放大图】选项，系统提示"在一现有视图上选取要查看细节的中心点"。在左端 2×0.5 键槽处单击，系统生成一绿色小叉，并提示"草绘样条，不相交其他样条，来定义一轮廓线"。

2）在小叉附近绘制一封闭曲线，单击鼠标中键完成绘制，系统生成一黑色箭头并附有文字"查看细节 A"，同时系统提示"选取绘制视图的中心点"。在主视图的下方单击，系统生成如图 7-2-19 所示的局部放大图。

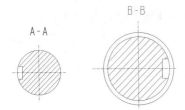

图 7-2-18　辅助视图

图 7-2-19　局部放大图

## 五、标注尺寸

1）在【注释】选项卡中单击【尺寸】按钮，打开【选择参考】对话框。根据系统提示，按住 Ctrl 键，选取主视图上左侧圆柱的上下母线（系统加亮显示），在图形左方合适位置单击鼠标中键放置尺寸 42，再次单击完成尺寸标注。双击尺寸 42，弹出【尺寸】选项卡和【格式】选项卡。选择【尺寸】选项卡，单击【尺寸文本】选项组中的【尺寸文本】按钮，打开【尺寸文本】对话框。在【尺寸前缀】下方文本框中单击，并在最下方的【符号】列表框中选择直径符号 $\phi$，完成符号 $\phi$ 的输入。

2）在【公差】选项组中单击【公差】下拉按钮，在弹出的下拉列表中选择【正负】选项，再在右侧的两个偏差文本框中分别输入 0 和-0.016，完成尺寸公差的修改。

3）重复步骤 1）和步骤 2），依据图 7-2-1 完成其余所有径向和长度方向尺寸的标注。

4）单击【显示模型注释】按钮，打开【显示模型注释】对话框，单击主视图，保留倒角处尺寸，完成倒角的标注。

5）调整各尺寸的位置，使图形美观。

6）标注几何公差。

### 六、添加基准

图 7-2-20　基准符号

1）在【注释】选项组中单击【基准特征符号】按钮，系统提示"选择几何，尺寸，几何公差，尺寸界线，点或修饰草绘图元"。

2）单击左端的 $\phi$42 圆柱面，再移动鼠标指针在合适的位置单击鼠标中键即添加了如图 7-2-20 所示的基准符号 B。重复上述操作即可继续添加其他基准符号。

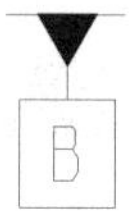

## 七、标注表面粗糙度

1）在【注释】选项卡单击【表面粗糙度】按钮，弹出如图 7-2-14 所示的【表面粗糙度】选项卡，同时打开【选择参考】对话框，并提示"选择几何、尺寸界线或自由点"。

2）在合适位置单击，即可完成表面粗糙度的创建。

3）双击刚生成的表面粗糙度符号，又弹出【表面粗糙度】选项卡，可以编辑表面粗糙度。

## 八、添加技术要求

1）在【注释】选项卡的【注释】选项组中单击【注解】下拉按钮，在弹出的下拉列表中选择【独立注解】选项，打开【选择点】对话框，并提示"选择注解的位置"。

2）在屏幕下方选择一点作为注解的放置点，此时弹出【格式】选项卡并显示光标闪烁的输入文本框。

3）在光标闪烁的文本框中输入"技术要求"。

4）单击完成该条注解的输入。

5）重复步骤 1）～步骤 4），输入剩余的文字，完成全部技术要求的输入。

### 九、调整视图位置

1）调整各视图的位置，使图形美观。

2）单击工具栏中的【保存】按钮，打开【保存对象】对话框，使用默认名称并单击【确定】按钮完成文件的保存。此时的图形如图 7-2-21 所示。

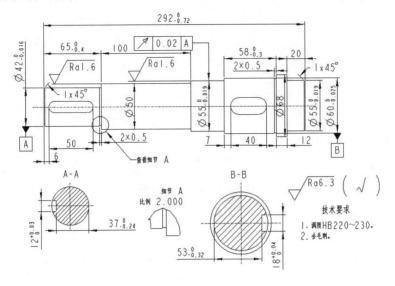

图 7-2-21　阶梯轴

### 任务评价

本任务的任务评价表如表 7-2-2 所示。

表 7-2-2　任务评价表

| 序号 | 评价内容 | 评价标准 | 评价结果（是/否） |
|---|---|---|---|
| 1 | 知识与技能 | 能创建详细视图 | □是　□否 |
|  |  | 能创建辅助视图 | □是　□否 |
|  |  | 能创建局部视图、破断视图 | □是　□否 |
|  |  | 能标注几何公差 | □是　□否 |
|  |  | 能创建表面粗糙度 | □是　□否 |
| 2 | 职业素养 | 具有规范意识、标准意识 | □是　□否 |
|  |  | 具有认真细致的工作态度 | □是　□否 |
| 3 | 总评 | "是"与"否"在本次评价中所占的百分比 | "是"占__%<br>"否"占__% |

 任务巩固

在 Creo 9.0 软件的工程图模块中完成如图 7-2-22 所示偏心轴零件图的创建。

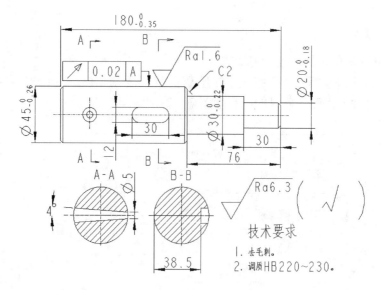

图 7-2-22 偏心轴零件图

# 参 考 文 献

陈晓勇，2012．Pro/ENGINEER 中文野火版 5.0 零件设计详解[M]．北京：高等教育出版社．

陈晓勇，2017．Creo 3.0 零件设计详解[M]．北京：高等教育出版社．

杨恩源，廖爽，杨泽曦，2021．Creo 6.0 数字化建模基础教程[M]．北京：机械工业出版社．

詹友刚，2021．Creo 6.0 机械设计教程[M]．北京：机械工业出版社．